"科技创新战略研究专项资助"（ZLY2015143）

海洋领域先进技术评价

王栽毅　王云飞　薛　钊　管　泉◎等著

中国海洋大学出版社
·青岛·

图书在版编目(CIP)数据

海洋领域先进技术评价/王栽毅等著.—青岛：
中国海洋大学出版社,2016.9
ISBN 978-7-5670-1246-2

Ⅰ.①海… Ⅱ.①王… Ⅲ.①海洋工程－高技术－研
究 Ⅳ.① P75

中国版本图书馆 CIP 数据核字(2016)第 232042 号

出版发行	中国海洋大学出版社	
社　　址	青岛市香港东路 23 号	邮政编码 266071
出版人	杨立敏	
网　　址	http://www.ouc-press.com	
电子信箱	dengzhike@sohu.com	
订购电话	0532－82032573(传真)	
责任编辑	张跃飞	电　　话 0532－88334466
印　　制	日照日报印务中心	
版　　次	2017 年 3 月第 1 版	
印　　次	2017 年 3 月第 1 次印刷	
成品尺寸	185 mm ×260 mm	
印　　张	17.25	
字　　数	460 千	
印　　数	1～1 100	
定　　价	50.00 元	

课题组成员

项目总指导：王栽毅

课题负责人：王栽毅

成员分工：王栽毅　总体策划、研究设计

　　　　　王云飞　研究设计并执笔第一、十、二十二、二十三章，统稿

　　　　　薛　钊　研究设计、审核

　　　　　管　泉　研究设计、审核

　　　　　王志玲　研究设计并执笔第二、十一、十三、三十章

　　　　　赵　霞　执笔第十八、二十四、二十五、二十六章

　　　　　秦洪花　执笔第十五、十六、十九、二十一章

　　　　　初志勇　执笔第五、二十九、三十二、三十三章

　　　　　燕光谱　执笔第七、九、十七、三十一章

　　　　　朱延雄　执笔第六、十二、二十七章

　　　　　尚　岩　执笔第四、八、十四、二十八章

　　　　　初　敏　执笔第三、二十章

前 言
PREFACE

　　海洋技术是人类认知海洋、开发利用海洋所应用的技术。研究海洋的自然现象和过程、探索海洋自身规律、开发海洋资源、解决海上产业活动和作业的实际问题,都需要海洋技术的支撑。海洋技术既具有鲜明的海洋特质,又是集机械、材料、电子、信息、生物等众多领域之大成的高度综合和交叉的技术领域,其发展水平依赖于国家的科技、经济发展综合实力。

　　目前,国内对技术发展水平的评价基本上是通过专家调查问卷的形式进行,但存在两个主要问题:一是某些技术领域专家较少,导致调查问卷结果统计量不够或者出现无专家评判的情况;二是专家判断主要是根据专家经验,缺少数据支撑。因此,本书通过采用文献计量学的方法,绘制海洋领域先进技术知识图谱,针对无专家判断或少量专家判断的技术给出结果,弥补技术判断空白;为技术起源、研究热点、创新资源、发展水平及与领先国家的差距给出定量的判断以及数据支撑,提高判断的准确性;为相关科研人员提供学科服务;为政府制定科技发展规划、项目立项、开展国际合作等方面提供数据支撑。

　　本书选取了 33 项海洋领域先进技术。基于汤姆森路透 Web of Science(WOS)科学引文扩展数据库(SCIE)以及 TI 德温特专利数据库,针对国家高技术发展计划("863"计划)确定的海洋油气领域技术,综合专家调查问卷、文献调研以及网络信息,借助 Histcite、Bibexecel、Citespace、TDA、Pajek

等软件,对技术的起源、研究热点、创新资源、技术发展的整体水平以及与领先国家的差距进行研究。

因作者水平所限,书中难免有不妥和疏漏之处,欢迎广大读者批评指正。

青岛海洋科学与技术国家实验室
青岛市科学技术信息研究院
海洋领域先进技术评价课题组

2016 年 5 月

目 录
CONTENTS

第一章　天然气水合物技术 ··· 1

第二章　深水油气地球化学勘探技术 ······························· 10

第三章　深水油气测试技术 ··· 18

第四章　深水高精度地震勘探技术 ·································· 26

第五章　海洋稠油开采技术 ··· 34

第六章　滩浅海油田深度勘探技术 ·································· 41

第七章　滩浅海致密低渗油气挖潜技术 ·························· 50

第八章　油气层的识别技术 ··· 58

第九章　海洋油气井测井技术 ··· 65

第十章　深水钻完井工程关键装备技术 ·························· 73

第十一章　精细钻井技术 ··· 82

第十二章　钻井平台设计制造技术、水下生产系统设计制造技术 ········· 90

第十三章　深水工程建设与关键工程装备技术 ················ 102

第十四章　海洋油气开发钻完井工程安全评价保障与救援技术 ········· 110

第十五章　大洋海底地球化学探矿技术与装备 …………………………………… 117

第十六章　海洋矿产探采作业船水面支持系统相关技术与装备 ………… 125

第十七章　海底多金属矿藏选冶技术 ……………………………………………… 134

第十八章　海洋原位生物探针技术 ………………………………………………… 141

第十九章　海底取样样品保存、分析测试技术 ………………………………… 150

第二十章　深海原位探测技术与装备 ……………………………………………… 158

第二十一章　大洋海底表层定点、可视及保真取样技术与装备 ………… 165

第二十二章　绿潮监测与应急处理技术 ………………………………………… 174

第二十三章　生态环境遥感信息数据同化技术 ………………………………… 181

第二十四章　海洋能分布评价 ……………………………………………………… 187

第二十五章　海上风能发电技术 …………………………………………………… 191

第二十六章　盐差能发电技术 ……………………………………………………… 200

第二十七章　水下长距离数字声通信技术 ……………………………………… 209

第二十八章　蓝绿激光通信技术 …………………………………………………… 219

第二十九章　深海网络信息传输与管理 ………………………………………… 226

第三十章　水下小型核反应堆供电技术 ………………………………………… 233

第三十一章　压裂船设计制造技术 ………………………………………………… 241

第三十二章　耐压舱焊接技术 ……………………………………………………… 249

第三十三章　深海微生物高压培养技术 ………………………………………… 256

第一章 天然气水合物技术

1 技术概述

天然气水合物是一种资源量巨大的新型替代能源,它广泛分布于海洋、极地冻土带和陆地冻土带,天然气水合物的开发通过钻探取样来确定资源量,并通过水合物开采技术获得甲烷气体,开采之前涉及水合物钻完井技术。目前水合物开采多在陆域冻土区,且只有俄罗斯进行了商业化开采。国内对于海洋天然气水合物的研究还处在资源量评价和实验室研究过程中。

2 论文产出分析

论文检索式:TS = ("gas hydrate" OR "methane hydrate" or "gas hydrates" or "methane hydrates"),时间截止至 2015 年 12 月 31 日。

2.1 主要国家、机构与作者

表 1-1 天然气水合物技术主要国家论文产出情况简表

国家	论文数量排名	论文数量(篇)	论文数量占世界的比(%)	篇均被引频次(次)	被引次数所占比(%)
美国	1	1 582	25.54	24	39.65
中国	2	1 076	17.37	7	8.14
日本	3	685	11.06	12	8.42
加拿大	4	514	8.30	21	11.00
德国	5	443	7.15	25	11.21

表 1-1 给出了主要国家论文产出情况简表,由表 1-1 可见,美国相关论文 1 582 篇,排名世界第一位,篇均被引频次为 24 次。中国相关论文 1 076 篇,排名第二位,篇均被引频次为 7 次,排名落后于美国、加拿大、日本以及西欧等国家。日本相关论文 685 篇,

排名第三,篇均被引频次 12 次。加拿大和德国分别列在总数的第三位和第四位,但保持了较高的篇均被引频次。美国、中国与日本的发文数量占总数的一半以上,但美国、加拿大与德国的论文被引次数超过总数的 60%。

表 1-2　天然气水合物技术主要机构论文产出情况简表

主要机构	论文数量世界排名	论文数量	论文数量占世界比重(%)	篇均被引频次(次)
美国地质调查局	1	198	3.20	25
中国科学院广州能源所	2	151	2.44	11
美国科罗拉多矿业大学	3	120	1.94	21
德国不莱梅大学	4	112	1.80	34
中国科学院广州天然气水合物研究中心	5	104	1.68	10

　　根据论文产出情况,针对主要机构和主要科学家,给出了主要创新资源的分布情况。表 1-2 为论文数量世界排名前 5 位的主要机构列表,分别为美国地质调查局、中国科学院广州能源所、美国科罗拉多矿业大学、德国不莱梅大学和中国科学院广州天然气水合物研究中心。中国与美国各占两席。值得注意的是在篇均被引频次方面,美国地质调查局为 25 次,不莱梅大学为 34 次,与其他机构相比保持绝对领先。

表 1-3　天然气水合物技术主要科学家产出情况

主要科学家	论文数量排名	论文数量	论文数量占比(%)	篇均被引频次
A. H. Mohammadi	1	106	1.71	14
李小森	2	101	1.63	12
E. D. Sloan	3	82	1.32	27

　　表 1-3 给出了论文数量排名前三位的主要科学家论文产出情况简表。A. H. Mohammadi 南非夸祖鲁纳塔尔大学研究人员,主要从事天然气水合物生产模型研究。E. D. Sloan 是美国科罗拉多矿业学院水合物研究中心负责人,是国际上最著名的天然气水合物研究专家之一。在过去的 20 年,他领导的在水合物研究实验室,为工业解决了水合物管道流动的安全问题,研究了管道内形成水合物的基本的物理、化学和工程问题,在水合物能源、工业技术、环境影响以及气候改变等方面也取得了丰硕成果。除此之外,他们还发明了动力学抑制剂、发表了 H 型水合物的相图和甲烷水合物的相图,以及两种 I 型水合物的形成,客体分子混合可以形成 II 型水合物等多种水合物的重要性质。目前 E. D. Sloan 是国际 CODATA 水合物工作组主席,中国科学院广州天然气水合物研究中心的国际顾问。李小森为中国科学院广州能源研究所研究员、博士生导师,中国科学院"百人计划"项目引进人才。主要从事天然气水合物基础,开采技术及环境影响和相关的控制技术、二氧化碳的捕集与封存技术;基于水合物结晶的新型技术;油气工业中的气体水合物;工程热力学等。共承担了国内外主要研究项目 20 多项,作为项目负责人主持有国家 863 计划项目,国家自然科学基金,国家杰出青年基金,中科院"引进国外杰出人

才(百人计划)"项目,中科院重大装备研制项目,广东省自然科学基金,广东省科技计划项目等。

2.2　发文趋势

图 1-1 给出了天然气水合物技术论文发表趋势图。发文总体呈现上升趋势。美国自 2000 年以来,发文量呈缓慢上升趋势,年均发文量在 100 篇左右。中国自 2000 年以后论文数量急剧增加,目前仍存在上升趋势。可以说 2011 年之后,总发文量的贡献来自于中国。

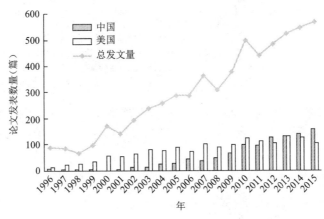

图 1-1　天然气水合物技术论文发表趋势

2.3　研究起源

研究中通过共被引文献分析研究基础。分析中,选取天然气水合物技术被引频次最高的前 50 项论文,两两配对,生成共被引网络,如图 1-2 所示。节点的大小代表被引的次数,线的粗细程度代表共被引的次数。其中图 1-2 以发表年代为 y 轴,绘制了时间轴图谱。

1934 年 Hammerschmidt 发现在天然气输送管道内生成的天然气水合物(NGH)会严重堵塞气体管道后,NGH 才开始引起石油专家们的注意,当时他们的主要注意力放在了预报水合物在管道中的形成和如何消除管道阻塞的办法。20 世纪 50、60 年代开始,认识到天然气水合物存在的巨大的能源效益,开始对天然气水合物的形成、探勘、成藏开始研究。

2.4　研究热点

研究热点分析中,采用了加权直接引用分析方法进行施引文献网络构造。加权直接引用,指对每个引用中如果涉及耦合引用和共被引引用,则对直接引用进行加权。对6 196 篇文献进行加权引用分析,选择加权直接引用大于 20 的节点,进行网络绘制。再进行组分提取分析,选择网络节点个数大于 20 的节点网络。共提取出两个主要组分。组分 1 包括 134 个节点,组分 2 包括 70 个节点。每个组分的聚类结果分别显示在图 1-3和图 1-4 中。为了更好的显示聚类结果,在图 1-3 中,节点的大小进行了统一。

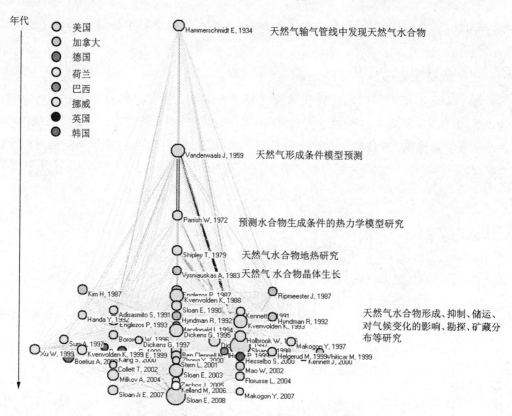

图 1-2　天然气水合物技术高被引论文时间轴分析

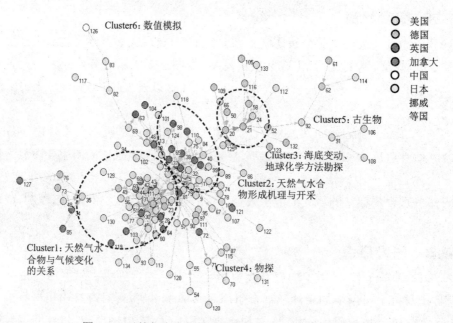

图 1-3　天然气水合物技术加权直接引用网络主要组分

图 1-3 显示了加权直接引用网络中最主要的组分。根据节点连接的紧密程度,可以分为六类。聚类 1 为天然气水合物与气候变化之间的关系;聚类 2 为天然气水合物形成机理与开采;聚类 3 为天然气水合物与海底变动之间的关系以及地球化学方法勘探;聚

类 4 为物理探测方法；聚类 5 为古生物与天然气水合物的关系。为特别分析中国情况，增加了聚类 6 的 4 个文献，其中包括一篇中国文献。也只是组分 1 中唯一的一篇中国文献，研究的是天然气水合物数值模拟。可以看出，在目前的研究热点中，美国除了聚类 3 的内容较少涉及外，其他热点广泛参与。加拿大侧重于天然气水合物的形成和开发研究，与研究基础一致。德国在聚类 3 中具有独特优势。

图 1-4 显示了加权直接引用网络中的次要组分，包括 70 个节点。根据节点连接的紧密程度，可以分为 3 类。聚类 1 为天然气水合物的封存储运，聚类 2 为天然气水合物抑制剂的研究；聚类 3 为天然气水合物热力学研究。在组分 2 中，美国的研究相对较少。加拿大、中国及法国、韩国等更侧重于天然气水合物的封存和储运。

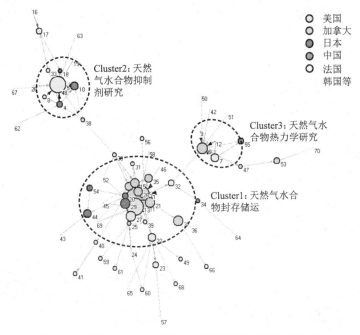

图 1-4 天然气水合物技术加权直接引用网络次要组分

3 专利产出分析

根据专家提供的关键词与分类号，进行专利检索，时间截止至 2015 年 12 月 31 日。检 索 式 为：SSTO ＝（"gas hydrate" OR "methane hydrate" or "gas hydrates" or "methane hydrates"）or（IC ＝（C10G000200 or E21B04300 or E21B04316 or F17C00000）and TAB ＝（"gas hydrate" OR "methane hydrate" or "gas hydrates" or "methane hydrates"）），共检索 2 852 条专利，836 条 DWPI 专利家族，其中发明专利 805 条。

3.1 主要国家、机构与发明人

表 1-4 给出了主要国家专利产出情况简表，由表 1-4 可见，美国专利数量排名第一位，且占世界专利总数的 39.76％。日本、中国、俄罗斯与德国分别排名第 2、3、4、5 位，其中美国 PCT 专利数 40 项，占世界比重的 39.84％；中国 PCT 专利数量 0 项。

表 1-4　天然气水合物专利主要国家专利产出情况简表

主要国家	专利数量排名	专利族数量（项）	专利数量占比（%）	PCT 专利数量（项）	PCT 专利数占比（%）
美国	1	312	38.76	40	38.84
日本	2	137	17.01	5	4.85
中国	3	68	8.44	0	0
俄罗斯	4	45	5.59	1	0.97
德国	5	44	5.47	11	10.67

　　表 1-5 给出了主要机构专利族数量、专利布局、主要发明人、专利申请持续时间，以及近三年来专利申请所占比重，由表 1-5 可见，荷兰皇家壳牌公司相关专利族 120 项，排名第一位，专利布局在澳大利亚，并申请了 PCT 等，近三年来仍保持了一定的热度。排名第二位为美国雪佛龙股份有限公司，专利族 101 项，专利主要布局在美国，并申请了 PCT 专利，近年来申请热度较高。ISP 投资公司近 3 年来未再申请专利。

表 1-5　主要机构专利产出情况简表

主要机构	专利数量排名	专利族数量（项）	专利布局	主要发明人	专利申请持续时间	近三年申请专利占比
荷兰皇家壳牌公司	1	120	澳大利亚（28）PCT 专利（15）	Ulfert Corelis Klomp（69）Rene Reijnhart（22）	1996～2016年	31%
美国雪佛龙股份有限公司	2	101	美国（22）PCT（19）	JohnT. Balczewski,（68）Hugh Callahan Daigle（14）	2009～2016年	59%
ISP 投资公司	3	86	美国（17）欧专局专利（16）	Kirill Bakeev（44）David Graham（33）Micheal Drzewinski（29）	1997～2010年	0%

3.2　技术发展趋势分析

　　图 1-5 给出了天然气水合物专利申请趋势，总申请量在 2000 年之前呈现急剧增长态势，但在 2000 年后出现波段。总申请量的趋势与美国申请量的趋势基本一致。中国在 2004 年之前未申请相关专利，之后出现快速增长。目前专利的申请量，与美国基本持平。

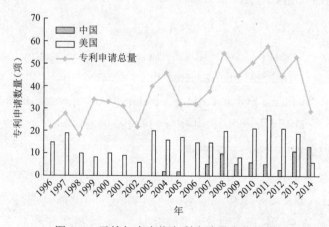

图 1-5　天然气水合物专利申请量变化趋势

3.3　专利地图

从图 1-6 中可以看出,2006 年以后,中国的专利布局发生了明显变化。但与美国相比,专利申请的领域存在较大的差异。美国的专利申请主要集中在天然气水合物开发工具、天然气水合物的形成勘探、抑制剂。中国的专利主要集中在数值模拟领域。

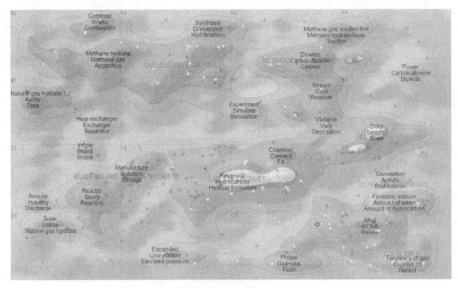

（a）1996～2005 年天然气水合物技术专利地图

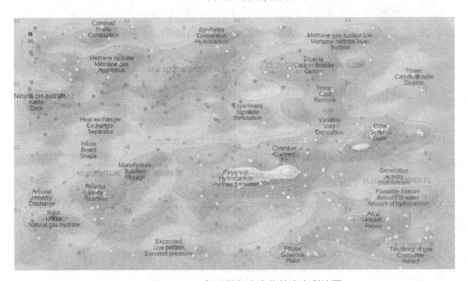

（b）2006～2015 年天然气水合物技术专利地图

图 1-6　天然气水合物技术专利地图

4　主要国家发展阶段

研究天然气水合物资源的高精度勘探技术的国家主要有美国、英国、德国、加拿大、俄罗斯、日本、韩国、中国等国家,各个国家在过去的 20 年里都相继投入了大量的资金进

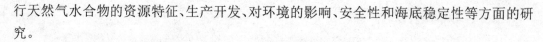

行天然气水合物的资源特征、生产开发、对环境的影响、安全性和海底稳定性等方面的研究。

4.1 美国

美国水合物调查研究一直走在世界的前列,也是世界上水合物调查与开采技术研究最活跃的国家。目前正在进行阿拉斯加冻土区水合物试开采和墨西哥湾深水区水合物勘探及开采计划,墨西哥湾深水水合物分解可能带来工程地质灾害和环境评价技术的研究正在进行,已经在海底水合物区布置了原位监测装置,2015 年商业性开采计划正在紧张部署中。

4.2 加拿大

加拿大在 20 世纪 70 年代就开始了陆地冻土带水合物调查研究。2008 年,在 Mallik 地区进行了降压与注热联合开发的试验并取得了成功,证明通过热注和降压法可以实现水合物的开发,是水合物开发利用史上的里程碑,为将来的长期试生产和最终商业开发利用奠定了基础。

4.3 日本

日本极为重视水合物资源调查和开发利用研究,是目前最先进的国家之一,处于国际领先水平。值得高度关注的是,日本水合物研究开发计划全面提速,目前进入了"二十一世纪水合物研究开发计划(MH21,2001～2016 年)"发展计划的第三阶段——商业开采阶段,主要开展深水水合物开发工程以及配套安全评价技术研究,具备商业开发的技术能力,完成商业开发,计划 15 年内实现商业性开采。

4.4 韩国

1996 年,韩国矿产能源部开始研究水合物。目前,韩国汉阳大学等通过观察多孔介质中水合物的压力和阻力建立水合物开采模拟实验装置,进行了多孔介质中水合物合成和降压、加热、注化学剂等各种分解实验研究,在开采实验模拟手段和数值模拟技术方面取得了初步成果,在二氧化碳置换开采海底水合物方面开展了大量数值分析工作,同时韩国正积极加入美国阿拉斯加水合物试采项目。

5 结论

(1)美国、德国以及日本为技术领先国家,掌握核心技术,实现了冻土区天然气水合物试验性开采成功,并深入研究天然气水合物藏开采物理模拟和数值模拟技术。

(2)中国天然气水合物技术起步较晚,但发展迅速,近年来发表的论文数量、申请的专利数量已超过美国,但在论文篇均被引频次、PCT 专利数量方面,5 方专利数量、专利布局等方面较为滞后,与美国差距较大。

(3)中国天然气水合物技术研究基础薄弱,目前的中国研究热点主要涉及天然气水合物模拟、天然气水合物封存与输运。但在天然气水合物与气候变化之间的关系、天然气水合物形成机理与开采、天然气水合物与海底变动之间的关系以及地球化学方法勘探、古生物与天然气水合物的关系等研究热点上涉及较少。与美国、加拿大、德国、日本差距较大。在专利方面,中国的专利仍主要集中在数值模拟领域,而美国的专利则集中在天然气水合物封存与输运中的抑制剂研究、开发器械研究等。与美国差距较大。

（4）天然气水合物资源技术基础研究创新资源主要集中在美国地质调查局、美国科罗拉多矿业大学、美国莱斯大学、美国加州大学圣克鲁斯校区、蒙特雷湾水族馆研究所、德国不莱梅大学等,国内主要集中在中国科学院广州能源研究所、广州天然气水合物研究中心等。技术研发主要集中在壳牌公司、雪佛龙公司、三井造船。中国的专利仍然主要集中在科研院所及部分石油公司。综上所述,目前技术领先国家为美国,中国与国际领先水平差距较大。

第二章 深水油气地球化学勘探技术

1 技术概述

海洋油气的勘探开发是陆地石油勘探开发的延续,经历了一个由浅水到深海、由简易到复杂的发展过程。在全球海洋油气探明储量中,目前浅海仍占主导地位,但随着石油勘探技术的进步,勘探逐渐进入深海。一般水深小于 500 m 为浅海,大于 500 m 为深海,1 500 m 以上为超深海。20 世纪 70 年代末期,世界油气勘探开始涉足深水。目前,海洋油气勘探的水深已超过 3 000 m。陆地上的油气勘探方法与技术在海洋油气勘探中都是适用的。但是,受恶劣的海洋自然地理环境和海水的物理化学性质的影响,许多勘探方法与技术受到了限制。目前主要勘探方法有地震勘探法、电磁法和化学勘探法等。我国深水油气勘探开展较晚,主要以与国外合作的方式进行,技术发展较快。

深水地球化学勘探技术以深水盆地成烃、成藏等石油地质基础理论研究为重点,以油气藏勘探与评价为目标,以油气实验地质新技术、新方法和新仪器研制为手段,发展深水油气地质、地球化学基础理论,完善深水油气形成与成藏评价和预测技术,集成深水油气地球化学勘探应用技术系列,建立深水油气成烃成藏地球化学示踪体系。

2 论文产出分析

基于汤姆森路透科技集团的 Web of Science 科学引文索引扩展版 SCIE 论文数据库(1994~2014 年),截止时间至 2014 年 7 月,采用专家辅助、主题词检索的方式共检索论文 799 篇。

2.1 主要国家、机构与作者

SCI 论文发表数量排名前 5 位的国家为美国、中国、英国、加拿大和挪威(表 2-1)。其中,美国相关论文 160 篇,篇均被引频次为 25.4 次,均排名第一位。中国相关论文 153 篇,排名世界第二位,篇均被引频次为 5.3 次,低于英国、加拿大以及挪威。中国、美国、日本三国的论文总数占据世界论文总数的 48.3%,接近一半,是主要的论文发表国。欧洲国家英国和挪威等国也发表了相当数量的论文,且保持了较高的篇均被引频次。

表2-1　深水油气地球化学勘探技术主要国家论文产出情况简表

国家	论文数量世界排名(位)	论文数量(篇)	论文数量占世界的比重(%)	篇均被引频次(次)	被引次数占世界的比重(%)
美国	1	160	20.0	25.4	38.7
中国	2	153	19.1	5.3	7.8
英国	3	73	9.1	15.6	10.8
加拿大	4	63	7.9	15.4	9.2
挪威	5	45	5.6	9.8	1.2

根据论文产出情况,针对主要机构和主要科学家,给出了创新资源分布情况。表2-2为论文数量世界排名前5位的主要机构列表,分别为中国石油勘探开发研究院、中国地质大学、中国石油塔里木油田分公司、美国加利福尼亚大学圣迭戈分校斯克里普斯海洋研究所和中国科学院地质与地球物理研究所。在前5位排名中,国内机构占据前4位,但篇均被引频次均低于5次。而美国加利福尼亚大学圣迭戈分校斯克里普斯海洋研究所为29.9次,保持绝对领先。

表2-2　深水地球化学勘探技术主要机构论文产出情况简表

主要机构	论文数量世界排名	论文数量(篇)	论文数量占世界的比重(%)	篇均被引频次(次)
中国石油勘探开发研究院	1	22	2.8	4.5
美国加利福尼亚大学圣迭戈分校斯克里普斯海洋研究所	2	10	1.3	29.9
中国石油塔里木油田分公司	2	10	1.3	4.6
中国地质大学	2	10	1.3	3.4
中国科学院地质与地球物理研究所	4	9	1.1	4.2

表2-3给出了论文数量排名前4位的主要科学家论文产出情况简表,朱光有、张水昌和苏劲均工作于中国石油勘探开发研究院,杨海军在中国石油塔里木油田分公司。

表2-3　深水地球化学勘探技术主要科学家论文产出情况简表

主要科学家	论文数量世界排名	论文数量(篇)	论文数量占世界的比重(%)	篇均被引频次(次)
朱光有	1	21	2.6	7.9
杨海军	2	19	2.4	4.9
张水昌	3	15	1.9	11.1
苏劲	4	15	1.9	4.1

2.2　发文趋势

如图2-1所示,近年来深水地球化学勘探技术论文发表数量总体呈现平稳增长趋势。从中国和美国发文数量看,2007 年以来,美国发文量保持在 10 篇以上,中国发文量相对增长较快,并在 2011 年超过美国。

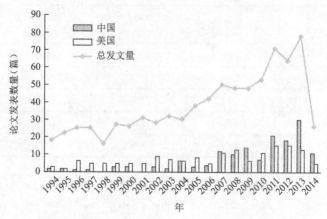

图 2-1　深水油气地球化学勘探技术论文发表趋势

2.3　研究起源

图 2-2 为深水油气地球化学勘探技术高被引论文发展趋势。圆圈的大小代表被引用次数。其中,对被引频次大于 15 的论文进行了标引。由图 2-2 可以看出,法国 B. P. Tissot(1984)是最早的一篇高被引论文,被引次数最高达 39 次,主要是关于石油形成与分布的理论研究。随后是 S. C. Constable(1998)发表的关于海底电磁勘探论文,被引次数为 17 次。S. C. Constable 为美国加利福尼亚大学圣迭戈分校斯克里普斯海洋研究所教授,认为深水油气地球化学勘探技术起源为美国。

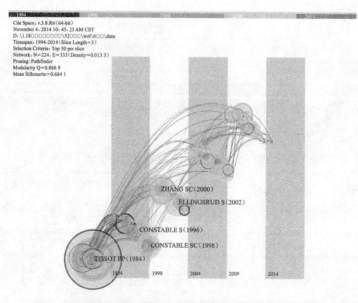

图 2-2　深水油气地球化学勘探技术高被引论文发展趋势

2.4　研究热点

借助 CiteSpace 软件,对论文的总体趋势进行了分析。图 2-3 为深水油气地球化学勘探技术研究热点时间轴分布。时间的分布选择为 1994～2014 年,每 5 年设置一个时间段,研究热点是每个时间段出现频次排名前 50 位最高的词组。图 2-3 中,方块的大小代表被引用次数,右边文字为经聚类分析结果。从图 2-3 可以看出,近期活跃的研究热点为聚类 #4,中国南海海底盆地油气勘探;聚类 #7,凹陷区石油储量预测。

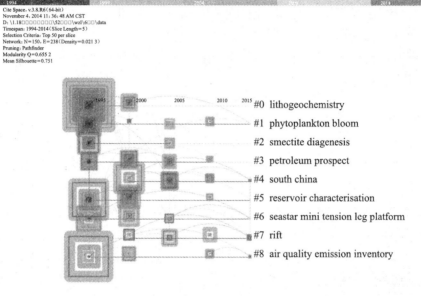

图 2-3　深水油气地球化学勘探技术研发热点时间轴分布

表 2-4 给出了高被引论文简表,论文被引次数都在 100 次以上。值得注意的是,Sandwell D. T. 和 W. H. F. Smith 发表在 *Journal of Geophysical Research*:*Solid Earth* 上的论文被引次数最高。

表 2-4　深水油气地球化学勘探技术高被引论文

作者	题目	来源	机构	被引次数
D. T. Sandwell、 W. H. F. Smith	*Marine Gravity Anomaly from Geosat and ERS 1 Satellite Altimetry*	*Journal of Geophysical Research Solid Earth*, 1997, 102(B5)	美国 NOAA 科学实验室	1 019
H. G. Reading、 M. Richards	*Turbidite Systems in Deepwater Basin Margins Classified by Grain-size and Feeder System*	*AAPG Bulletin*, 1994, 78(5)	英国石油(BP)阿拉斯加公司	240
W. B. Hughes、 A. G. Holba、 L. I. P. Dzou	*The Ratios of Dibenzothiophene to Phenanthrene and Pristane to Phytane as Indicators of Depositional Environment and Lithology of Petroleum Source Rocks*	*Geochimica et Cosmochimica Acta*, 1995, 59(17)	美国阿科国际石油天然气公司、美国阿科勘探与生产技术公司	168

3 专利产出分析

基于 Thomson Innovation（TI）数据库，截止时间至 2014 年 7 月，采用专家辅助、主题词检索的方式共检索同族专利 134 项。专利分析主要采用专利族数量统计以及 PCT 专利数量统计。其中，PCT 专利是指《专利合作条约》（*Patent Cooperation Treaty*）的英文缩写，是有关专利的国际条约。

3.1 主要国家、机构与发明人

表 2-5 给出了主要国家专利产出情况简表。由表 2-5 可见，美国专利数量排名第一位，占世界专利总数的 45.7%；PCT 专利数为 31 项，占世界 PCT 专利总数的 53.4%。英国、中国、巴西与法国分别排名第二、三、四、五位。其中，中国专利 12 项，没有 PCT 专利。

表 2-5 深水油气地球化学勘探技术专利优先权国专利产出情况对比

主要国家	专利数量世界排名	专利族数量（项）	专利数量占世界比重（%）	PCT 专利数量（项）	PCT 专利数量占世界比重（%）
美国	1	64	45.7	13	53.4
英国	2	32	22.9	12	29.3
中国	3	12	8.6	0	0
巴西	4	9	6.4	2	0
法国	5	7	5.0	0	0

表 2-6 给出了主要机构或发明人专利族数量、专利申请持续时间以及近 3 年来专利申请所占比重。由表 2-6 可见，美国斯伦贝谢公司相关专利 7 项，排名第一位，且申请了 PCT 专利。排名第二位的美国雪佛龙。近 3 年来，仍保持了研究的热度，持续申请专利。K. K. Millheim 共申请 4 项专利。

表 2-6 深水油气地球化学勘探技术主要机构专利产出情况

主要机构	专利数量世界排名	专利族数量（项）	专利申请持续时间	近 3 年申请专利占比
美国斯伦贝谢公司	1	7	2000～2011 年	29%
美国雪佛龙股份有限公司	2	4	2009～2011 年	50%
K. K. Millheim	3	4	2006～2012 年	25%

3.2 技术发展趋势分析

图 2-4 给出了深水油气地球化学勘探技术专利申请态势，自 1973 年出现专利申请以来，总体呈增长趋势，2007 年以来快速增长，但在 2008 年等年份出现了波动回落。美国专利申请趋势与总申请趋势基本一致。中国在 2007 年之前未出现专利申请，之后专利申请数量也较少。

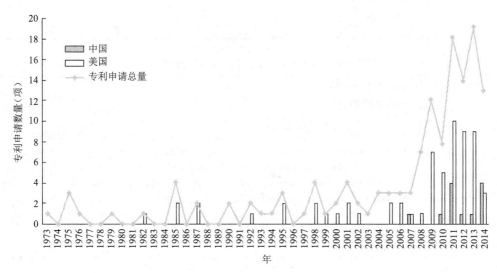

图 2-4　深水油气地球化学勘探技术专利申请态势

3.3　重要专利

依据 Innography 专利系统中的专利强度指标,选择专利强度较高的专利作为重要专利,详见表 2-7。其中,专利强度指标参考了 10 余个与专利价值相关的指标,包括专利权利要求数量、引用先前技术文献数量、专利被引用次数、专利及专利申请案的家族、专利申请时程、专利年龄、专利诉讼等。

表 2-7　深水油气地球化学勘探技术部分重要专利详细信息

公开号 WO2000048022A1	
专利基本 信息	标题:*Uncertainty Constrained Subsurface Modeling* 公开(公告)号:WO2000048022A1 公开(公告)日:2000-08-17 申请号:WO2000US3615A 申请日:2000-02-11 申请人:斯伦贝谢加拿大有限公司(Schlumberger Canada Ltd.) 发明(设计)人:Alberto Malinverno、Michael Range 　摘　要:A method, apparatus, and article of manufacture are provided that use measurement data to create a model of a subsurface area. The method includes creating an initial parameterized model having an initial estimate of model parameter uncertainties; considering measurement data from the subsurface area; updating the model and its associated uncertainty estimate; and repeating the considering and updating steps with additional measurement data. A computer-based apparatus and article of manufacture for implementing the method are also disclosed. The method, apparatus, and article of manufacture are particularly useful in assisting oil companies in making hydrocarbon reservoir data acquisition, drilling and field development decisions. 权利要求数:21
公开号 US5118221A (WO1992017650A1/NO199303383A/EP580714B1)	
专利基本 信息	标题:*Deep Water Platform with Buoyant Flexible Piles* 公开(公告)号:US5118221A 公开(公告)日:1992-06-02 申请号:US1991676850A

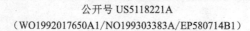

	公开号 US5118221A （WO1992017650A1/NO199303383A/EP580714B1）
专利基本 信息	申请日：1991-03-28 申请人：R. W. Copple 发明（设计）人：R. W. Copple 摘要：A deep water platform, suitable for use as a hydrocarbon exploration or production facility in very deep offshore waters, and a method of constructing the same are shown. The platform is positioned on top of a plurality of flexible, buoyant piles made of large diameter, high strength steel tubing. A watertight bulkhead is located within the pile and the portion of the pile below is filled with seawater, while the portion above the bulkhead is substantially empty and in communication with the atmosphere. The bulkhead is positioned to cause the pile to have a predetermined net buoyancy so that the portion below the bulkhead, which is anchored to the seabed, is in tension. 权利要求数：23

4 主要国家发展阶段

目前，全球 100 多个国家开展海洋油气勘探活动，其中 30 多个国家涉足"深水区"，其中，美国、英国等走在了世界前列。目前，对于深水油气地球化学勘探技术的研究尚处于实验室和小型装置先导性中试阶段，尚未实现工业化。

4.1 美国

美国是最早开展深水油气地球化学勘探的国家之一。从美国近几年的油气供应来源来看，其 10% 的油气来自海洋油气开发。目前，墨西哥湾地区是当今深水油气勘探开发的重点区域之一。在经历墨西哥湾漏油事件后，美国政府于 2011 年公布修订后的海上石油开发"五年计划"——《2012～2017 年外大陆架（OCS）油气租赁计划草案》。美国深水油气勘探开发已到产业化阶段。

4.2 英国

2010 年以来，英国石油公司（BP）先后与巴西、安哥拉和中国等国家合作开展深水区块勘探，标志其深水勘探开发技术已达到产业化阶段。

4.3 中国

2012 年，我国海洋技术领域"863"计划项目——南海深水油气勘探开发关键技术及装备通过验收。该项目取得的成果使我国初步形成了 3 000 m 深水油气勘探开发技术能力。此外，中国海油以"海洋石油 981"平台为核心，打造了以"五型六舰"为主体的作业能力达到 3 000 m 水深的联合作业船队。我国深水油气勘探技术也已进入产业化阶段。

5 结论

（1）美国、英国、挪威为领先国家，掌握核心技术，实现了深水油气地球化学勘探开发。

（2）中国深水油气地球化学勘探技术处于快速发展时期。2006 年之后，与世界先进国家的差距在不断缩小。目前，中国在论文数量方面具有一定优势，且专利数量逐步增多，但在论文篇均被引频次和 PCT 专利方面，较为滞后。

（3）美国为深水油气地球化学勘探技术的起源国家，代表人物为美国加利福尼亚大学圣迭戈分校斯克里普斯海洋研究所教授 S. C. Constable。

（4）国际深水油气地球化学勘探技术创新资源主要集中在美国加利福尼亚大学圣迭戈分校斯克里普斯海洋研究所等机构。国内的创新资源主要集中在中国石油勘探开发研究院、中国地质大学、中国石油塔里木油田分公司和中国科学院地质与地球物理研究所等。

综上所述，目前领先国家为美国，如果美国技术水平为 100 分的话，中国技术水平为 53 分，与国际领先水平差距较大，但差距呈现缩小趋势。

第三章 深水油气测试技术

1 技术概述

深水油气完井测试包括通井、洗井、冲砂、压井、射孔、下油管、装井口、诱喷、替喷、求产、测压、测温、取样，下桥塞或注水泥塞，下封隔器封隔已试层位上返或下返，以及必要时进行酸化、压裂和防砂等一系列工艺。

深水测试作业一般采用半潜式钻井平台或钻井船等浮式结构物，由于受风、浪、流的影响，平台会发生纵摇、横摇等浮体运动，而与之相连的深水测试管柱也将会受到严重影响。因此，若在测试过程中遇特殊海况，如台风或潮汐等，要求必须立即断开测试管柱，将平台撤离井口位置。而对于中国南海深水油气勘探区域而言，其较世界其他深海区域环境更为恶劣、测试难度更大，再加之浮动式平台空间狭小、设备和人员密集，测试过程中，一旦发生井喷或引入平台的油气流发生泄漏，都可能导致爆炸、火灾、中毒和环境污染等重大事故。因此，深水油气测试对风险控制有极高要求，需要从装备、工艺、安全等方面开展系统研究，保障深水油气测试安全。深水油气测试技术技术分解如表3-1所示。

表3-1 深水油气测试技术技术分解表

	一级分类	二级分类	三级分类
深水油气测试技术	深水测试装置研发	深水测试装置功能分析	储层参数分析
		深水测试装置控制系统	取样
		深水测试装置信息采集系统	密封性
		深水测试装置特殊要求	及时断开功能
		深水测试装置执行系统	水合物抑制功能
	深水测试理论研究	深水测试水合物预防	温度计算
		深水测试出砂预防	压力计算
		深水测试工艺流程	水合物相态

2　论文产出分析

基于汤姆森路透科技集团的 Web of Science 科学引文索引扩展版 SCIE 论文数据库（1994～2014 年），截止时间至 2014 年 7 月，采用专家辅助、主题词检索的方式共检索论文 931 篇。

2.1　主要国家、机构与科学家

表 3-2 给出了主要国家论文产出情况简表。由表 3-2 可见，美国相关论文 185 篇，排名第一位；篇均被引频次为 17.7 次，排名世界第二位。英国论文数量 113 篇，排名第一位；篇均被引频次 18.7 次，位于世界第二位。中国论文数量 91 篇，排名世界第三位，但是篇均被引频次 5.8 次，远远低于美国英国和法国。挪威和法国对该技术的研究也比较多，也都有很高的论文数量。

表 3-2　深水油气测试技术主要国家论文产出简表

国家	论文数量世界排名	论文数量（篇）	论文数量占世界的比重（%）	篇均被引频次（次）	被引次数所占比重
美国	1	185	19.9	17.7	33.0
英国	2	113	12.1	18.7	21.3
中国	3	91	9.8	5.8	5.3
挪威	4	78	8.4	6.9	5.5
法国	5	57	6.1	14.1	8.1

根据论文产出情况，针对主要机构和主要科学家，给出了创新资源分布情况。表 3-3 为论文数量世界排名前 5 位的主要机构列表，分别为俄罗斯科学院、中国地质大学、挪威卑尔根大学、中国石油大学和丹麦技术大学。中国机构占两席，其他机构都是欧洲国家，欧洲国家对深海油气测试技术的研究比较集中。值得注意的是在篇均被引频次方面，中国地质大学篇均被引频次 17.8 次，保持绝对领先。

表 3-3　深水油气测试技术主要机构论文产出情况简表

主要机构	论文数量世界排名	论文数量（篇）	论文数量占世界的比重（%）	篇均被引频次（次）
俄罗斯科学院	1	23	2.5	5.5
中国地质大学	1	19	2.0	17.8
挪威卑尔根大学	1	16	1.7	10.3
中国石油大学	1	14	1.5	1.5
丹麦技术大学	1	12	1.3	5.5

表 3-4 给出了论文数量排名前 3 位的主要科学家论文产出情况简表，T. Austad 工作于挪威斯塔万格大学，G. F. Clauss 为德国柏林工业大学的教授，牛耀龄工作于英国杜伦大学。

表 3-4　深水油气测试技术主要科学家论文产出情况简表

主要科学家	论文数量世界排名	论文数量（篇）	论文数量占世界的比重（%）	篇均被引频次（次）
T. Austad	1	6	0.6	9.3
G. F. Clauss	2	6	0.6	0.0
牛耀龄	3	6	0.6	75.3

2.2　论文发表趋势

图 3-1 给出了深水油气测试技术发文整体趋势，以及中国与美国在相关领域发表论文的年度变化情况。可以看出，发文量总体呈现上升趋势。美国在 2003 年以后，论文发表数量变化较小，中国则呈现逐渐增加的趋势，在 2013 年，发文量基本与美国持平。

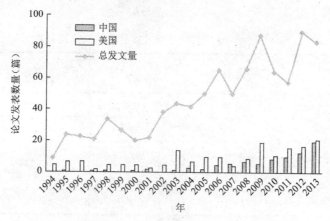

图 3-1　深水油气测试技术论文发表趋势

2.3　研究起源

图 3-2 为深水油气测试技术高被引论文发展趋势。圆圈的大小代表被引用次数；圆圈中颜色的变化与图 3-2 上方的色标条对应，代表时间段。其中，对被引频次大于 30 的论文进行了标引。由图 3-2 可以看出，B. P. Tissot（1984）发表的论文是最早的一篇高被引论文，主要是关于从干酪根到石油的理论研究。随后是 Sun S. S.（1989）的论文，被引次数最高达 24 次。B. P. Tissot 工作于法国石油研究院，因此认为深水油气测试技术起源于法国。

2.4　研究热点

借助 CiteSpace 软件，对论文的总体趋势进行了分析。图 3-3 为深水油气测试技术研究热点时间轴分布。时间的分布选择为 1994～2014 年，每 5 年设置一个时间段；研究热点是每个时间段出现频次排名前 50 位最高的词组。图 3-3 中，方块的大小代表被引用次数，右侧文字为经聚类分析结果。从图 3-3 可以看出，近期活跃的研究热点深水油气测试模型。

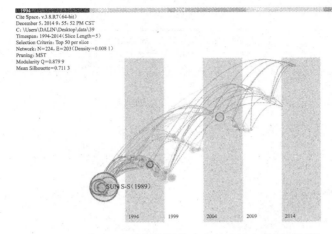

图 3-2 深水油气预测技术高被引论文引用时间轴

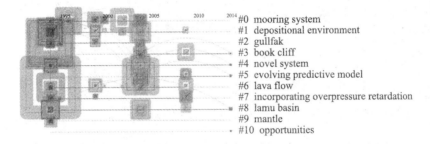

图 3-3 深水油气测试技术研究热点沿时间轴分布图

表 3-5 给出了高被引论文简表，论文被引次数都在 170 次以上。B. A. Maher 发表的文章 *Magnetic Properties of Modern Soils and Quternary Loessic Paleosols：Paleoclimatic Implications* 被引次数远远高于其他文章。

表 3-5 深水油气测试技术重要论文简表

作者	题目	来源	机构	被引次数
B. A. Maher	*Magnetic Properties of Modern Soils and Quaternary Loessic Paleosols：Paleoclimatic Implications*	*Palaeogeography Palaeoclimatology Palaeoecology*, 1998, 137（1-2）	英国东英格利大学	309
A. N. Halliday、 D. C. Lee、 J. N. Christensen 等	*Applications of Mutiple Collector-ICPMS to Cosmochemistry, Geochemistry, and Paleoceanography*	*Geochimica Et Cosmochimica Acta*, 1998, 62（6）	美国密歇根大学	187

作者	题目	来源	机构	被引次数
W. B. Hughes、A. G. Holba、L. I. P. Dzou	*The Ratios of Dibenzothophene to Phenanthrene and Pristane to Phytane as Indicators of Depositional Environment and Lithology of Petroleum Source Rocks*	*Journal of Petrology*	美国休斯顿大学	179

3 专利产出分析

基于 Thomson Innovation(TI)数据库,截止时间至 2014 年 7 月,采用专家辅助、主题词检索的方式共检索同族专利 1 022 项。专利分析主要采用专利族数量统计以及 PCT 专利数量统计。其中,PCT 专利是指《专利合作条约》(*Patent Cooperation Treaty*)的英文缩写,是有关专利的国际条约。

3.1 主要国家、机构与发明人

表 3-6 给出了主要国家专利产出情况简表。由表 3-6 可见,中国专利数量排名第一位,且占世界专利总数的 45.5%,PCT 专利数为 6。美国、英国、挪威与韩国分别排名第二、三、四、五位。其中,美国 PCT 专利数 95 项,占世界比重的 45.2%。

表 3-6 深水油气测试技术主要国家专利产出情况简表

主要国家	专利数量世界排名	专利族数量(项)	专利数量占世界比重(%)	PCT 专利数量(项)	PCT 专利数量占世界比重(%)
中国	1	465	45.5	6	2.9
美国	2	298	29.2	95	45.2
英国	3	73	7.1	32	15.2
挪威	4	50	4.9	37	17.6
韩国	5	26	2.5	4	1.9

表 3-7 给出了主要机构专利族数量、专利布局、主要发明人、专利申请持续时间,以及近 3 年来专利申请所占比重。由表 3-7 可见,中国海洋石油总公司相关专利 29 项,排名第一位,从 2008 年开始申请专利,发展迅速,近 3 年来仍保持了研究的热度,持续申请专利。排名第二位的美国斯伦贝谢公司申请专利较早,近期仍然持续该方面的研究。中国浙江大学在 2004 年开始申请专利,发展也是比较快速的。主要机构与主要国家的对应比较好。中国的两个机构发明专利排在世界第一位。

表 3-7　主要机构专利产出情况简表

主要机构	专利数量世界排名	专利族数量(项)	专利布局	主要发明人	专利申请持续时间	近三年申请专利占比
中国海洋石油总公司	1	29	中国(28)	周美珍(4) 蒋世全(4) 粟京(4) 程寒生(4)	2008～2014 年	62%
美国斯伦贝谢公司	2	26	美国(20) PCT 专利(4) 英国(2) 欧洲专利(2) 法国(2)	Joseph D. Scranton(4) Tauna Leonardi(4) Stephane Vannuffelen(3) Bernard Theron(3)	1998～2014 年	38%
中国浙江大学	3	23	中国(23)	顾临怡(9) 陈鹰(7) 杨灿军(7)	2004～2014 年	39%

3.2　技术发展趋势分析

图 3-4 给出了深水油气测试技术专利申请趋势,以及中美与美国在相关领域的专利申请数量年度变化。可以看出,专利数量逐年增加,中国在 2004 年以后专利数量超过美国,且呈现急剧增加态势,专利申请总量的贡献主要来自于中国专利。

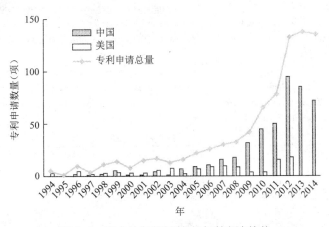

图 3-4　深水油气测试技术专利申请趋势

3.3　重要专利

依据 Innography 专利系统中的专利强度指标,选择专利强度较高的专利作为重要专利,详见表 3-8。其中,专利强度指标参考了 10 余个与专利价值相关的指标,包括专利权利要求数量、引用先前技术文献数量、专利被引用次数、专利及专利申请案的家族、专利申请时程、专利年龄、专利诉讼等。

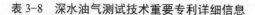

表 3-8　深水油气测试技术重要专利详细信息

	公开号：GB2456831A
专利基本信息	标题：*Fatigue and Damage Monitoring of Pipes Before and During Installation* 公开（公告）日：2009-07-29 申请号：GB20081500A 申请日：2008-01-28 申请人：英国斯伦贝谢公司 发明（设计）人：Rogerio Tadeu Ramos、Stephane Vannuffelen 摘要：Monitoring a pipe 10 to be installed in a predetermined location for fatigue or damage, comprises installing a distributed strain gauge sensor, such as a FBG optical fibre sensor 12, 14, along the pipe 10 when it is at a location remote from the predetermined location; connecting the strain gauge sensor via connector 14 to a data acquisition system 18; and acquiring data from the stain gauge sensor as the pipe is moved from the remote location to the predetermined location. The pipes may be flexible pipes such as flow lines or risers used in the subsea oil and gas industry. The pipe (20, Fig 2) may be monitored while being towed behind a towing vessel (26, Fig 2) or while being unwound from a reel (30, Fig 3). The sensors may be mounted in channels in the pipe structure or connected to the outside of the pipe. 权利要求数：5
	公开号：US20120267115A1
专利基本信息	标题：*Subsea Sampling System and Method Installation* 公开（公告）日：2012-10-25 申请号：US13256631A 申请日：2012-07-09 申请人：美国斯伦贝谢公司 发明（设计）人：Jonathan W. Brown、Asmund Boe、Paul B. Guieze 等 摘要：A system and method are provided for collecting fluid samples from a fluid flowline located subsea. The system includes a multiphase sampling apparatus attachable to the flowline, and a vehicle sampling apparatus that is connectable to the multiphase sampling apparatus to allow the transfer of the collected fluid sample thereto. The vehicle sampling apparatus is preferably a subsea remotely operated vehicle (ROV) locatable proximate the fluid flowline and having a fluid sample collector and a fluid pump for transferring the collected fluid sample from the multiphase sampling apparatus to the fluid sample collector. The vehicle sampling apparatus includes a fluid analysis sensor capable of extracting information about the collected fluid sample at a subsea location. Optionally, the vehicle sampling apparatus can transport the collected fluid sample to a location remote from the fluid flowline for analysis. 权利要求数：42

4　主要国家发展阶段

国外发达国家在深水油气测试领域技术已经成熟，不管是测试装备的设计、制造、现场应用都得到了深入和全面的发展，而中国只是开展了技术研究的理论工作。

4.1　美国

2005 年，美国贝克休斯公司设计了一种可用于隔水管的深水及超深水地层试验系统，作为试验管柱一部分的全管内密封潜油螺杆泵，采用变速驱动，安装在水下测试井口的上方。该装置是为水深 1 000～3 000 m、日产量 70～140 t 的油井研制的。美国的斯伦贝谢公司是世界油气服务的主要公司，掌握深水油气测试技术的关键。

4.2 英国

英国的 EXPRO 公司是一家油气服务公司,提供了许多油气井测试技术,包括井下测试,数据服务,以及安全处理等一系列服务。该公司生产的 ELSA 系列水下测试树型号多达 6 种,包括:ELSA-EA、ELSA-DH、ELSA-HD、ELSA-HP、ELSA-OD 和 ELSA-OW。

4.3 挪威

2001 年,挪威国家石油公司与壳牌石油和哈里伯顿公司展开石油和天然气的井下测试方法研究的合作合作。挪威国家石油公司主动研究测试方法及其进一步发展。通过 SILD 方法(采样综合录井仪),以及测试就可以进行,而在表面不产生碳氢化合物。

4.4 巴西

巴西国油 2014 年 10 月 24 日在里约热内卢宣布,巴西国油通过在水深 1 319 m 的海域中钻取 4-BRSA-1265-ESS 井(巴西国家石油管理局命名)/4-GLF-42-ESS 井(巴西国油命名)在圣埃斯皮里图盆地盐下深水区发现了油气藏。在发现井进行的测井和电缆测试获得的资料,证实了天然气和凝析油的存在。发现井距离圣埃斯皮里图州维多利亚市大约 81 km,此井位于 Golfinho 生产特许权区内。储油层位于 3 055 m 深处,此井完钻时的深度在 3 238 m。

4.5 中国

目前,我国已经具备了深水钻井、完井和测试这 3 个关键作业环节的技术实力。

5 结论

(1)深水油气测试技术是深水完井技术中的关键技术,世界先进核心技术主要掌握在美国、挪威、法国等发达国家手中。世界大型的油气服务公司是该项技术的主导。

(2)中国深水油气测试技术目前主要依靠国外的设备和技术,但是我们国家也已经开始研究,并且有了一定的成果。中国的论文数量位于世界第三位,专利数量位于世界第一位,正在逐渐缩小与先进国家的差距。

(3)深水油气测试技术起源于法国,B. P. Tissot 是当时的主要代表人物。

(4)目前世界上对该技术研究比较集中的机构有俄罗斯科学院、中国地质大学、中国石油大学、挪威卑尔根大学和丹麦技术大学。我国已经开始了南海深水油气资源开发工作,并且步伐将进一步加快。如果能够研发出具有自主知识产权的深水油气测试技术(包括配套装置与优化设计方法)并通过测试,必将推动我国深水开发的进程,迅速转化为实际应用的成果,成果转化潜力巨大。

第四章 深水高精度地震勘探技术

1 技术概述

深水是个动态的概念,随着科学技术的发展,其内涵不断变化。1998 年,"深水"的界定从 200 m(大陆架边缘)扩展为 300 m;而现在大部分人将 500 m 作为"深水"的界限,水深大于 1 500 m 的区域称为超深水。深水高精度地震勘探技术同常规海洋地震勘探技术是有区别的,有其自身的特殊性。深水区以其丰富的油气资源、较大规模的储量、产量高、效益好等特点引起人们的浓厚兴趣,但随着作业海域不断扩大、水体深度不断增加,其面临油藏规模越来越小、油藏流体越来越复杂、越来越恶劣的海洋作业环境等问题。深水高精度地震勘探技术技术分解如表 4-1 所示。

表 4-1 深水高精度地震勘探技术技术分解表

	一级分类	二级分类	三级分类	四级分类
深水高精度地震勘探	深水地震资料采集	观测系统设计	大容量平行四边形立体组合	
			中深层富低频平面组合	
		深水地震采集仪器	深水气枪震源	
			深水检波器	
	深水地震资料处理	速度分析		
		动校正		
		成像		
		多次波压制		
		噪音压制		
		Q 补偿		

	一级分类	二级分类	三级分类	四级分类
深水高精度地震勘探	深水地震资料解释	构造解释	层位解释	
			井震标定	
			相干分析	
			曲率属性	
		储层与油气预测	叠后反演	
			叠前地震反演	AVO/AVA 反演
				弹性阻抗反演
			属性分析	
			岩石物理建模分析	

2　论文产出分析

基于汤姆森路透科技集团的 Web of Science 科学引文索引扩展版 SCIE 论文数据库（1994～2014 年），截止时间至 2014 年 7 月，采用专家辅助、主题词检索的方式共检索论文 1 546 篇。

2.1　主要国家、机构与科学家

表 4-2 给出了深水高精度地震勘探技术主要国家论文产出情况简表。由表 4-2 可见，美国的论文数量为 458 篇，篇均被引频次为 17.7，被引次数占世界论文总被引次数的 34.9，在论文产出方面保持绝对领先地位。中国相关论文为 90 篇，排名世界第七位，篇均被引频次为 6.6 次。法国、德国、英国、加拿大和意大利在该领域表现也活跃，拥有相当数量的高质量论文。

表 4-2　深水高精度地震勘探技术主要国家论文产出情况简表

国家	论文数量世界排名	论文数量（篇）	论文数量占世界的比重（%）	篇均被引频次（次）	被引次数占世界的比重（%）
美国	1	458	29.6	17.7	34.9
法国	2	199	12.9	15.4	13.2
英国	3	199	12.9	20.5	17.5
德国	4	107	6.9	16.0	7.4
加拿大	5	105	6.8	17.1	7.7
意大利	6	96	6.2	15.0	6.2
中国	7	90	5.8	6.6	2.5

根据论文产出情况，针对主要机构和主要科学家，给出了创新资源分布情况。表 4-3 为论文数量世界排名前 5 位的主要机构列表，分别为法国海洋开发研究院、俄罗斯科学

院、美国伍兹霍尔海洋研究所、美国地质勘探调查局与德国艾尔弗雷德韦格纳极地和海洋研究所。中国的研究机构中发表论文数较多的是中国科学院海洋研究所以及中国科学院地质与地球物理研究所,共发表论文 30 篇,综合排名第 7 位。

表 4-3　深水高精度地震勘探技术主要机构论文产出情况简表

主要机构	论文数量世界排名	论文数量(篇)	论文被引次数	论文数量占世界的比重(%)	篇均被引频次(次)
法国海洋开发研究院	1	73	1468	4.7	20.1
俄罗斯科学院	2	57	229	3.7	4.0
美国伍兹霍尔海洋研究所	3	8	97	0.5	12.1
美国地质勘探调查局	4	8	79	0.5	9.9
德国艾尔弗雷德韦格纳极地和海洋研究所	5	8	46	0.5	5.8

表 4-4 给出了论文数量排名前 3 位的主要科学家论文产出情况简表。T. Mulder 和 B. Savoye 都任职法国海洋开发研究院,属于同一合作团队,致力于海洋地质研究。

表 4-4　深水高精度地震勘探技术主要科学家论文产出情况简表

主要科学家	论文数量世界排名	论文数量(篇)	论文数量占世界的比重(%)	篇均被引频次(次)
T. Mulder	1	19	1.2	18.2
B. Savoye	2	15	1.0	34.2
L. Somoza	3	15	1.0	20.4

2.2　发文趋势

图 4-1 给出了深水高精度地震勘探技术论文发表趋势图。发文总体呈现波动式上升趋势。从图 4-1 中可以看出,美国在论文数量方面与中国拉开了距离,且距离有逐渐增大的趋势。

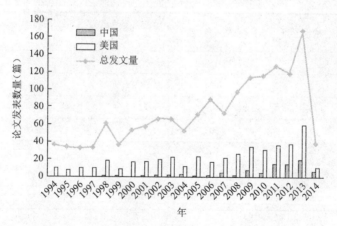

图 4-1　深水高精度地震勘探技术论文发表趋势

2.3 研究起源

图 4-2 为深水高精度地震勘探技术高被引论文引用时间轴,分析的数据为 1 546 篇论文的参考文献,共 47 656 篇。其中,圆圈的大小代表被引用次数。对 47 656 篇参考文献中被引频次的最高值为 76 次。进一步分析显示,被引频次较高的参考文献仍然集中在美国。

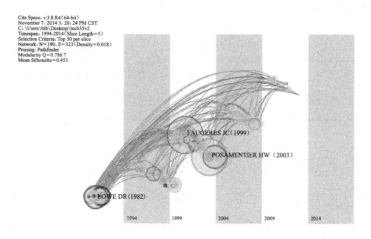

图 4-2 深水高精度地震勘探技术高被引论文引用时间轴

2.4 研究热点

借助 CiteSpace 软件,对论文的总体趋势进行了分析。图 4-3 为深水高精度地震勘探技术研究热点时间轴分布。时间的分布选择为 1994～2014 年,每 5 年设置一个时间段;研究热点是每个时间段出现频次排名前 50 位最高的词组。图 4-3 中,方块的大小代表被引用次数,右侧文字为经聚类分析结果。从图 4-3 可以看出,论文研究热点主要集中在等深水地震地貌学以及地层学研究。

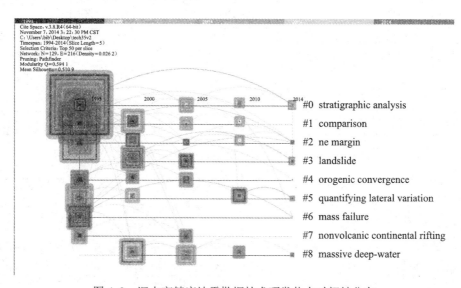

图 4-3 深水高精度地震勘探技术研发热点时间轴分布

针对 1 546 篇论文,表 4-5 给出了高被引论文简表。论文被引次数都在 160 次以上。

表 4-5　深水高精度地震勘探技术高被引论文简表

作者	题目	来源	机构	被引次数
H. W. Posamentier、V. Kolla	*Seismic Geomorphology and Stratigraphy of Depositional Elements in Deep-Water Settings*	*Journal of Sedimentary Research*,2003,73(3)	加拿大阿纳达科石油公司	227
B. E. Prather、J. R. Booth、G. S. Steffens 等	*Classification, Lithologic Calibration, and Stratigraphic Succession of Seismic Facies of Intraslope Basins, Deep-Water Gulf of Mexico*	*AAPG Bulletin*,1998	荷兰壳牌国际勘探与生产公司、美国新奥尔良壳牌近海石油公司、壳牌美国勘探与生产技术中心	163

3　专利产出分析

基于 Thomson Innovation(TI)数据库,截止时间至 2014 年 7 月,采用专家辅助、主题词检索的方式共检索同族专利 297 项。专利分析主要采用专利族数量统计以及 PCT 专利数量统计。其中,PCT 专利是指《专利合作条约》(*Patent Cooperation Treaty*)的英文缩写,是有关专利的国际条约。

3.1　主要国家、机构与发明人

表 4-6 给出了主要国家专利产出情况简表。由表 4-6 可见,美国专利数量排名第一位,且占世界专利总数的 52.9%;PCT 专利数为 15,占世界比重的 42.9%。中国、法国、英国与俄罗斯分别排名第二、三、四、五位。其中,中国 PCT 专利数 1 项,占世界比重的 2.9%。

表 4-6　深水高精度地震勘探技术专利优先权国专利产出情况对比

主要国家	专利数量世界排名	专利族数量(项)	专利数量占世界比重(%)	PCT 专利数量(项)	PCT 专利数量占世界比重(%)
美国	1	157	52.9	15	42.9
中国	2	52	17.5	1	2.9
法国	3	27	9.1	8	22.9
英国	4	17	5.7	3	8.6
俄罗斯	5	11	3.7	2	5.7

目前,主要专利申请机构涉及美国美孚石油公司、中国海洋石油总公司、美国斯伦贝谢国际公司以及挪威地球物理勘探公司。其中,美国美孚石油公司申请专利最早,但在 1989 年后未再申请专利。而挪威地球物理勘探公司在近两年来就申请了 6 项专利,发展迅速。美国斯伦贝谢国际公司从 20 世纪 70 年代至今都保持了一定的专利申请数量。

中国海洋石油公司是从 2005 年开始进行专利的申请(表 4-7)。

表 4-7　深水高精度地震勘探技术主要机构专利产出情况

专利权人	专利数量	专利分布	发明人	专利申请持续时间
美国美孚石油公司	25	美国(24)	William Harolf Ruehle(7) Robert G. Zachariadis(3)	1977～1989 年
中国海洋石油总公司	19	中国(19)	朱耀强(9); 曾翔(6); 阮福明(6)	2005～2014 年
美国斯伦贝谢 国际公司	9	美国(7) 英国(4) WO(2)	无	1970～2013 年
挪威地球物理勘探 公司	6	美国(6)	Walter Söllner(3) Okwudili Orji(2) Stian Hegna(2)	2013～2014 年

3.2　技术发展趋势分析

图 4-4 给出了深水高精度地震勘探技术专利申请量变化趋势,总体呈现波动式上升趋势。中国在 2004 年之前申请相关专利数量不多,之后出现快速增长,并从 2011 年一直超过美国。

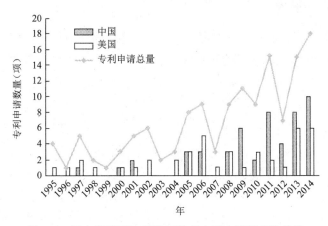

图 4-4　深水高精度地震勘探技术专利申请量变化趋势

3.3　重要专利

依据 Innography 专利系统中的专利强度指标,选择专利强度较高的专利作为重要专利,详见表 4-8。其中,专利强度指标参考了 10 余个与专利价值相关的指标,包括专利权利要求数量、引用先前技术文献数量、专利被引用次数、专利及专利申请案的家族、专利申请时程、专利年龄、专利诉讼等。

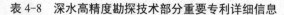

表 4-8　深水高精度勘探技术部分重要专利详细信息

公开号 WO2012138946A2 （US2011473254P）	
专利基本信息	标题：*Marine Seismic Exploration Device, Has Controller Compensating for Movement of Vessel Detected by Sensor by Moving Connection Device Between Positions to Control Length that Connection Device Extends* 申请人：美国斯伦贝谢西方地球物理公司 发明（设计）人：Nicolas Goujon、Vidar A. Husom 摘要：The device has a sensor device sensing movement of a towing vessel（10）. A controller（34）is in communication with the sensor device and an electric motor. A seismic sensor（36）is connected with a connection device（15）. The connection device has positions in which the connection device extends lengths, where one of the lengths is longer than the other length. The controller compensates for the movement of the vessel detected by the sensor by moving the connection device between positions to control the length that the connection device extends. An INDEPENDENT CLAIM is also included for a method for minimizing noise when operating a marine seismic exploration device. Marine seismic exploration device. The device allows an elastic member located between the vessel and a streamer so as to absorb shocks and to reduce movement of a streamer in relation to the vessel, thus reducing noise. The vessel can be used in coordination to provide a series of streamers for survey when the vessel tows a single streamer, so that smaller size of the vessel enhances effect that ocean's movements have on the vessel and in turn the streamer. The drawing shows a side view of a marine seismic exploration device. Towing vessel forward direction wave-glider reel connection device controller seismic sensor.

4　主要国家发展阶段

20 世纪 60 年代，美国军方为观测海底核试验位置而研制了世界上第一台海底地震仪，由陆地检波器电缆发展而来的浅水底电缆引用于陆上浅水区和海上滩涂区地震油气勘探。20 世纪 60 年代末，西方国家海洋计划开始实施，研究海洋地壳地幔结构、板块俯冲带，海沟海槽演化动力学等课题，研制出功能多样、先进、广泛应用到海洋地球科学研究中的海底地震仪。随着工业化的迅猛发展，高分辨率、广方位角、全波接收的海底地震仪被应用到海上油田储油目标区块的精细调查和深海油气调查中。美国、日本等国家近年来将海底地震仪应用到了新型能源——天然气水合物的调查研究当中。随即，欧洲国家德国、法国、挪威、意大利等也相继推出了新型的海底地震仪产品，并开始走出研究所，实现商业化发展。

4.1　美国

美国国家研究室与加利福尼亚大学圣迭戈分校斯克里普斯海洋研究所、华盛顿大学、麻省理工学院和伍兹霍尔海洋研究所联合，设立了两个国家海底地震仪研究（所）室。早期，研究室制造出了两种海底地震仪。1972 年，美国俄勒冈州立大学研制成功了自落式记录海底地震仪。1987 年，美国海军研究局开始努力资助设计和制造新一代海底地震仪。目前，有几十台已投入观测。现在，伍兹霍尔海洋研究所已研制出一次事件记录超 100 s 的宽频带、大动态、三分量、数字化海底地震仪。

4.2 日本

日本是一个地震频发的岛国。日本的海底电缆式地震仪与美国的不同，是台阵式，在电缆末端和中途都安装了仪器，更侧重于地震预报。此外，日本还开展了海底井下地震观测。

4.3 英国

英国海洋研究所研制的自浮式地震仪，属密封式海底地震仪，用于研究海岭地震活动性。英国的 Guralp 公司制造了 CMG-1T 型宽频带地震仪，这对于捕捉低频的天然地震远震震相是十分重要的。

4.4 中国

由国家"863"重点项目"深水高精度地震勘探技术"支持形成的海上地震勘探采集装备——"海亮"地震采集系统于 2008 年起投入工程勘察生产使用，并先后于 2008 年、2010 年和 2012 年在南海和渤海实施现场试验，进行了二维、三维地震资料采集。

5 结论

（1）美国、欧洲、日本为领先国家或区域，掌握核心技术，拥有成熟产品，占据市场份额。

（2）中国深水高精度地震勘探处于发展时期，且发展速度较慢。2006 年之后，与美国的差距虽然缩小，但仍然相差很大。目前，中国在论文数量、被引频次、专利数量、PCT 专利方面均较为滞后，基础研究与技术研究有待提高。

（3）美国为深水高精度地震技术的起源国家，主要的研究机构有美国地质勘探局、伍兹霍尔海洋研究所、加利福尼亚大学圣迭戈分校斯克里普斯海洋研究所、麻省理工学院等。

（4）深水高精度地震技术创新资源主要集中在顶级海洋研究所（美国伍兹霍尔海洋研究所、美国加利福尼亚大学圣迭戈分校斯克里普海洋研究所、法国海洋开发研究院）以及国际公司（美国斯伦贝谢国际公司、挪威地球物理勘探公司），国内的创新资源主要集中在中国科学院和中国海洋石油总公司等。

综上所述，目前领先国家为美国。中国技术水平与国际领先水平相差很大，且差距缩小趋势缓慢。

第五章　海洋稠油开采技术

1　技术概述

海洋深水稠油储量巨大,但由于深水低温使得稠油流动性更差,给深水稠油油田的开发带来了难度和挑战。巴西等国家的深水稠油油田已经成功实现了商业化开发,并形成了一系列配套开发技术,我国的深水稠油开采技术尚处于探索阶段。了解国际上深水稠油开发技术进展,对推动我国海洋油气开采技术进步,保障能源供给安全意义重大。

2　论文产出分析

基于汤姆森路透科技集团的 Web of Science 科学引文索引扩展版 SCIE 论文数据库,采用专家辅助、主题词检索的方式共检索论文 197 篇。论文检索式:TS =(((heavy crude oil) or (viscous crude oil)) and (offshore or subsea))

2.1　主要国家、机构与作者

表 5-1 给出了主要国家论文产出情况简表。由表可见,加拿大相关论文 45 篇,排名世界第一位,篇均被引频次为 8.4 次,低于美国与俄罗斯。美国相关论文 31 篇,篇均被引频次为 9.9 次,均排名第二位。加拿大、美国以及中国的论文总数占据世界论文总数的 53.2%,超过一半,是主要的论文发表国。俄罗斯、英国等国家也发表了相当数量的论文,且保持了较高的篇均被引频次。

表 5-1　海洋稠油开采技术主要国家论文产出情况简表

国家	论文数量世界排名(位)	论文数量(篇)	论文数量占世界的比重(%)	篇均被引频次(次)	被引次数占世界的比重(%)
加拿大	1	45	22.8	8.4	27.4
美国	2	31	15.7	9.9	22.2
中国	3	29	14.7	3.0	6.4
俄罗斯	4	21	10.7	11.0	16.7
英国	5	13	6.6	5.5	5.2

根据论文产出情况,针对主要机构和主要科学家,给出了创新资源分布情况。表5-2为论文数量世界排名前5位的主要机构列表,分别为加拿大卡尔加里大学、俄罗斯国立油气大学、加拿大里贾纳大学、美国斯坦福大学以及美国水库工程技术研究院。加拿大和美国的机构各占了两席,加拿大和美国对海洋稠油开采技术的研究比较集中。值得注意的是在篇均被引频次方面,美国水库工程技术研究院为12.6次,处于领先地位。

表5-2 海洋稠油开采技术主要机构论文产出情况简表

主要机构	论文数量世界排名	论文数量(篇)	论文数量占世界的比重(%)	篇均被引频次(次)
加拿大卡尔加里大学	1	21	10.7	5.3
俄罗斯国立油气大学	2	20	10.2	11.1
加拿大里贾纳大学	3	10	5.1	12.2
美国斯坦福大学	4	9	4.6	9.2
美国水库工程技术研究院	5	5	2.5	12.6

表5-3给出了论文数量排名前三位的主要科学家论文产出情况简表。Dong M. Z.(董明哲)工作于加拿大里贾纳大学,I. N. Evdokimov工作于俄罗斯国立油气大学物理系,Tang G. Q. 工作于美国水库工程技术研究院,主要科学家与主要机构存在较好的对应关系。

表5-3 海洋稠油开采技术主要科学家论文产出情况简表

主要科学家	论文数量世界排名	论文数量(篇)	论文数量占世界的比重(%)	篇均被引频次(次)
Dong M. Z.	1	31	15.7	9.5
I. N. Evdokimov	2	27	13.7	8.9
Tang G. Q.	3	16	8.1	7.3

2.2 发文趋势

为进一步分析对比中国与美国论文的产出情况,图5-1给出了海洋稠油开发技术论文发表趋势图。从总体情况及趋势上看,海洋稠油开发技术仍处在发展期。从图5-1中可以看出,美国论文总发表数量在2010年以前一直领先于中国,在2010年前后中国与美国的论文数量相差不大,中国在2010年后的年论文发表数高于美国,论文总发表数量的差距在不断减小。

2.3 研究起源

图5-2为海洋稠油开采技术高被引论文发展趋势,圆圈的大小代表被引用次数。其中,对被引频次大于7的论文进行了标引。由图5-2可以看出,I. N. Evdokimov(2001)论文,被引次数最高为12次,且其在2003年发表的论文被引频次为10次。

H. Y. Jennings（1974）论文是最早的一篇高被引论文，被引次数为 7 次。H. Y. Jeenings 是加拿大科学家，其发表在加拿大石油科技期刊上的文章：*A caustic water-flooding process for heavy oils*，主要研究的重油烧碱水驱油过程，认为海洋稠油开采技术起源于加拿大。

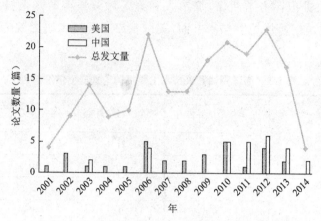

图 5-1　海洋稠油开采技术论文发表趋势

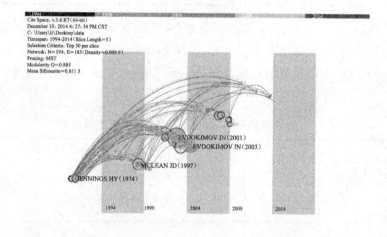

图 5-2　海洋稠油开采技术高被引论文发展趋势

2.4　研究热点

借助 CiteSpace 软件，对论文的总体趋势进行了分析。图 5-3 为海洋稠油开采技术研究热点时间轴分布。时间的分布选择为 1994～2014 年，每 5 年设置一个时间段，研究热点是每个时间段出现频次排名前 50 位最高的词组，图 5-3 中方块的大小代表被引用次数，右侧文字为聚类分析结果。从图中可以看出，近期活跃的研究热点为聚类 #7，全油气相色谱法研究；聚类 #0，提高稠油采收率。

表 5-4 给出了海洋稠油开采技术高被引论文简表，论文被引次数都在 25 次以上。

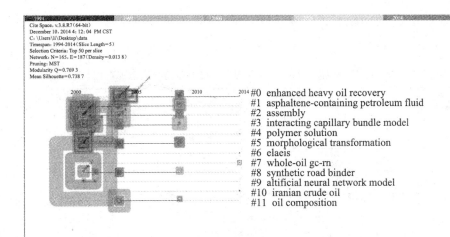

图 5-3 海洋稠油开采技术研发热点时间轴分布

表 5-4 海洋稠油开采技术高被引论文简表

作者	题目	来源	机构	被引次数
Liu Q. , Dong M. Z. , Ma S. Z. , Tu Y.	*Surfactant enhanced alkaline flooding for Western Canadian heavy oilr ecovery*	*Colloids And Surfaces A-Physicochemical And Engineering Aspects.* 2007	加拿大里贾纳大学	31
Dong M. Z. , Ma S. Z. , Liu Q.	*Enhanced heavy oil recovery through interfacial instability：A study of chemical flooding for brintnell heavy oil*	*Fuel.* 2009	加拿大卡尔加里大学	29
Evdokimov I. N. , Eliseev N. Y. , Akhmetov B. R.	*Initial stages of asphaltene aggregation in dilute crude oil solutions：studies of viscosity and NMR relaxation*	*Fuel.* 2003	俄罗斯国立大学	27

3 专利产出分析

基于 Thomson Innovation（TI）数据库，截止时间至 2014 年 7 月，采用专家辅助、主题词检索的方式共检索同族专利 1 067 项。专利分析主要采用专利族数量统计以及 PCT 专利数量统计，其中 PCT 专利是指《专利合作条约》（*Patent Cooperation Treaty*）的英文缩写，是有关专利的国际条约。

3.1 主要国家、机构与发明人

表 5-5 给出了主要国家专利产出情况简表，由表可见，美国专利数量排名世界第一位，其占世界专利总数的 42.4%，PCT 专利数 41 项，占世界比重 53.9%。中国与英国

分别排名第 2、3 位,其中英国 PCT 专利数 5 项,占世界比重的 6.6%,中国没有申请 PCT 专利。

表 5-5　海洋稠油开采技术专利优先权国专利产出情况对比

优先权国	专利数量世界排名	专利族数量（项）	专利数量占世界比重（%）	PCT 专利数量（项）	PCT 专利数量占世界比重（%）
美国	1	264	42.4	41	53.9
中国	2	90	14.5	0	0
英国	3	56	9.0	5	6.6

表 5-6 给出了主要机构专利族数量、专利布局、主要发明人、专利申请持续时间,以及近三年来专利申请所占比重,由表 5-6 可见,中国国家石油公司相关专利 20 项,排名世界第一位。排名第二位的是委内瑞拉国家石油公司,相关专利 18 项,排名第三位的是康菲石油公司,相关专利 17 项。这三家机构均没有申请 PCT 专利,并且近三年来均仍保持了研究的热度,持续申请专利。

表 5-6　海洋稠油开采技术主要机构专利产出情况

主要机构	专利数量世界排名	专利族数量（项）	专利布局	主要发明人	专利申请持续时间	近三年申请专利占比
中国国家石油公司	1	20	中国(20)	LI Xiao-hui(2)；NIAN Cheng-chun(2)；SHI Fang-jun(2)；REN Wei(2)；SHEN Ze-jun(2)；LIU Hai-cheng(2)；SHI Ze(2)；SONG Yan-liang(2)；SUN Jing-dong(2)；LIU Yan-qing(2)；WANG Chun-jiang(2)；WANG Hong-de(2)；PEI Ming-dong(2)；WANG Lie(2)；WANG Quan-bin(2)；CUI Li(2)；WANG Tong-bin(2)；WEI Yong-jie(2)；WU Xu-hong(2)；WU Yong-ning(2)；YANG Fan(2)；SUN Li(2)；MU Ming(2)；HAO Zhong-xian(2)；ZHANG Li-xin(2)；ZHAO Jing-jing(2)；ZHAO Yan-chun(2)；ZHOU Ying(2)；WANG Tai-long(2)；GENG Li(2)；CHANG Zhong-wei(2)；CHAO Ke-sheng(2)；CHEN Ji(2)；DENG Xiao-you(2)；YANG Ming(2)；HOU Jun(2)；HUANG He(2)；LI Yi-liang(2)；JIN Jing-wei(2)；LI Hui(2)；MA Zuo-xia(2)；LI Zhi(2)；LIU Fu-dong(2)	1996～2014 年	20%
委内瑞拉国家石油公司	2	18	美国(15)；英国(4)；日本(2)	ALFREDO MORALES(4)；Galiasso Roberto(3)；SALAZAR JOSE ARMANDO(3)；Carrasquel Angel Rafael(3)；Chirinos Maria Luisa(3)	1984～2014 年	18%

续表

主要机构	专利数量世界排名	专利族数量（项）	专利布局	主要发明人	专利申请持续时间	近三年申请专利占比
康菲石油公司	3	17	美国（17）	LI Xiao-hui（2）；NIAN Cheng-chun（2）；SHI Fang-jun（2）；REN Wei（2）；SHEN Ze-jun（2）；LIU Hai-cheng（2）；SHI Ze（2）；SONG Yan-liang（2）；SUN Jing-dong（2）；LIU Yan-qing（2）；WANG Chun-jiang（2）；WANG Hong-de（2）；PEI Ming-dong（2）；WANG Lie（2）；WANG Quan-bin（2）；CUI Li（2）；WANG Tong-bin（2）；WEI Yong-jie（2）；WU Xu-hong（2）；WU Yong-ning（2）；YANG Fan（2）；SUN Li（2）；MU Ming（2）；HAO Zhong-xian（2）；ZHANG Li-xin（2）；ZHAO Jing-jing（2）；ZHAO Yan-chun（2）；ZHOU Ying（2）；WANG Tai-long（2）；GENG Li（2）；CHANG Zhong-wei（2）；CHAO Ke-sheng（2）；CHEN Ji（2）；DENG Xiao-you（2）；YANG Ming（2）；HOU Jun（2）；HUANG He（2）；LI Yi-liang（2）；JIN Jing-wei（2）；LI Hui（2）；MA Zuo-xia（2）；LI Zhi（2）；LIU Fu-dong（2）	1982～2014年	17%

3.2　技术发展趋势分析

图 5-4 给出了海洋稠油开采技术专利申请趋势，总申请量在 2000 年之前呈现增长态势，但在 2000 年后专利申请数量出现下滑波动，直到 2006 年，专利申请数量出现较快增长。总申请量的趋势与美国申请量的趋势基本一致。中国在 2004 年之前仅有少量申请相关专利，之后出现快速增长。

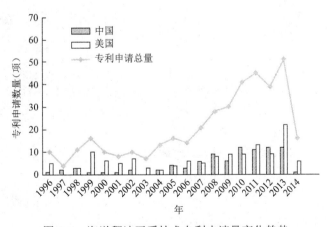

图 5-4　海洋稠油开采技术专利申请量变化趋势

39

4　主要国家发展阶段

在海洋稠油开采技术方面,美国、加拿大等国家掌握核心技术,处于领先地位。目前,稠油开采技术已经形成了以蒸汽吞吐、蒸汽驱等为主要开采方式的稠油热采技术,以及以碱驱、聚合物驱、混相驱、微生物驱等为主的稠油冷采技术。

表5-7给出了主要国家的文献情况。中国的论文数量排名世界第二位,但在被引频次、专利数量、PCT专利数量以及技术所处的发展阶段等方面均落后于美国、英国等国家。

表5-7　海洋稠油开采技术主要国家文献情况

主要国家	论文数量比重(%)	被引次数比重(%)	专利数量比重(%)	PCT专利数量比重(%)
美国	15.7	22.2	42.4	53.9
中国	14.7	6.4	14.5	0
英国	6.6	16.7	9.0	6.6

美国的克恩河油田和印度尼西亚的杜里油田采用的蒸汽驱技术大规模开发稠油油田。克恩河油田采用大型热电联供技术,使蒸汽驱平均油田汽比达0.32,汽驱后采收率达到62.4%,有的区块超过70%,杜里油田预计最终采收率可达55%。

加拿大是世界上稠油储藏最丰富的国家,主要分布在阿尔伯塔省和萨斯喀彻温省,主要的特点是埋藏较浅,砂体厚度大,原油黏度较高,目前其主要的开采技术为蒸汽吞吐、蒸汽驱技术。

委内瑞拉是世界上稠油储藏第二丰富的国家,其主要稠油开发区位于西部的马拉开波湖,目前委内瑞拉的技术发展重点放在了改善蒸汽吞吐开采效果的新技术上。

中国海洋稠油主要分布在环渤海湾地区的渤海油区、胜利油区和辽河油区。目前,中国在普通稠油化学驱方面处于国际领先水平,聚合物驱目前已形成三大油田(绥中36-1油田、旅大10-1油田、锦州9-3油田),并同时开展了弱凝胶调驱、氮气泡沫调驱、微球逐级液流转向等试验。

5　结论

(1)美国、加拿大等国家为领先国家,掌握核心技术,目前,稠油开采技术已经形成了以蒸汽吞吐、蒸汽驱等为主要开采方式的稠油热采技术,以及以碱驱、聚合物驱、混相驱、微生物驱等为主的稠油冷采技术。

(2)中国海洋稠油开采技术正处于发展阶段,目前与发达国家之间有一定的差距,但正在努力缩小差距。目前中国论文篇均被引频次正在逐步提高,但在专利数量与PCT专利方面较为滞后。

(3)加拿大为海洋稠油开采技术的起源国家,代表人物是加拿大科学家H. Y. Jennings。

(4)海洋稠油开采技术创新资源主要集中在加拿大卡尔加里大学、俄罗斯国立油气大学、加拿大里贾纳大学、美国斯坦福大学以及美国水库工程技术研究院等机构。

第六章　滩浅海油田深度勘探技术

1　技术概述

　　滩浅海地区是世界油气勘探的重要领域。随着陆上油田陆续进入高含水、特高含水、产量递减开发阶段,滩浅海地区油气勘探的地位越来越重要。为了提高滩浅海地区深度油气勘探成功率和降低油气勘探成本,滩浅海油田深度勘探正朝着高精度层序地层解释、精细沉积学表征、精细油气储层地质表征和储层量化分类评价与预测方向发展。国际上,滩浅海油田勘探技术较为成熟,以准确寻找大规模、多级次有利目标区为特点;国内滩浅海油田勘探起步相对较晚,但正在逐步发展。因此,我国应加速滩浅海油田深度沉积及层序地层学和油气储层地质学的基础研究和相应关键技术的研发,为滩浅海油田大规模深度勘探提供技术保障,具体技术分解见表 6-1。

表 6-1　滩浅海油气深度勘探技术技术分解表

	一级分类	二级分类	三级分类	四级分类
滩浅海油田深度勘探技术	沉积与层序地层	层序地层分析	层序界面	
			层序格架	
			层序结构	
		沉积学分析	物源体系	
			沉积相类型及展布	
			沉积演化规律	
			沉积体系	
	油气储层地质	储集成岩特征	储集特征	
			成岩特征	成岩作用
				成岩演化
				成岩相
		储层评价与预测	有效储层物性下限	
			储层控制因素	
			储层分类评价与预测	

2 论文产出分析

基于汤姆森路透科技集团的 Web of Science 科学引文索引扩展版 SCIE 论文数据库（1994～2014 年），截止时间至 2014 年 12 月，采用专家辅助、主题词检索的方式共检索论文 1 532 篇。

2.1 主要国家、机构与作者

表 6-2 给出了主要国家论文产出情况简表。由表 6-2 可见，美国相关论文 422 篇，排名世界第一位；篇均被引频次为 17.2 次，仅次于英国。英国相关论文 174 篇，位于世界第二位；篇均被引频次为 18.6 次，居世界首位。中国相关论文数量为 120 篇，排名世界第四位；篇均被引频次为 10.4 次。美国与英国的论文总数占据世界论文总数的 50.3%，超过一半，是主要的论文发表国。

表 6-2 滩浅海油气深度勘探技术主要国家论文产出情况简表

国家	论文数量世界排名（位）	论文数量（篇）	论文数量占世界的比重（%）	篇均被引频次（次）	被引次数占世界的比重（%）
美国	1	422	27.5	17.2	34.8
英国	2	174	11.4	18.6	15.5
加拿大	3	141	9.2	14.5	9.8
中国	4	120	7.8	10.4	6.0
德国	5	109	7.1	10.5	5.5

根据论文产出情况，针对主要机构和主要科学家，给出了创新资源分布情况。表 6-3 为论文数量世界排名前 5 位的主要机构列表，分别为美国地质调查局、俄罗斯科学院、芬兰拉普兰大学、中国科学院以及加拿大卡尔加里大学。美国地质调查局的论文篇均被引频次为 23.2 次，居世界首位。芬兰拉普兰大学和加拿大卡尔加里大学也保持了较高的篇均被引频次，分别为 15.8 次和 14.5 次。

表 6-3 滩浅海油气深度勘探技术主要机构论文产出情况简表

主要机构	论文数量世界排名	论文数量（篇）	论文数量占世界的比重（%）	篇均被引频次（次）
美国地质调查局	1	37	2.4	23.2
俄罗斯科学院	2	36	2.3	9.4
芬兰拉普兰大学	3	31	2	15.8
中国科学院	4	29	1.9	8.8
加拿大卡尔加里大学	5	25	1.6	14.5

表 6-4 给出了论文数量排名前 3 位的主要科学家论文产出情况简表。其中，英国籍教授 J. C. Moore 与芬兰冰川学家 A. Grinsted 均为北京师范大学全球变化与地球系统科学研究院的外聘教授。J. C. Moore 教授是北京师范大学引进的中国"千人计划"国家特

聘专家、北京师范大学全球变化与地球系统科学研究院首席科学家、大学极地气候与环境重点实验室主任。

表6-4　滩浅海油气深度勘探技术主要科学家论文产出情况简表

主要科学家	论文数量世界排名	论文数量（篇）	论文数量占世界的比重（%）	篇均被引频次（次）
J. C. Moore	1	50	3.3	21.3
A. Grinsted	2	12	0.8	25.2
R. Swennen	3	11	0.7	15

2.2　发文趋势

图6-1给出了滩浅海油田深度勘探技术论文发表趋势图。从总体情况及趋势上看，滩浅海油田深度勘探技术仍在发展期。美国的论文总数一直保持领先优势；而中国自2008年以后论文数量有了明显的增加，进入了该研究领域中除美国之外的第二梯队。

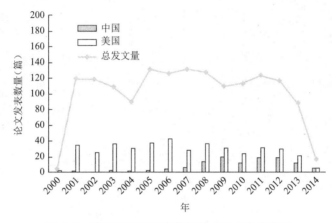

图6-1　滩浅海油田深度勘探技术论文发表趋势

2.3　研究起源

图6-2为滩浅海油田深度勘探技术高被引论文引用时间轴。圆圈的大小代表被引用次数；图6-2上方的色标条代表时间段。其中对被引频次大于20的论文进行了标引。由图6-2可以看出，M. E. Tucker（1990）发表的论文是被引次数最高的一篇论文，主要是关于湖相碳酸盐岩的研究，被引次数为42次。随后是J. R. Allan（1982）的论文，被引次数高达37次。Bu Hao（1987）的论文和C. K. Lohmann（1988）的论文被引次数也比较高，均为27次。

M. E. Tucker是美国科学家，并且与中国科学院地质与地球物理研究所有合作关系，现任职于英国布里斯托尔大学地球科学学院，主要研究地球化学中的碳酸盐沉积物，如利用现代微生物作为生物标志物研究碳酸盐沉积物的形成年代及变迁。可以认为滩浅海油田深度勘探技术起源于美国。

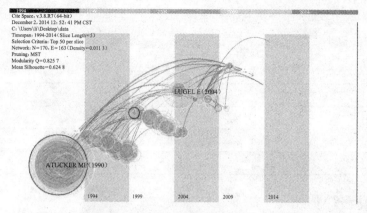

图 6-2　滩浅海油田深度勘探技术高被引论文引用时间轴

2.4　研究热点

借助 CiteSpace 软件,对论文的总体趋势进行了分析。图 6-3 为滩浅海油田深度勘探技术研究热点时间轴分布。时间的分布选择为 1994~2014 年,每 5 年设置一个时间段;研究热点是每个时间段出现频次排名前 50 位最高的词组。图 6-3 中,方块的大小代表被引用次数,右侧文字为经聚类分析结果。从图 6-3 可以看出,近期活跃的研究热点为聚类 #0,硅质岩油气藏勘探技术;聚类 #1,古仁河口冰川,聚类 #9,地质结构勘察。

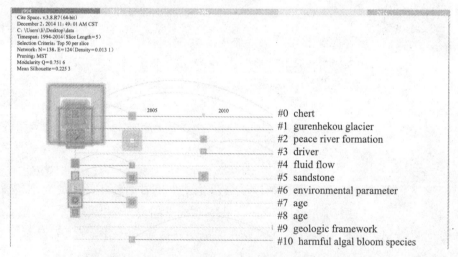

图 6-3　滩浅海油田深度勘探技术研发热点时间轴分布

表 6-5 给出了高被引论文简表,论文被引次数都在 70 次以上。

表 6-5　滩浅海油田深度勘探技术高被引论文简表

作者	题目	来源	机构	被引次数
A. Immenhauser、G. Della Porta、J. A. M. Kenter 等	*An Alternative Model for Positive Shifts in Shallow Marine Carbonate $\delta^{13}C$ and $\delta^{18}O$*	*Sedimentology*, 2003, 50(5)	荷兰阿姆斯特丹自由大学、西班牙奥维耶多大学	81

续表

作者	题目	来源	机构	被引次数
M. Santosh、S. Omori	*CO₂ Flushing：A Plate Tectonic Perspective*	*Gondwana Research*，2008，13（11）	日本高知大学、日本东京工业大学	80
S. Fraschetti、C. N. Bianchi、A. Terlizzi 等	*Spatial Variability and Human Disturbance in Shallow Subtidal Hard Bottom Assemblages a Regional Approach*	*Marine Ecology Progress Series*，2001，212（4）	意大利莱切大学、意大利新能源技术委员会、意大利国家科研委员会等	77

3　专利产出分析

基于 Thomson Innovation（TI）数据库，截止时间至 2014 年 12 月，采用专家辅助、主题词检索的方式共检索同族专利 1 230 项。专利分析主要采用专利族数量统计以及 PCT 专利数量统计。其中，PCT 专利是指《专利合作条约》（*Patent Cooperation Treaty*）的英文缩写，是有关专利的国际条约。

3.1　主要国家与机构

表 6-6 给出了主要国家专利产出情况简表。由表 6-6 可见，美国专利数量排名世界第一位，且占世界专利总数的 69.4%；英国、澳大利亚、挪威以及法国分别排名第二、三、四、五位。美国的 PCT 专利数也排名世界第一位，占世界 PCT 专利数的 69.1%，在世界上保持绝对领先地位。

表 6-6　滩浅海油田深度勘探技术主要国家专利产出情况简表

优先权国	专利数量世界排名	专利族数量（项）	专利数量占世界比重（%）	PCT 专利数量（项）	PCT 专利数量占世界比重（%）
美国	1	854	69.4	431	69.1
英国	2	94	7.6	54	8.7
澳大利亚	3	58	4.7	19	3.0
挪威	4	39	3.2	29	4.6
法国	5	23	1.9	9	1.4

表 6-7 给出了主要机构专利族数量、专利布局、主要发明人、专利申请持续时间以及近 3 年来专利申请所占比重。由表 6-7 可见，加拿大斯伦贝谢有限公司相关专利 44 项，排名第一位，并且申请了 PCT 专利。排名第二位的是法国地球物理公司，相关专利有 33 项，该公司同样申请了 PCT 专利。排名第三位的是法国地球物理维里达斯集团，相关专利 21 项，同样申请了 PCT 专利。值得注意的是，这 3 家公司近 3 年来均保持了研究的热度，持续申请专利。

斯伦贝谢（Schlumberger）公司总部位于休斯顿、巴黎和海牙，在全球 140 多个国家设有分支机构，是全球最大的油田技术服务公司。它于 1980 年进入中国石油行业开展油田服务业务，在中国境内设立了 8 个作业基地（库尔勒、克拉玛依、成都、蛇口、塘沽、大庆、靖边和定边）、两个制造中心（上海和天津）、两个办事处（北京和乌鲁木齐），为中国陆上和海上提供综合作业服务。位于北京清华科技园的北京地球科学中心（BGC）成立于2000年，是斯伦贝谢油田服务的主要技术开发中心之一，开发的地质力学和岩石物理分析软件以及先进的解释和处理技术在全世界得到了广泛的应用，帮助优化油气开采并降低风险。

表 6-7　滩浅海油田深度勘探技术主要机构专利产出情况

主要机构	专利数量世界排名	专利族数量（项）	专利布局	主要发明人	专利申请持续时间	近三年申请专利占比
加拿大斯伦贝谢有限公司	1	44	美国（34） PCT 专利（23） 英国（5）	Moldoveanu Nicolae（5） Kamata Masahiro（3） Fealy Steven（3） Nichols Edward（3）	1995～2014 年	55%
法国地球物理公司	2	33	美国（29） 法国（4） PCT 专利（3）	Dowle Robert（6） Sallas John（3） MAXWELL Peter（3） Brizard Thierry（3） Teyssandier Benoit（3） TONCHIA Hélène（3）	2013～2014 年	100%
法国地球物理维里达斯集团	3	21	美国（13） 法国（7） PCT 专利（5）	Dowle Robert（6） Brizard Thierry（3） Sallas John（3）	2006～2014 年	90%

3.2　技术发展趋势分析

图 6-4 给出了专利年度变化趋势：总体呈现增长趋势；2008 年之后，出现直线上升的态势。美国的专利数量一直以来均遥遥领先于其他国家，呈现一家独大的格局。直到2010 年以后其他国家的专利数量才出现明显增加。中国虽然在 1991 年即申请了第一项专利，但一直发展缓慢，最近几年才开始陆续以每年 2～3 项的数量在增长。

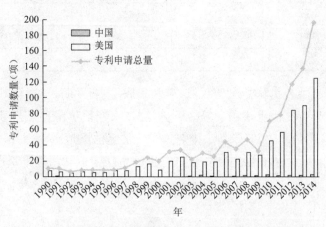

图 6-4　滩浅海油田深度勘探技术相关专利年度变化趋势

3.3　重要专利

依据 Innography 专利系统中的专利强度指标,选择专利强度较高的专利作为重要专利,详见表 6-8。其中,专利强度指标参考了 10 余个与专利价值相关的指标,包括专利权利要求数量、引用先前技术文献数量、专利被引用次数、专利及专利申请案的家族、专利申请时程、专利年龄、专利诉讼等。

表 6-8　滩浅海油田深度勘探技术部分重要专利详细信息

公开号 US8789620B2	
	标题:*Method and Apparatus for Transmitting or Receiving Information Between Downhole Equipment and Surface*
	公开(公告)号:US20110168446A1
	公开(公告)日:2011-07-14
	申请号:US2007996996A
	申请日:2011-03-15
专利基本信息	申请人:美国斯伦贝谢(舒格兰)技术有限公司
	发明(设计)人:Erwan Lemenager、Martin Luling、Yves Mathieu 等
	摘要:The invention provides a method of receiving and/or transmitting information in a well drilled in a geological formation between a first location and a second location, the well comprising a casing communicating with the geological formation. The method comprises placing a first transducer at a first location, placing a second transducer at a second location. Transmitting an electric signal between the first and second transducers.
	权利要求数:45
公开号 CA103619700A	
	标题:*System and Method for Performing Oilfield Drilling Operations Using Visualization Techniques*
	公开(公告)号:CA2675531A1
	公开(公告)日:2008-08-07
	申请号:CA2675531A
	申请日:2008-01-29
专利基本信息	申请人:加拿大斯伦贝谢有限公司
	发明(设计)人:Dmitriy Repin、Vivek Singh、Clinton Chapman 等
	摘要:The invention relates to a method of performing a drilling operation for an oilfield, which has a subterranean formation with geological structures and reservoirs. The method includes collecting oilfield data, at least a portion of the oilfield data being generated from a wellsite of the oilfield, selectively manipulating the oilfield data for real-time analysis according to a defined configuration, comparing the real-time drilling data with oilfield predictions based on the defined configuration, and selectively adjusting the drilling operation based on the comparison.
	权利要求数:14

4　主要国家发展阶段

表 6-9 给出了主要国家的文献指标比重。其中,美国的各项指标均为最高,中国的论文数量、PCT 专利以及技术所处的发展阶段均落后于美国、英国等国家。

美国的滩浅海油田深度勘探起步较早,早在 20 世纪 40 年代就成功进行了低渗透油田的开发,并在 20 世纪 70 年代进行了大型水力压裂技术研发与推广,在 20 世纪 80 年代进行了多井试验,开展了"微井眼钻井"项目。通过对文献及专利的评估分析可以看出,美国的滩浅海油田深度勘探技术发展平稳,中国的滩浅海油田深度勘探技术虽然发展程度较低,与美国有较大的差距,但是正处在一个稳步上升的阶段。

表 6-9 滩浅海油田深度勘探技术主要国家文献指标比重

主要国家	论文数量比重(%)	被引次数比重(%)	专利数量比重(%)	PCT 专利数量比重(%)
美国	27.4	34.7	69.4	69.1
英国	11.4	15.5	7.6	8.7
中国	7.8	1.6	53.7	0.8

在滩浅海油田深度勘探技术研究与推广方面,美国、加拿大、俄罗斯、澳大利亚等国家走在了世界前列。目前的发展热点在于改造低渗透油藏压裂技术,基于单井压裂的基础上,逐步推进整体压裂,以实现增产效果最大化。

4.1 美国

美国是首先利用天然能量开采低渗透油田的国家之一,是低渗透油田勘探技术发展较为成熟的国家之一。美国开发了以控制油藏动态原理为基础的数学模型,模型结果与产量递减曲线及采收率值实现拟合,在基质渗透率高和裂缝强度大的区块进行水驱,大大改善了开发效果。并且美国的小井眼技术、水平井、多分支井技术和二氧化碳泡沫酸化压裂新技术发展完备,大幅度地提高了单井产量,实现了低渗透油田少井高产和降低成本的目的。

4.2 加拿大

加拿大也是首先利用天然能量开采低渗透油田的国家之一,是低渗透油田勘探技术发展较为成熟的国家之一。加拿大的帕宾那油田应用小井眼技术、水平井、多分支井技术和二氧化碳泡沫酸化压裂新技术进行压裂和钻加密井增产作业,提高了单井经济效益,成功地开发了地质情况复杂、开采难度大的低渗透油田。

4.3 澳大利亚

澳大利亚也是首先利用天然能量开采低渗透油田的国家之一。早在 1967 年,澳大利亚就成功地实现了巴罗岛油田的低渗透砂岩油田的油气开发。

4.4 中国

近年来,我国适用于低渗透油气资源开发的钻井和完井技术得到了快速发展,在定向丛式钻井、油气层保护、钻井泥浆研制等技术方面取得重大进展,在超深井钻探方面也有很大进步。目前,我国已创新发展应用了一套适应低渗、低产油田特点的新型简化油气集输流程。

5 结论

(1)美国、加拿大、英国、俄罗斯为领先国家,技术发展迅速,包括连续油管水力喷射压裂技术,多层同时压裂技术和重复压裂技术,作业井数已达几万口。

（2）中国滩浅海油田深度勘探技术正处于稳步上升阶段。中国已创新发展应用了一套适应低渗、低产油田特点的新型简化油气集输流程,但与技术领先的美国相比,还存在钻井周期较长、钻井技术整体较落后、钻井新技术推广应用较慢等差距。

（3）滩浅海油田深度勘探技术创新资源主要集中在美国地质调查局、俄罗斯科学院、芬兰拉普兰大学以及加拿大卡尔加里大学等机构,中国的创新资源主要集中在中国科学院。

综上所述,目前,领先国家为美国,中国与国际领先水平差距较大。但中国的滩浅海油田深度勘探技术正在稳步的发展,与发达国家的差距会不断地缩小。

第七章　滩浅海致密低渗油气挖潜技术

1　技术概述

低渗透油田指油层平均渗透率低于 $50 \times 10^{-3} \mu m^2$ 的油田。由于此类油田低渗、低压、低丰度,需采取压裂等增产措施提高生产能力,才能取得较好的开发效果和经济效益。随着全球经济的快速发展、勘探程度的提高,致密低渗油气资源是十分重要的接替资源,已经成为当今难动用储量中规模增长最快的部分。为了提高致密低渗油气资源的动用程度,实现增储上产的目标,未来致密低渗油气挖潜要从陆上向海上和滩浅海进军。目前,国际上尚未开展专门针对滩浅海油气田的致密低渗油气挖潜技术研究,国内还是以陆上油气田致密低渗油气的挖潜技术研究为主。因此,我国应加大致密低渗油气资源挖潜的基础研究及技术研发的投入,加速提高我国滩浅海油气田难动用资源的挖潜技术水平,以及满足对油气资源需求的不断增长。滩浅海致密低渗油气挖潜技术技术分解如表 7-1 所示。

表 7-1　滩浅海致密低渗油气挖潜技术技术分解表

一级分类	二级分类	三级分类	四级分类
陆上油气田	常规储层	合理细分层系	
		生产制度调整	井网优化
		调剖堵水	化学调剖
			物理调剖
			机械调剖
		三次采油	聚合物驱
			活性剂驱
			三元复合驱
			气体驱
			微生物驱

一级分类	二级分类	三级分类	四级分类
陆上油气田	低渗储层致密储层	储层改造技术	酸化
			水平井压裂技术
			多层多段压裂技术
		优化钻井技术	加钻水平井
			定向侧钻井
	泥页岩储层	特殊井技术	水平井技术
		水力压力技术	多级压裂技术
			水平井压裂技术
	煤层储层	特殊钻井技术	羽状水平井
			小井眼侧钻技术
		排水采气技术	
	常规储层	合理细分层系	
		生产制度调整	改变注水模式
			井网优化
	低渗储层致密储层	储层改造	酸化
			压裂
			电潜泵深抽采油
		优化钻井技术	钻长水平井
			丛式井技术
		井位优选技术	优选开发井位
			确定合理井距
滩浅海油气田	常规储层	二次采油法	海水/采出水注水
			一投多注技术
	低渗储层致密储层	储层改造	酸化
			水力压裂

2 论文产出分析

基于汤姆森路透科技集团的 Web of Science 科学引文索引扩展版 SCIE 论文数据库（1994～2014 年），截止时间至 2014 年 7 月，采用专家辅助、主题词检索的方式共检索论文 28 篇。

2.1 主要国家、机构及科学家

表 7-2 给出了主要国家论文产出情况简表。由表 7-2 可见，美国相关论文 7 篇，篇均被引频次为 7.4 次，均排名世界第一位。中国相关论文 2 篇，篇均被引频次为 0.5 次，

排名第五位。

表 7-2　滩浅海致密低渗油气挖潜技术主要国家论文产出情况简表

国家	论文数量世界排名（位）	论文数量（篇）	论文数量占世界的比重（%）	篇均被引频次（次）	被引次数占世界的比重（%）
美国	1	7	25.0	7.4	32.1
英国	2	5	17.9	3.8	11.7
加拿大	3	4	14.3	1.3	3.1
挪威	4	2	7.1	7.5	9.3
中国	5	2	7.1	0.5	0.6

根据论文产出情况，针对主要机构和主要科学家，给出了创新资源分布情况。表 7-3 为论文数量世界排名前 5 位的主要机构列表，分别为挪威国家石油公司、美国得克萨斯大学、英国利物浦大学、英国曼彻斯特大学和荷兰壳牌石油公司。其中，挪威国家石油公司篇均被引频次达到 16.5 次。

表 7-3　滩浅海致密低渗油气挖潜技术主要机构论文产出情况简表

主要机构	论文数量世界排名	论文数量（篇）	论文数量占世界的比重（%）	篇均被引频次（次）
挪威国家石油公司	1	2	7.1	16.5
美国得克萨斯大学	2	2	7.1	11.5
英国利物浦大学	3	2	7.1	1.0
英国曼彻斯特大学	4	2	7.1	1.0
荷兰壳牌石油公司	5	2	7.1	0.0

表 7-4 给出了论文数量排名前 3 位的主要科学家论文产出情况简表，S. N. Ehrenberg 和 P. H. Nadeau 均工作于挪威国家石油公司，J. M. Salazar 工作于美国得克萨斯大学。主要科学家与主要机构存在很好的对应关系。

表 7-4　滩浅海致密低渗油气挖潜技术主要科学家论文产出情况简表

主要科学家	论文数量世界排名	论文数量（篇）	论文数量占世界的比重（%）	篇均被引频次（次）
S. N. Ehrenberg	1	2	7.1	16.5
P. H. Nadeau	3	1	3.6	19.0
J. M. Salazar	3	1	3.6	5.0

2.2　发文趋势

滩浅海致密低渗油气挖潜技术发文趋势及中美两国论文发表情况对比见图 7-1。由图 7-1 可见，该领域论文整体数量较少。2010 年后，中国有两篇文章发表，与美国数量相当。在滩浅海致密低渗油气挖潜技术领域，中国正在快速追赶美国。

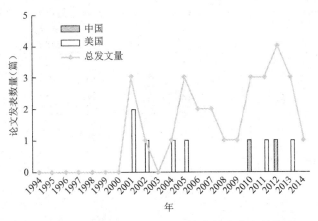

图 7-1　滩浅海致密低渗油气挖潜技术发文趋势

2.3　研究起源

图 7-2 为滩浅海致密低渗油气挖潜技术高被引论文引用时间轴。圆圈的大小代表被引用次数。其中,对被引频次大于 2 的论文进行了标引。由图 7-2 可以看出,J. Hower(1976)发表的论文是最早的一篇高被引论文,J. Hower 工作于美国。

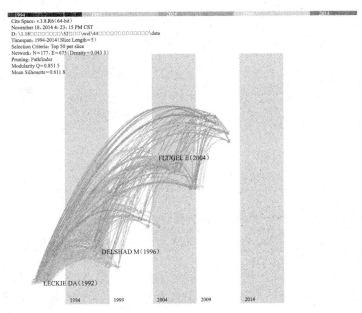

图 7-2　滩浅海致密低渗油气挖潜技术高被引论文引用时间轴

2.4　研究热点

借助 CiteSpace 软件,对论文的总体趋势进行了分析。图 7-3 为滩浅海致密低渗油气挖潜技术研究热点时间轴分布。时间的分布选择为 1994～2014 年,每 5 年设置一个时间段;研究热点是每个时间段出现频次排名前 50 位最高的词组。图 7-3 中方块的大小代表被引次数,右侧文字为经聚类分析结果。从图 7-3 可以看出,近期活跃的研究热点为聚类 #3、#4,低渗透砂岩油藏条件下储层条件。

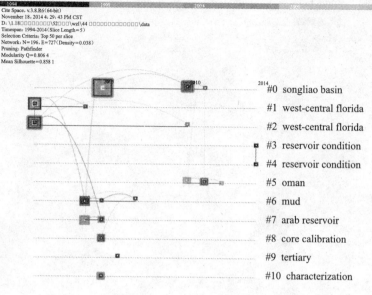

图7-3　滩浅海致密低渗油气挖潜技术研发热点时间轴分布

表7-5给出了2篇滩浅海致密低渗油气挖潜技术的高被引论文,论文被引次数都在10次以上。

表7-5　滩浅海致密低渗油气挖潜技术高被引论文简表

作者	题目	来源	机构	被引次数
F. Cappa、Y. Guglielmi、P. Fénart 等	*Hydromechanical Interactions in a Fractured Carbonate Reservoir Inferred from Hydraulic and Mechanical Measurements*	*International Journal of Rock Mechanics and Mining Sciences*, 2005,42(2)	法国国家科学研究院、法国尼斯－索菲亚·昂蒂波利大学、法国国家工业环境与风险研究院等	31
S. N. Ehrenberg、P. H. Nadeau、A. A. M. Aqraui	*A Comparison of Khuff and Arab Reservoir Potential Throughout the Middle East*	*AAPG Bulletin*, 2007,91(3)	挪威国家石油公司	19

3　专利产出分析

基于Thomson Innovation(TI)数据库,截止时间至2014年7月,采用专家辅助、主题词检索的方式共检索同族专利296项。专利分析主要采用专利族数量统计以及PCT专利数量统计。其中,PCT专利是指《专利合作条约》(*Patent Cooperation Treaty*)的英文缩写,是有关专利的国际条约。

3.1　主要国家、机构与发明人

表7-6给出了主要国家专利产出情况简表。由表7-6可见,中国专利数量排名第一位,占世界专利总数的35.5%,但未申请PCT专利。美国、英国、法国与日本分别排名第二、三、四、五位,其中,美国PCT专利数32项,占世界PCT专利总量近一半。

表 7-6　滩浅海致密低渗油气挖潜技术专利优先权国专利产出情况对比

优先权国	专利数量世界排名	专利族数量（项）	专利数量占世界比重（%）	PCT 专利数量（项）	PCT 专利数量占世界比重（%）
中国	1	105	35.5	0	0.0
美国	2	85	28.7	32	49.2
英国	3	23	7.8	12	18.5
法国	4	14	4.7	3	4.6
日本	5	12	4.1	2	3.1

　　表 7-7 给出了主要机构专利族数量、专利布局、主要发明人、专利申请持续时间以及近 3 年来专利申请所占比重。由表 7-7 可见，英国韦尔斯特里姆国际有限公司相关专利 7 项，排名第一位；美国康菲国际石油有限公司排名第二位；排名第三位的法国德西尼布集团公司近期在该项技术的研发较少。

表 7-7　滩浅海致密低渗油气挖潜技术主要机构专利产出情况

主要机构	专利数量世界排名	专利族数量（项）	专利申请持续时间	近三年申请专利占比
英国韦尔斯特里姆国际有限公司	1	7	2007～2012	86%
美国康菲国际石油有限公司	2	6	2011～2013	100%
法国德西尼布集团公司	3	4	2007～2012	25%

3.2　技术发展趋势分析

　　图 7-4 给出了滩浅海致密低渗油气挖潜技术相关领域的专利申请数量年度变化趋势及中美两国专利申请数量情况对比。由图 7-4 可见，全球专利申请量呈现逐年上升的趋势，特别是近年来数量迅速增加，中国已超越美国，成为专利第一大国。

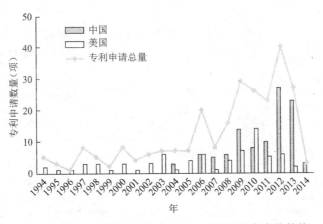

图 7-4　滩浅海致密低渗油气挖潜技术专利年度变化趋势

3.3 重要专利

依据 Innography 专利系统中的专利强度指标,选择专利强度较高的专利作为重要专利,详见表 7-8。其中,专利强度指标参考了 10 余个与专利价值相关的指标,包括专利权利要求数量、引用先前技术文献数量、专利被引用次数、专利及专利申请案的家族、专利申请时程、专利年龄、专利诉讼等。

表 7-8　滩浅海致密低渗油气挖潜技术部分重要专利详细信息

公开号 US6039083A	
专利基本信息	标题:*Vented, Layered-Wall Deepwater Conduit and Method* 公开(公告)号:US6039083A 公开(公告)日:2000-03-21 申请号:US1998170668A 申请日:1998-10-13 申请人:韦尔斯特里姆(美国)股份有限公司 发明(设计)人:Cobie W. Loper 摘要:A flexible conduit constructed of overlapping layers of sealing and strengthening materials designed to resist tensile, compressive, and axial forces is employed as a submerged flow line carrying pressurized fluid. Sealing material layers disposed radially on either side of the strengthening layers isolate the strengthening layers from the liquids that contact the internal and external conduit walls. The innermost seal layer is positioned within a burst layer that protects the external strengthening layers from pressure-induced damage. The annular area between the strengthening layers is continuously vented to the atmosphere to prevent pressure damage to the strengthening layers caused by gases leaking or permeating into the annular area through the seal layers. End connectors join sections of the conduit together and connect the vents of the sections to each other to form a continuous vent passage that vents the annulus gas at the water surface. 权利要求数:25
公开号 GB2411006A (EP1714169A1/US20070288211A1/WO2005081016A1)	
专利基本信息	标题:*Electromagnetic Surveying for Hydrocarbon Reservoirs* 公开(公告)号:GB2411006A 公开(公告)日:2005-08-17 申请号:GB20043372A 申请日:2004-02-16 申请人:英国 OHM 有限公司 发明(设计)人:Lucy MacGregor、Michael Tompkins、David Andreis 摘要:A method of analysing electromagnetic survey data from an area of seafloor 6 that is thought or known to contain a subterranean hydrocarbon reservoir 12 is described. The method includes providing electric field data and magnetic field data, for example magnetic flux density, obtained by at least one receiver 25 from a horizontal electric dipole(HED)transmitter 22 and determining a vertical gradient in the electric field data. The vertical gradient in the electric field data and the magnetic field data are then combined to generate combined response data. The combined response data is compared with background data specific to the area being surveyed to obtain difference data sensitive to the presence of a subterranean hydrocarbon reservoir. Because the combined response data are relatively insensitive to the transverse electric(TE)mode component of the transmitted signal, the method allows hydrocarbon reservoirs to be detected in shallow water where the TE mode component interacting with the air would otherwise dominate. Furthermore, because there is no mixing between the TE and transverse magnetic(TM)modes in the combined response data, data from all possible transmitter and receiver orientations may be used. 权利要求数:49

4 主要国家发展阶段

在滩浅海致密低渗油气挖潜技术方面,美国、英国、加拿大等走在了世界前列。

4.1 美国

自 20 世纪 70 年代,美国能源部就针对低渗透油藏和致密气藏进行了大型水力压裂技术研发与推广。20 世纪 80 年代进行了多井试验,随后开展的"微井眼钻井"项目,目的在于保障国家能源安全,降低企业生产成本和经营风险。在近 40 年的开发实践中,美国低渗透油田开发技术取得了显著进展,在低渗透油藏的压裂技术等方面均处于世界前列。已进入产业化阶段。

4.2 加拿大

在 1981～1989 年间,西方石油(加拿大)公司投资 1 630 × 10^4 美元,在帕宾那油田进行压裂和钻加密井增产作业,共压裂 83 井次,取得了很好的开发效果。目前,已进入产业化阶段。

4.3 中国

2006 年以来,我国不断加大对低渗油气田开发技术的研究力度,先后在数个低渗油气田开展了 10 余次水力压裂,压后效果明显。目前,中国海洋石油总公司对于 50 × 10^{-3} μm 以上的常规储层可以实现经济开发,但对于小于 50 × 10^{-3} μm 的低渗储层还处于技术探索阶段。2008 年,低渗油田产量不足 2%,远低于国内陆地油田的平均水平 37.6%。因此,目前我国海上低渗油气田开发还处于中试阶段。

5 结论

(1)美国、英国、加拿大为领先国家,掌握核心技术,实现了滩浅海致密低渗油气开发的产业化。

(2)中国滩浅海致密低渗油气挖潜技术进入快速发展时期。2006 年之后,与世界先进国家的差距在不断缩小。目前,中国在专利数量方面排名第一位,论文数量、篇均被引频次、PCT 专利等均较为滞后。

(3)美国为滩浅海致密低渗油气挖潜技术的起源国家,代表人物为美国美孚石油公司的 Warren B. Brooks。

(4)滩浅海致密低渗油气挖潜技术创新资源主要集中在英国韦尔斯特里姆国际有限公司、美国康菲国际石油有限公司、挪威国家石油公司等机构。

综上所述,目前领先国家为美国。如果美国技术水平为 100 分的话,中国技术水平为 38.3 分,与国际领先水平差距较大,但差距在不断缩小。目前,中国大致相当于美国 1996 年水平。

第八章 油气层的识别技术

1 技术概述

油气层的识别,应用于油气勘探开发过程的各个领域。地质、钻井、测井和物探等多学科的综合应用,结合三维可视化技术,提高储层及油气层的识别能力。表 8-1 给出了油气层识别技术技术分解表。

表 8-1 油气层识别技术技术分解表

	一级分类	二级分类
油气层识别	低孔渗致密油气藏识别	复杂油气层测井、录井识别技术
		致密砂岩气识别技术
		低渗油气藏开发技术
		海上油田提高采收率技术
	潜山裂缝型油气藏识别	潜山裂缝型储层测井评价技术
		潜山裂缝储层地震识别技术

2 论文产出分析

基于汤姆森路透科技集团的 Web of Science 科学引文索引扩展版 SCIE 论文数据库(1994～2014 年),截止时间至 2014 年 7 月,采用专家辅助、主题词检索的方式共检索论文 685 篇。

2.1 主要国家、机构与科学家

表 8-2 给出了主要国家论文产出情况简表。由表 8-2 可见,美国的论文数量为 182 篇,篇均被引频次为 7.6,被引次数占世界论文总被引次数的 29.8,在论文产出方面保持绝对领先地位。中国相关论文为 93 篇,排名世界第二位,篇均被引频次为 2.8 次,在论文数量排名前 5 位的国家中排名最低。加拿大、英国和澳大利亚在该领域表现也活跃,

拥有相当数量的高质量论文。

表 8-2　油气层识别技术主要国家论文产出情况简表

国家	论文数量世界排名	论文数量（篇）	论文数量占世界的比重（%）	篇均被引频次（次）	被引次数占世界的比重（%）
美国	1	182	26.6	7.6	29.8
中国	2	93	13.6	2.8	5.6
加拿大	3	78	11.4	10.7	17.9
英国	4	46	6.7	9.2	9.1
澳大利亚	5	45	6.6	7.6	7.4

根据论文产出情况,针对主要机构和主要科学家,给出了创新资源分布情况。表 8-3 为论文数量世界排名前 3 位的主要机构列表,分别为中国地质大学、美国地质调查局与加拿大卡尔加里大学。中国地质大学论文数量为 28 篇,但篇均被引频次为 3.2 篇/次,落后于其他机构。

表 8-3　油气层识别技术主要机构论文产出情况简表

主要机构	论文数量世界排名	论文数量（篇）	论文被引次数	论文数量占世界的比重（%）	篇均被引频次（次）
中国地质大学	1	28	90	1.8	3.2
美国地质调查局	2	25	291	1.6	11.6
加拿大卡尔加里大学	3	19	125	1.2	6.6

表 8-4 给出了论文数量排名前三位的主要科学家论文产出情况简表。T. S. Collett、R. Boswell、M. W. Lee 都工作于美国地质调查局,属于同一工作团队。C. S. Kabir 工作于美国雪佛龙德士古公司。雪佛龙德士古公司是全球最大的综合能源公司之一,主要从事石油天然气工业。

表 8-4　油气层识别技术主要科学家论文产出情况简表

主要科学家	论文数量世界排名	论文数量（篇）	论文数量占世界的比重（%）	篇均被引频次（次）
T. S. Collett	1	11	1.6	15.5
R. Boswell	2	6	0.9	21.3
C. S. Kabir	3	6	0.9	3.7
M. W. Lee	4	6	0.9	3.7

2.2　发文趋势

图 8-1 给出了油气层的识别技术论文发表趋势图。发文总体呈现波动式上升趋势。从图 8-1 中可以看出,中国在论文数量方面,在 2011 年之后与美国逐渐接近,并在 2014 年超过美国。

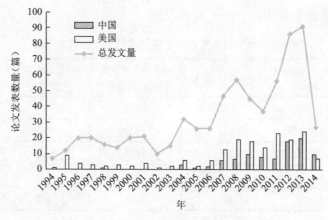

图 8-1　油气层的识别技术论文发表趋势

2.3　研究起源

图 8-2 为油气层识别技术高被引论文引用时间轴，分析的数据为 685 篇论文的参考文献，共 20 330 篇。其中，圆圈的大小代表被引用次数。进一步分析显示，被引频次较高的参考文献仍然集中在美国。

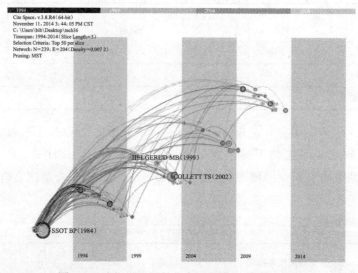

图 8-2　油气层识别技术高被引论文引用时间轴

2.4　研究热点

借助 CiteSpace 软件，对论文的总体趋势进行了分析。图 8-3 为油气层识别技术研究热点时间轴分布。时间的分布选择为 1994～2014 年，每 5 年设置一个时间段；研究热点是每个时间段出现频次排名前 50 位最高的词组。图 8-3 中，方块的大小代表被引用次数，右侧文字为经聚类分析结果。从图 8-3 可以看出，论文研究热点主要集中在有机地球化学以及地质结构构造研究。

针对 1 546 篇论文，表 8-5 给出了高被引论文简表，论文被引次数为 227 次。

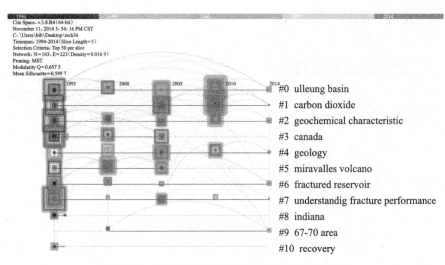

图8-3　油气层识别技术研发热点时间轴分布

表8-5　油气层识别技术高被引论文简表

作者	题目	来源	机构	被引次数
S. Bachu	*Sequestration of CO₂ in Geological Media: Criteria and Approach for Site Selection in Response to Climate Change*	*Energy Conversion and Management*, 2000,4(9)	加拿大阿尔伯塔省能源公共事业局	227

3　专利产出分析

基于Thomson Innovation(TI)数据库，截止时间至2014年7月，采用专家辅助、主题词检索的方式共检索同族专利52项。专利分析主要采用专利族数量统计以及PCT专利数量统计。其中，PCT专利是指《专利合作条约》(*Patent Cooperation Treaty*)的英文缩写，是有关专利的国际条约。

3.1　主要国家、机构与发明人

表8-6给出了主要国家专利产出情况简表。由表8-6可见，中国专利数量排名第一位，占世界专利总数的44.2%，但PCT专利数为0。美国专利数量排名第二位，PCT专利数量为6。法国和日本排名第三、四位。

表8-6　油气层识别技术专利优先权国专利产出情况对比

主要国家	专利数量世界排名	专利族数量（项）	专利数量占世界比重（%）	PCT专利数量（项）	PCT专利数量占世界比重（%）
中国	1	23	44.2	0	0.0
美国	2	17	32.7	6	54.5
法国	3	7	13.5	1	9.1
日本	4	3	5.8	0	0.0

　　目前,专利申请机构比较分散。专利数量最多的机构法国石油研究院,也仅有 4 项专利。此外,中国海洋石油公司、中国石油大学拥有 2～3 项专利。

3.2　技术发展趋势分析

　　图 8-4 给出了油气层识别技术专利申请量变化趋势,呈现波动式上升趋势。中国从 2006 年开始申请量不断增加,并超过美国。

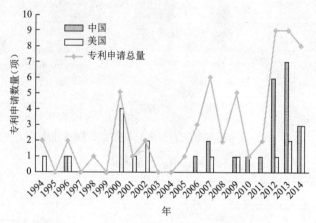

图 8-4　油气层识别技术专利申请量变化趋势

3.3　重要专利

　　依据 Innography 专利系统中的专利强度指标,选择专利强度较高的专利作为重要专利,详见表 8-7。其中,专利强度指标参考了 10 余个与专利价值相关的指标,包括专利权利要求数量、引用先前技术文献数量、专利被引用次数、专利及专利申请案的家族、专利申请时程、专利年龄、专利诉讼等。

表 8-7　油气层识别技术部分重要专利详细信息

公开号 WO2008100614A1
(AU2008216684A2 AU2008216684B2 BR200807264A2 CA2677106A1　CN101689102A CN101689102B EP2122460A1 IN200904975P1 MX2009008585A US20100057409A1 US8492153B2 WO2008100614A1)

专利基本信息	标题:*Geochemical Analysis for Determining Volume of Organic Matter in Oil Reservoir Rock Sample from Specific Oil Field Involves Determining Volume of Chosen End-Component by Dividing Mass of End-Component by Density of End-Component* 申请人:沙特阿拉伯国家石油公司 发明(设计)人:Henry I. Halpern、Peter J. Jones 摘要:Data from the elemental analysis of reservoir rock are obtained and stored to determine the amount of carbon, hydrogen, nitrogen, sulfur and oxygen in chosen end-components. The Total Hydrocarbon Index, average amount of hydrogen present in pyrolyzable and non-pyrolyzable portions of end-components, weight of nitrogen, sulfur and oxygen in organic end-component, weight of organic matter for each end-component, ratio of organic matter to hydrocarbon, weight of each end-component, and volume of each end-component are calculated and recorded. Data from the elemental analysis of a limited number of samples of the reservoir rock are obtained and stored to determine the weight percentages of carbon, hydrogen, nitrogen, sulfur and oxygen in chosen end-components. The Total Hydrocarbon Index(THI: mg/g hydrocarbon)is calculated and recorded using a relationship given by, THI =[(LV+TD+TC)/ TOC]×100, where LV is amount(mg)of hydrocarbons released per gram of rock at the static temperature

	公开号 WO2008100614A1 （AU2008216684A2 AU2008216684B2 BR200807264A2 CA2677106A1 CN101689102A CN101689102B EP2122460A1 IN200904975P1 MX2009008585A US20100057409A1 US8492153B2 WO2008100614A1）
专利基本 信息	condition of 180 ℃ for 3 minutes when the crucible containing the rock sample is inserted into the pyrolytic chamber prior to the temperature-programmed pyrolysis of the sample, TD is the weight（mg）of hydrocarbons released per gram of rock at a temperature between 180 ℃ and T min（ ℃）, TC is the weight（mg）of hydrocarbons released per gram of rock at a temperature between T min and 600 ℃, and TOC is weight percentage of organic carbon found in the rock sample. The average amount of hydrogen present in the pyrolyzable and non-pyrolyzable portions of the end-components is calculated and recorded using a relationship given by, Wt. H hcpy（mg/1 g TOC）= % HC n H $2n$ /100 × THI（mg HC/g TOC）× 1 g TOC and Wt. H non-py（mg/1 g TOC）= Wt. H（OM）（mg/1 g TOC）-Wt. H hcpy（mg/1 g OC）, where % HC n H $2n$ is 14. 3 %, and Wt. H（OM）= H/C（OM）×（1000 mg C/mol Wt carbon ）. The weight of carbon in the pyrolyzable OM and non-pyrolyzable OM is calculated and recorded using a relationship given by, Wt. C hcpy（mg/1 g TOC）= THI（mg/1 g TOC）× 1 g TOC-Wt. H hcpy（mg/1 g TOC）and Wt. C nonpy（mg/1 g TOC）= 1 000 mg TOC-Wt. C hcpy（mg/1 g TOC）. The weight of nitrogen, sulfur and oxygen in the organic end-component is calculated and recorded using a relationship given by, Wt. NSO（OM）=［（ % NSO（OM）/100）-（Wt. C hcpy +Wt. C nonpy +Wt. H hcpy +Wt. H nonpy ）]/［（1-（ % NSO（OM）/100））]. The weight of OM for each end-component relative to 1 gram of TOC is calculated and recorded using a relationship given by, Wt. H hcpy +Wt. H nonpy +Wt. C hcpy +Wt. C nonpy +Wt. NSO（OM）. The ratio of OM to hydrocarbon（OM/HC py）is calculated and recorded using a relationship given by, OM/HC py = Wt. OM/THI or OM/HC py = Wt. OM/（Wt. H hcpy +Wt. C hcpy ）. The weight of each chosen end-component（x）in milligrams per gram of rock using a relationship given by, Wt. HC x = THC x × % CoModYield × and Wt. OM × = OM/HC py × Wt. HC x . The volume of each chosen end-component is then determined by dividing the mass of each end-component by the density of the end-component using a relationship given by, volume OM x = Wt. OM x /Density（OM）. The obtained results for each end-component are recorded and visually displayed for analysis. Geochemical analysis is used for determining volume of organic matter in oil reservoir rock sample obtained from specific oil field and during drilling operations. The method enables efficient management and production of hydrocarbons from the reservoir. The method relies on direct measurement of hydrocarbons, utilizes simple and robust analytical techniques which can be applied quickly and economically, and involves determination of physical properties of end-components based on a relatively few samples. The method provides geochemical data in measurement units which can be readily related to reservoir performance by non-geochemists.

4 主要国家发展阶段

4.1 核磁共振录井和荧光录井

20 世纪 90 年代初,美国德士古石油公司率先开发了定量荧光分析技术,该技术较好地解决了常规荧光录井存在的难题,实现了荧光录井由定性解释向定量解释的转变。1997 年初由中国石油天然气集团公司牵头,中国石油勘探开发科学研究院研制成功了 OFA-I、II 型定量荧光分析仪,并首先在大港油田地质录井公司得到应用,后陆续在其他油田推广应用。核磁共振作为一种物理现象是 1946 年由哈佛大学的 Purcell 和斯坦福大学的 Bloch 两人各自独立发现的。1990 年,美国 NUMAR 公司 的 MRIL-B 型核磁共振成像测井仪器投入商业服务。我国于 1991 年引进了国内第一台超导核磁共振成像仪,开展了大量的石油岩心分析和石油渗流力学方面的研究工作。中国科学院渗流力学研究所于 1996 年研制出一套低磁场(共振频率 2 MHz 和 5 MHz)核磁 共振全直径岩心分

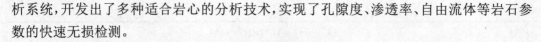

析系统,开发出了多种适合岩心的分析技术,实现了孔隙度、渗透率、自由流体等岩石参数的快速无损检测。

4.2 多孔介质微观孔隙结构三维成像技术

受设备和技术条件所限,我国在这一基础性研究领域还处于起步阶段。我国应用Micro-CT 技术研究储集岩孔隙结构始于 20 世纪 90 年代末期。1997 年底,胜利油田地质科学研究院从美国 BIR 公司引进了带有微焦点 x 射线管的 ACTIS 工业 CT 系统(Micro-CT)。

5 结论

(1)美国为领先国家,掌握核心技术,拥有成熟产品,占据市场份额。

(2)中国油气层识别技术处于发展时期,2006 年之后,与美国的差距虽然缩小,但仍然相差很大。目前,中国在论文数量、被引频次、专利数量、PCT 专利方面均较为滞后。

(3)美国为油气层识别技术的起源国家。主要的研究机构为美国 NUMAR 公司、BIR 公司等。

(4)油气层探测技术创新资源主要集中在石油公司,如美国 NUMAR 公司、美国BIR 公司等以及法国石油研究院,国内的创新资源主要集中在中国海洋石油公司和中国石油大学等。

综上所述,目前领先国家为美国,中国技术水平与国际领先水平相差很大,且差距缩小趋势缓慢。

第九章　海洋油气井测井技术

1　技术概述

　　针对海上石油、天然气勘探和开发的需要，随钻测井技术近年来发展很快，并被大量使用。在风险性高、井架占用时间极为宝贵的深海钻探中，更是如此。随钻声波测井的目的是在钻井过程中确定地层纵波、横波速度，为油气田的勘探和开发提供重要信息。然而，同其他随钻技术相比，随钻声波技术也是一门复杂而造价昂贵的技术。这与这门技术中的关键技术之一，随钻仪器的隔声技术有着密切的关系。迄今为止所有的随钻声波隔声技术都是采用在发射和接收换能器之间周期性刻槽的方法来阻隔沿着钻铤传播的波。然而采用刻槽的方式隔声对钻铤机械强度的损害以及使用过程中的维护，不利于随钻声波测井技术的推广和使用。

　　另外，针对海上油气电缆测井，发展了单井反射声波成像测井，它很好地继承了常规声波技术的优势—较高的纵向分辨率；同时，又具有一些独特的优势—更深的径向探测深度，填补了常规声波测井和井间地震之间探测深度和分辨率的空白。海洋油气井测井技术技术分解如表 9-1 所示。

表 9-1　海洋油气井测井技术技术分解表

一级分类	二级分类	三级分类	四级分类
随钻声波测井技术	多极子声波测井技术	随钻多极子理论模拟	单极子地层纵波测量
			四极子地层横波测量
		随钻多极子现场数据处理	
	换能器设计	发射换能器设计	
		接收换能器设计	
		换能器极化类型模拟	
		换能器形态、厚度模拟	
	隔声体设计	刻槽隔声技术	
		变径隔声技术	
		最优化隔声技术设计	
		隔声体短节实验室测试	

一级分类	二级分类	三级分类	四级分类
单井远探测声波成像技术	反射声场理论	偶极 SH 横波	
	成像处理技术	叠前、叠后偏移成像	
	应用研究	缝洞型储层	

2 论文产出分析

基于汤姆森路透科技集团的 Web of Science 科学引文索引扩展版 SCIE 论文数据库（1994～2014 年），截止时间至 2014 年 7 月，采用专家辅助、主题词检索的方式共检索论文 400 篇。

2.1 主要国家、机构与科学家

表 9-2 给出了主要国家论文产出情况简表。由表 9-2 可见，美国相关论文 155 篇，排名世界第一位；篇均被引频次为 19.1 次，低于英国，但高于加拿大、中国和德国等。加拿大相关论文 51 篇，排名第二位；篇均被引频次为 12.75 次，排名第三位。中国相关论文 36 篇，排名第三位；篇均被引频次 3.03 次，排名最后。美国和加拿大两国的论文总数占据世界论文总数的 51.5%，超过一半，是主要的论文发表国。欧洲国家英国和德国等国也发表了相当数量的论文，且保持了较高的篇均被引频次。

表 9-2 海洋油气井测井技术主要国家论文产出情况简表

国家	论文数量世界排名	论文数量(篇)	论文数量占世界的比重(%)	篇均被引频次(次)	被引次数所占世界比重(%)
美国	1	155	38.75	19.10	48.05
加拿大	2	51	12.75	16.63	13.77
中国	3	36	9	3.03	1.77
英国	4	32	8	29.47	15.31
德国	5	24	6	20.13	7.84

根据论文产出情况，针对主要机构和主要科学家，给出了创新资源分布情况。表 9-3 为论文数量世界排名前 5 位的主要机构列表，分别为美国地质调查局、中国科学院、中国地质大学、加拿大地质调查局和美国得克萨斯大学奥斯汀分校。中国与美国的机构各占两席。美国针对海洋油气测井技术的研究比较集中。值得注意的是在篇均被引频次方面，美国地质调查局为 15.52 次，加拿大地质调查局为 18.54 次，与其他单位相比，保持绝对领先。

表 9-4 给出了论文数量排名前 3 位的主要科学家论文产出情况简表。Ryu B. J. 工作于韩国地质资源研究院，T. S. Collett 工作于美国地质调查局，M. Riedel 工作于加拿大地质调查局，主要科学家与主要机构存在很好的对应关系。

表 9-3 海洋油气井测井技术主要机构论文产出情况简表

主要机构	论文数量世界排名	论文数量	论文数量占世界比重（%）	篇均被引频次（次）
美国地质调查局	1	25	6.25	15.52
中国科学院	2	15	3.75	3.87
中国地质大学	3	13	3.25	1.85
加拿大地质调查局	4	13	3.25	18.54
美国得克萨斯大学奥斯汀分校	5	9	2.25	1.33

表 9-4 海洋油气井测井技术主要科学家产出情况

主要科学家	论文数量世界排名	论文数量	论文数量占世界的比重（%）	篇均被引频次
Ryu B. J.	1	10	2.5	1.00
T. S. Collett	2	9	2.25	11.33
M. Riedel	3	8	2	4.63

2.2 发文趋势

海洋油气井测井技术发文趋势及中美两国论文发表情况对比见图 9-1。由图 9-1 可见该领域年度论文发表数量虽有一定波动，但整体呈上升趋势。中国发表论文数量快速增长，近年来已与美国持平。

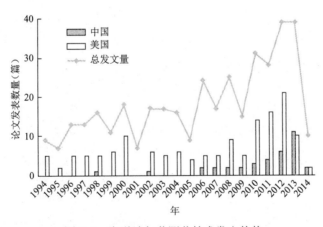

图 9-1 海洋油气井测井技术发文趋势

2.3 研究起源

图 9-2 为海洋油气井测井技术高被引论文引用时间轴。圆圈的大小代表被引用次数。其中对被引频次大于 30 的论文进行了标引。由图 9-2 可以看出，M. B. Helgerud（1999）发表的文字是最早的一篇高被引论文，主要是关于天然气水合物中弹性波德尔传播速度的有效介质模型的理论，随后是 T. S. Collett（2000）的论文，被引次数最高达 27 次。M. B. Helgerud 为美国斯坦福大学和美国地质调查局的教授，T. S. Collett 是美国地质调查局的教授，可以认为海洋油气测井技术的起源国家为美国。

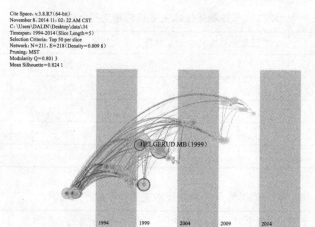

图 9-2 海洋油气测井技术高被引论文引用时间轴

2.4 研究热点

借助 CiteSpace 软件,对论文的总体趋势进行了分析。图 9-3 为海洋油气井测井技术研究热点时间轴分布。时间的分布选择为 1994～2014 年,每 5 年设置一个时间段;研究热点是每个时间段出现频次排名前 50 位最高的词组。图 9-3 中,方块的大小代表被引用次数,右侧文字为经聚类分析结果。从图 9-3 可以看出,近期活跃的研究热点为海洋油气测井中天然气水合物的探测研究。

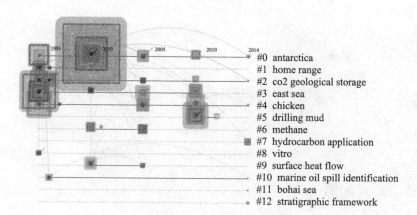

图 9-3 海洋油气测井技术研发热点时间轴分布

表 9-5 给出了高被引论文简表,论文被引次数都在 100 次以上。值得注意的是 R. M. Warwick、K. R. Clarke 发表在 *Journal of Experimental Marine Geology and Ecology* 上的论文被引次数最高。

表 9-5　海洋油气井测井技术高被引论文简表

作者	题目	来源	机构	被引次数
R. M. Warwick、K. R. Clarke	*Increased Variability as a Symptom of Stress in Marine Communities*	*Journal of Experimental Marine Geology and Ecology*, 1993, 172（1-2）	英国普利茅斯海洋实验室	279
M. F. Simcik、T. P. Franz、Zhang Huixiang 等	*Gas-Paricle Partitoning of PCBs and PAHs in the Chicago Urban and Adjacent Coastal Atmosphere: States of Equilibrium*	*Environmental Science & Technology*, 1998, 32（2）	美国罗格斯大学	169
M. N. Jacobs、A. Covaci、P. Schepens	*Investigation of Selected Persistent Organic Pollutants in Farmed Atlantic Salmon（Saluo Salav）, Salmon Aquaculture Feed, and Fish Oil Components of the Feed*	*Environmental Science & Technology*, 2002, 36（13）	英国萨里大学、比利时安特卫普大学	165

3　专利产出分析

基于 Thomson Innovation（TI）数据库，截止时间至 2014 年 7 月，采用专家辅助、主题词检索的方式共检索同族专利 122 项。专利分析主要采用专利族数量统计以及 PCT 专利数量统计。其中，PCT 专利是指《专利合作条约》（*Patent Cooperation Treaty*）的英文缩写，是有关专利的国际条约。

3.1　主要国家、机构与发明人

表 9-6 给出了主要国家专利产出情况简表。由表 9-6 可见，美国专利数量排名第一位，且占世界专利总数的 39.34%。中国、英国、前苏联与澳大利亚分别排名第二、三、四、五位。美国 PCT 专利数 12 项，占世界比重的 70.59%；前苏联 PCT 专利数量 1 项。

表 9-6　海洋油气井测井技术专利主要国家专利产出情况简表

主要国家	专利数量世界排名	专利族数量（项）	专利数量占世界比重（%）	PCT 专利数量（项）	PCT 专利数量占世界比重（%）
美国	1	48	39.34	12	70.59
中国	2	37	30.33	0	0
英国	3	3	4.35	0	0.00
前苏联	4	3	4.35	1	5.88
澳大利亚	5	2	2.90	0	0.00

表 9-7 给出了主要机构专利族数量、专利布局、主要发明人、专利申请持续时间，以及近 3 年来专利申请所占比重。由表 9-7 可见，美国埃克森美孚研究和工程公司相关专利 9 项，排名第一位，且申请了 PCT 专利，近 3 年来仍保持了研究的热度，持续申请专利。

排名第二位的中国海洋石油总公司是近期才开始申请专利。MEAS 法国从 2014 年开始申请专利,发展迅速。

表 9-7 海洋油气井测井技术主要机构专利产出情况简表

主要机构	专利数量世界排名	专利族数量(项)	专利布局	主要发明人	专利申请持续时间	近三年申请专利占比
美国埃克森美孚研究和工程公司	1	9	美国(7)PCT专利(4)	Adnan Ozekcin(7)Hyun Woo Jin(7)Mehmet Deniz Ertas(7)Jeffrey Roberts Bailey(7)	1976～2014 年	89%
中国海洋石油总公司	2	4	中国(4)	无	2009～2014 年	75%
MEAS 法国	3	2	美国(2)PCT专利(2)	Leonid Matsiev(2)Dales G. Cameron(2)Oleg Kolosov(2)John F. Varni(2)	2004～2014 年	100%

3.2 技术发展趋势分析

图 9-4 给出了海洋油气井测井技术相关领域的专利申请数量年度变化趋势及中美两国专利申请数量情况对比。由图 9-4 可见,2002 年后全球专利申请量快速上升,近几年呈平稳增长态势,美国仍是主要专利申请国。

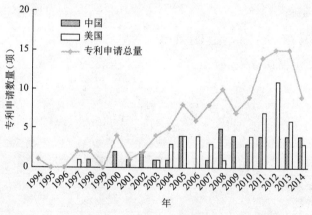

图 9-4 海洋油气井测井技术专利年度变化趋势

3.3 重要专利

依据 Innography 专利系统中的专利强度指标,选择专利强度较高的专利作为重要专利,详见表 9-8。其中,专利强度指标参考了 10 余个与专利价值相关的指标,包括专利权利要求数量、引用先前技术文献数量、专利被引用次数、专利及专利申请案的家族、专利申请时程、专利年龄、专利诉讼等。

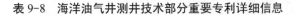

表 9-8 海洋油气井测井技术部分重要专利详细信息

公开号:AU2011217814A1	
基本信息	标题:*Coated Sleeved Oil and Gas Well Production Devices* 公开(公告)日:2012-09-27 申请号:AU2011217814A 申请日:2011-02-22 申请人:澳大利亚 ESSO-C 发明(设计)人:J. R. Bailey、LM. D. Ertas、L. Haque 等 摘要:Provided are coated sleeved oil and gas well production devices and methods of making and using such coated sleeved devices. In one form, the coated sleeved oil and gas well production device includes one or more cylindrical bodies, one or more sleeves proximal to the outer diameter or inner diameter of the one or more cylindrical bodies, hardbanding on at least a portion of the exposed outer surface, exposed inner surface, or a combination of both exposed outer or inner surface of the one or more sleeves, and a coating on at least a portion of the inner sleeve surface, the outer sleeve surface, or a combination thereof of the one or more sleeves. The coating includes one or more ultra-low friction layers, and one or more buttering layers interposed between the hardbanding and the ultra-low friction coating. The coated sleeved oil and gas well production devices may provide for reduced friction, wear, erosion, corrosion, and deposits for well construction, completion and production of oil and gas. 权利要求数:188

4 主要国家发展阶段

测井技术最早发源于 1927 年,经过这几十年的发展,随着油气勘探向海洋进军,测井技术也逐渐发展到海洋测井技术。在这方面,美国、英国、德国等发达国家处于世界前列。

4.1 美国

美国的哈里伯顿公司和斯伦贝谢公司,是世界石油服务行业的巨头,测井技术也是一流。哈里伯顿公司于 1994 年开始开发的 Pathfinder LWD 测井系统包括自然伽马、2 MHz 电阻率、密度、中子孔隙度、井径、声波等。在定向测井服务中它们可以代替电缆测井而提供优质可靠的测量数据。斯伦贝谢公司的 LWD 系列包括声波(SI)、电阻率(RAB)、阵列电阻率(ARC5)、密度中子(ADN)等,它们组合起来构成 VISION475 测井串,同样也能适用于不同尺寸的井眼。

4.2 中国

我国石油科技工作者瞄准国际最先进的测井技术,完成了具有自主知识产权的、我国第一套数控成像测井系统,研制的井下仪器基本技术指标已达到甚至超过国外同类仪器的水平。EILog 测井系统,是中国石油集团测井公司自主研发的新一代快速与成像测井系统,它主要是为了满足低孔、低渗、低阻、复杂岩性和非常规油气等复杂油气藏综合评价的需求。

5 结论

(1)海洋油气测井技术是在陆地测井技术的基础上发展起来的,高精尖的技术还都掌握在发达国家手中,如美国、日本、英国等国家。

(2)近些年来,我国的海洋油气测井技术在引进、改造和自主研发的基础上,已经有了一定的发展,在论文和专利产出数量方面都在世界的前列,但是与发达国家之间在技术上还存在一定的差距。

(3)海洋油气测井技术发源于美国,代表人物有 M. B. Helgerud 教授等。

(4)海洋油气测井技术的研究机构主要在美国地质调查局和得克萨斯大学奥斯汀分校,中国科学院和中国地质大学对该技术的研究也比较多,另外还有加拿大地质调查局。

综上所述,我国的海洋油气测井技术起步晚、发展快,但是与国外先进技术还有很大的差别,在测井的设备精度、分辨率以及相关处理、解释等方面的差距也是比较大的。

第十章　深水钻完井工程关键装备技术

1　技术概述

深水钻完井工程与浅水或陆地钻完井差别较大,尤其是深水钻完井工程关键装备,如钻井平台、升沉补偿器、张紧器、深水钻井隔水管等。深水钻完井工程关键装备的正确设计制造、使用与管理对深水钻完井工程具有重要意义。且随着海洋油气勘探开发的逐渐深入,海洋环境及海底地质条件更为复杂,深水钻完井工程关键装备面临着越来越多的挑战。目前,国外在深水钻完井关键装备技术研究比较先进,而我国的深水钻完井关键装备技术水平处于起步阶段。因此,需要从深水钻完井工程水上关键装备(升沉补偿、张紧器、钻井平台、平台钻机)和水下关键装备(双梯度钻井设备、隔水管、BOP 系统、井口系统、LMRP)等方面开展深水钻完井工程关键装备技术研究,为我国深水油气勘探开发提供技术支撑。深水钻完井工程关键装备技术技术分解如表 10-1 所示。

表 10-1　深水钻完井工程关键装备技术技术分解表

	一级分类	二级分类	三级分类
钻完井关键装备	水上装备	升沉补偿	天车
			游车
			绞车
		张紧器	
		钻井平台	钻井船
			半潜式平台
			牵索塔式平台
			TLP 钻井平台
		平台钻机	A 型双井架钻机
			塔形双井架钻机

	一级分类	二级分类	三级分类
		双梯度钻井装备	
			单根
		隔水管	伸缩节
			挠性接头
钻完井关键装备	水下装备	BOP 系统	单闸板 BOP 系统
			双闸板 BOP 系统
		井口系统	
		LMRP	

2 论文产出分析

基于汤姆森路透科技集团的 Web of Science 科学引文索引扩展版 SCIE 论文数据库（1994～2014 年），截止时间至 2014 年 7 月，采用专家辅助、主题词检索的方式共检索论文 397 篇。

2.1 主要国家、机构与科学家

表 10-2 给出了主要国家论文产出情况简表。由表 10-2 可见，美国的论文数量为 91 篇，篇均被引频次为 3.8，被引次数占世界论文总被引次数的 36.2%，在论文产出方面保持绝对领先地位。中国相关论文为 58 篇，排名世界第二位；篇均被引频次仅为 0.4 次，在论文数量排名前 5 位的国家中排名最低。英国、加拿大和挪威在该领域表现也活跃，拥有相当数量的高质量论文。

表 10-2　主要国家论文产出情况简表

国家	论文数量世界排名	论文数量（篇）	论文数量占世界的比重（%）	篇均被引频次（次）	被引次数占世界的比重（%）
美国	1	91	22.9	3.8	36.2
中国	2	58	14.6	0.4	2.5
英国	3	21	5.3	3.4	7.5
加拿大	4	16	4.0	6.9	11.6
挪威	5	11	2.8	5.0	5.8

根据论文产出情况，针对主要机构和主要科学家，给出了创新资源分布情况。表 10-3 为论文数量世界排名前 4 位的主要机构列表，分别为中国石油大学、美国得克萨斯 A&M 大学、英国赫瑞-瓦特大学以及俄罗斯科学院，相对而言中国的研究较为集中，美国虽然为论文第一大国，但研究较为分散。

表 10-3　深水钻完井关键装备技术主要机构论文产出情况简表

主要机构	论文数量世界排名	论文数量（篇）	论文被引次数	论文数量占世界的比重（%）	篇均被引频次（次）
中国石油大学	1	26	12	6.5	0.5
美国得克萨斯 A&M 大学	2	15	22	3.8	1.5
英国赫瑞-瓦特大学	3	12	35	3.0	2.9
俄罗斯科学院	4	6	50	1.5	8.3

表 10-4 给出了论文数量排名前 3 位的主要科学家论文产出情况简表。总体来说，作者分散，M. J. Economides 和 E. Santoyo 都工作于得克萨斯 A&M 大学，但不是同一研究团队。

表 10-4　深水钻完井关键技术主要科学家论文产出情况简表

主要科学家	论文数量世界排名	论文数量（篇）	论文数量占世界的比重（%）	篇均被引频次（次）
N. Snow	1	6	1.5	0.0
M. J. Economides	2	5	1.3	0.4
E. Santoyo	3	5	1.3	6.6

2.2　发文趋势

为进一步分析中国与美国论文产出情况的对比，图 10-1 给出了深水钻完井工程关键设备技术发文整体趋势以及中国与美国在相关领域发表论文的年度变化情况。从图 10-1 中可以看出，在论文数量方面，中国在 2006 年之后快速增长，与美国的差距在逐渐缩小；在 2010 年以后，论文的发表数量已经超过了美国。

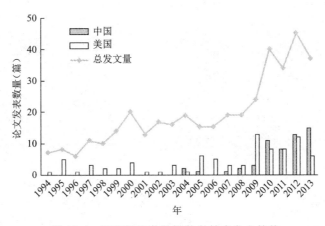

图 10-1　深水钻完井关键装备技术发文趋势

2.3　研究起源

图 10-2 为深水钻完井工程关键技术装备技术高被引论文引用时间轴。分析的数据为 397 篇论文的参考文献，共 5 716 篇。其中，圆圈的大小代表被引用次数。进一步分析

显示,被引频次较高的参考文献仍然集中在美国。

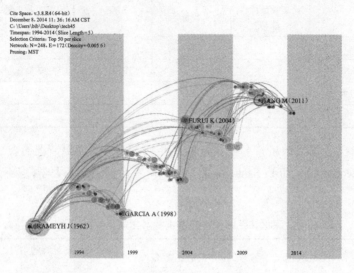

图 10-2 技术高被引论文引用时间轴

2.4 研究热点

借助 CiteSpace 软件,对论文的总体趋势进行了分析。图 10-3 为深水钻完井工程关键装备技术研发热点时间轴分布。时间的分布选择为 1994~2014 年,每 5 年设置一个时间段;研究热点是每个时间段出现频次排名前 50 位最高的词组。图 10-3 中,方块的大小代表被引用次数,右侧文字为经聚类分析结果。从图 10-3 可以看出,论文研究热点主要集中在井口系统、升降补偿以及钻井平台等。

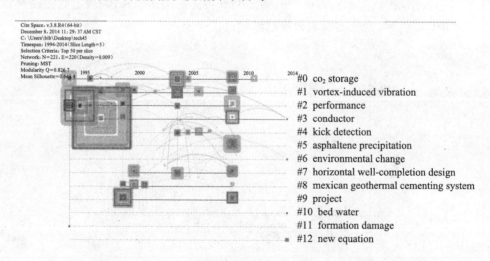

图 10-3 深水钻完井工程关键装备技术研发热点时间轴分布

针对 397 篇论文,表 10-5 给出了高被引论文简表,论文被引次数分别为 44 和 20次。

表 10-5　深水钻完井技术高被引论文简表

作者	题目	来源	机构	被引次数
K. Jessen、 A. R. Kovscek、 F. M. Orr	*Increasing CO$_2$ Storage in Oil Recovery*	*Energy Conversion and Management*, 2005,46(2)	美国斯坦福大学	44
T. L. Watson、 S. Bachu	*Evaluation of the Potential for Gas and CO$_2$ Leakage Along Wellbores*	*Spe Drilling & Completion*, 2009,24(1)	加拿大 T. L. Watson 联合股份有限公司、加拿大阿尔伯塔能源资源保护委员会	20

3　专利产出分析

基于 Thomson Innovation(TI)数据库,截止时间至 2014 年 7 月,采用专家辅助、主题词检索的方式共检索同族专利 1 582 项。专利分析主要采用专利族数量统计以及 PCT 专利数量统计。其中,PCT 专利是指《专利合作条约》(*Patent Cooperation Treaty*)的英文缩写,是有关专利的国际条约。

3.1　主要国家、机构与发明人

表 10-6 给出了专利优先权国际产出情况简表。由表 10-6 可见,美国专利数量排名第一位,占世界专利总数的 15.3%;同时,PCT 专利数排名第一位,占专利数量比重的 82.4%。中国专利仅 1 项。

目前,在专利数量上比较占优的机构大部分都集中在美国,包括哈里伯顿能源服务公司、斯伦贝谢技术公司、贝克休斯石油公司。此外,还有荷兰壳牌石油公司。这些公司一直在申请在领域的专利。

表 10-6　专利优先权地区专利产出情况对比

主要国家	专利数量世界排名	专利族数量（项）	专利数量比重（%）	PCT 专利数量（项）	PCT 专利数量比重（%）
美国	1	242	15.3	525	82.4
俄罗斯	2	84	5.3	0	0.0
欧洲	3	37	2.3	31	4.9
英国	4	26	1.6	27	4.2

表 10-7　主要机构专利产出情况

专利权人	专利数量	发明人	专利申请持续时间
美国哈里伯顿能源服务公司	624	Barireddy Reddy(19) Jiten Chatterji(19) Larry Eoff(17)	1887~2014 年
美国斯伦贝谢技术公司	431	Dinesh R. Patel(23) Gary L. Rytlewski(8) Chen Yiyan(8)	1889~2014 年

续表

专利权人	专利数量	发明人	专利申请持续时间
美国贝克休斯石油公司	337	John Lindley Baugh（11） Eric Charles Sullivan（11） Volker Krueger（11）	1989～2013 年
荷兰壳牌石油公司	111	Vinegar Harold J.（24） Wellington Scott Lee（16） Berchenko Ilya Emil（15）	1970～2013 年

3.2　专利发展趋势分析

图 10-4 给出了深水钻完井工程关键设备技术相关领域的专利年度变化趋势。由图 10-4 可以看出，专利申请数量在 2005 年之后，出现了下降趋势。在深水钻完井工程关键设备技术领域专利申请方面，美国占据主导地位。

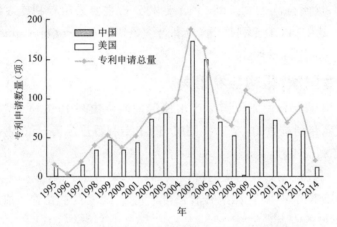

图 10-4　深水钻完井工程关键技术专利年度变化趋势

3.3　重要专利

依据 Innography 专利系统中的专利强度指标，选择专利强度较高的专利作为重要专利，详见表 10-8。其中，专利强度指标参考了 10 余个与专利价值相关的指标，包括专利权利要求数量、引用先前技术文献数量、专利被引用次数、专利及专利申请案的家族、专利申请时程、专利年龄、专利诉讼等。

表 10-8　深水钻完井技术部分重要专利详细信息

	公开号 US20060191681A1 （WO2006060673A US7699102B2 WO2006060673A1）
专利基本信息	标 题：*Apparatus for Downhole Operation Comprises Tool Including Electrical Component, Rechargeable Energy Storage Device and Generator to Supply Power to Electrical Component* 申请人：美国哈里伯顿能源服务公司 发明（设计）人：Bruce H. Storm、Roger L. Schultz 摘 要：An apparatus for a down hole operation comprises a tool including an electrical component, a rechargeable energy storage device and a generator to supply power to the electrical component. The energy storage device operates effectively at a minimum temperature. Used for operating a tool downhole

	公开号 US20060191681A1 （WO2006060673A US7699102B2 WO2006060673A1）
专利基本 信息	（claimed）. The rechargeable energy storage devices down hole allows for a smaller storage payload than would be required with non-rechargeable energy storage devices. The speed of processing is greater and the density of the memory is higher than can be obtained using high temperature electrical components. The figure shows a detailed diagram of a tool for downhole operations，including a configuration for electrical components operable at high temperatures.

	公开号 AU200044994A （CA2370186C DE60045860D1 EP1093540A1 EP1093540B1 EP2060736A2 EP2060736A3 WO2000066879A1）
专利基本 信息	标题：*A Method for Pumping Fluid out of the Lower End at a Tubular String Includes Separating Lower and Upper Mandrels from Each Other and the Tubular String Using Balls to Shear Pins by Applied Fluid Pressure* 申请人：美国哈里伯顿能源服务公司 发明（设计）人：Robert A. Bates、Charles A. Butterfield、Samuel P. Hawkins 等 摘 要：A method for pumping fluid out of the lower end at a tubular string suspended in an earth borehole comprises dropping a ball of a given diameter into the upper end of the tubular string so that it comes to rest within the upper end of a sleeve between the lower end of an upper mandrel）and the upper end of a lower mandrel. The mandrels are positioned within the tubular string and the sleeve has an internal diameter which is less than that of the diameter of the ball. The pressure of fluid pumped into the upper end of the tubular string at the earth's surface is then increased to a first pressure level against the ball to shear a set of shear pins holding the sleeve within the upper mandrel，causing the lower mandrel to separate from the upper mandrel and to come to rest against a float collar or other plug landing surface at the lower end of the tubular string. The pressure of fluid pumped into the tubular string at the surface is then increased against the surface of the ball to shear a second set of shear pins to move the sleeve downwards within the lower mandrel，allowing fluid to be pumped through the float collar or other plug landing surface and out of the tubular string into the borehole. An Independent Claim is included for a method which includes dropping a second ball having a greater diameter than that of a first ball into the upper end of the tubular string after pressure on the first ball has been used to shear a second set of shear pins to move the sleeve down within the lower mandrel. The second ball comes to rest within over an opening in the upper mandrel and applying a fluid pressure against the second ball to separate the upper mandrel from the tubular string. For drilling，completion and workover of subterranean wells，more specifically for the control of drilling fluids，completion fluids，cement and other fluids in a casing or other tubular string within a wellbore. Downtime due to plugging，leaks，etc. is minimized. The drawing shows a pair of balls being dropped into the downhole apparatus.

4 主要国家发展阶段

目前全世界海洋工程装备制造业可分为三大阵营：欧美为第一阵营，具备超强的研发和设计能力，美国、挪威、法国、澳大利亚等国家的大型海洋工程公司和设计公司掌握大量关键设计技术和专利技术，在钻井平台、海洋工程船舶和钻完井工程装备领域处于领先地位，在 FPSO 等生产平台的设计方面占据垄断地位；韩国和新加坡属于第二阵营，具备超强的建造和改造能力，利用其成本优势和工业基础在总装建造市场占据较大份额；中国、阿拉伯联合酋长国属于第三阵营，具备一定的建造能力和研发能力，目前已开始进军深水工程装备制造，但总体而言装备制造实力不强。

由于海洋石油工程装备具有高技术、高投入、高风险和高收益等特征,导致海洋石油装备产业的核心技术和供给基本控制在北美、欧洲等发达国家的少数制造商手里,国际垄断明显,短期内市场调节作用对供给需求的变化影响甚微。

美国占据主导地位。美国在海洋油气资源开发技术装备行业拥有近百年的传统优势,国内成套率和全球市场份额居世界各国之首,掌控着绝大部分海洋油气开发所需的海洋石油钻井设备、采油设备等关键技术。全世界海洋石油技术装备市场份额的50%以上为美国的跨国公司所拥有。休斯敦已成为全球石油技术开发中心,引领着海洋油气装备技术发展方向。

欧洲强国各具特色。英国和法国是除美国之外海洋石油工业技术发展较为成熟的国家,英国的动力定位技术、法国的半潜式、自升式、TLP、SPAR 平台设计建造技术、测井技术等处于国际先进水平。挪威的超深井模块化全自动液压装载设计技术和 RamRig 技术代表当今国际海洋石油钻井装备模块化设计的先进技术。意大利、瑞典、德国等国的制造技术亦各具特色,是推动石油装备技术多样化不可或缺的组成部分。

韩、日追赶国际先进水平。属于世界造船大国的日本、韩国经过多年的技术研发,并依靠先进的制造技术和管理经验,在海洋油气开发装备领域发展较快,赶上了先进国家,承接和建造了许多先进的半潜式钻井平台和大型 FPSO,并逐步具有了海洋石油工程建造的总承包能力,是海洋油气开发装备产业区域竞争格局中不可忽视的一级。

巴西国产化程度较高。在拉美地区,巴西是发展中国家海洋石油设备国产化程度最高者,其国产化率达 80% 以上。该国著名的国家石油公司不仅拥有规模宏大的石油工程研究设计机构,而且与国外众多著名石油设备制造厂商广泛开展合资合作,从而保证国产化策略的有效执行。巴西海洋石油装备工业的崛起,打破了发达国家的技术垄断,对我国及世界其他国家发展海洋石油装备具有深远的借鉴意义。

从海洋工程装备发展历史来看,我国海洋石油装备的研制始于 20 世纪 60 年代初期。进入 21 世纪后,尤其是近几年来,我国加大了海洋油气资源的勘探开发及石油钻采装备的研发更新力度,海洋工程装备技术有了较快发展,设计建造了多座钻井平台和 FPSO,为我国海洋石油开发做出了较大的贡献,也积累了一些海洋工程装备开发设计与建造经验。但与市场需求和国外水平相比,我国海洋油气开发装备的差距还很大,大部分核心技术掌握在别人手中,关键设备和大型设备基本由国外配套,水下生产系统设备几乎全部依赖进口。

5 结论

(1)美国为领先国家,掌握核心技术,拥有成熟产品,占据市场份额。

(2)中国深水钻完井技术处于发展时期,2006 年之后,与美国的差距缩小。目前,中国在论文数量、被引频次、专利数量、PCT 专利数量方面均较为滞后。

(3)美国为深水钻完井技术的起源国家。深水钻完井技术创新资源主要集中在石油公司,如哈里伯顿能源服务公司、斯伦贝谢技术公司、贝克休斯石油公司。

　　综上所述,目前领先国家为美国。如果美国技术水平为 100 分的话,中国技术水平为 26.8 分,与国际领先水平相差很大。但 2006 年后,差距逐渐缩小。目前,中国大致相当于美国 1990 年水平。

第十一章　精细钻井技术

1　技术概述

精细钻井技术是指在钻井过程中对各项参数的精确监测以及在所有施工操作中执行"精细"操作和管理原则的一项技术,其最终目标是"利用钻井机器人进行精细化钻井的技术",技术分解如表 11-1 所示。它通过随钻测量(MWD)/随钻测井(LWD)等井下测量技术看清前方的路(地质目标),即利用机器人的眼睛进行精确测量;通过旋转导向等井下测控系统来控制方向,即利用机器人的手脚进行精确控制;地面自动化作为钻井机器人的辅助工具,主要包括地面钻机自动化设备和钻井液自动处理系统;钻井作业远程决策系统作为机器人的"大脑"进行精确预测并判断;再借助井下-地面双向通信、计算机网络和卫星通信将地面和井下连接成一个大的闭环控制系统,确保安全、环保、低碳化运行。精细钻井技术的核心是精细预测、精细测量、精细控制、精细管理和安全环保。

表 11-1　精细钻井技术技术分解表

	一级分类	二级分类
精细钻井技术	精确控制	旋转导向钻井技术
		地质导向钻井技术
		压力控制技术
		智能井技术
	精细测量	随钻流体取样技术
		随钻测量技术
		信号传输技术
	精确预测	低风险钻井技术
	精细操作	钻井自动化技术
		钻井液处理与回收技术

2 论文产出分析

基于汤姆森路透科技集团的 Web of Science 科学引文索引扩展版 SCIE 论文数据库（1994～2014 年），截止时间至 2014 年 7 月，采用专家辅助、主题词检索的方式共检索论文 227 篇。

2.1 主要国家、机构与作者

表 11-2 给出了主要国家论文产出情况简表。由表 11-2 可见，美国相关论文 59 篇，排名世界第一位，篇均被引频次为 4.3 次。中国相关论文 55 篇，排名第二位，篇均被引频次为 0.8 次，低于美国、加拿大、英国和澳大利亚。美国、中国两国的论文总数占据世界论文总数的 50.2%，超过一半，是主要的论文发表国。加拿大、英国和澳大利亚等国也发表了相当数量的论文，且保持了较高的篇均被引频次。

表 11-2 精细钻井技术主要国家论文产出情况简表

国家	论文数量世界排名（位）	论文数量（篇）	论文数量占世界的比重（%）	篇均被引频次（次）	被引次数占世界的比重（%）
美国	1	59	26.0	4.3	46.6
中国	2	55	24.2	0.8	7.7
加拿大	3	11	4.8	8.1	16.2
英国	4	11	4.8	9.4	18.8
澳大利亚	5	7	3.1	11.3	14.4

根据论文产出情况，针对主要机构和主要科学家，给出了创新资源分布情况。表 11-3 为论文数量世界排名前 5 位的主要机构列表，分别为中国石油大学、美国贝克休斯公司、美国斯伦贝谢公司、加拿大卡尔加里大学和美国哈里伯顿公司。美国 3 家油服公司占 3 席，研究比较集中，中国和加拿大机构占据一席。值得注意的是，在篇均被引频次方面，加拿大卡尔加里大学为 10.5 次，保持领先。

表 11-3 精细钻井技术主要机构论文产出情况简表

主要机构	论文数量世界排名	论文数量（篇）	论文数量占世界的比重（%）	篇均被引频次（次）
中国石油大学	1	16	7	0.2
美国贝克休斯公司	2	8	3.5	0.1
美国斯伦贝谢公司	3	7	3.1	4.7
加拿大卡尔加里大学	4	6	2.6	10.5
美国哈里伯顿公司	5	4	1.8	1.8

表 11-4 给出了论文数量排名前 3 位的主要科学家论文产出情况简表，O. Lietard 工作于英国斯伦贝谢剑桥研究中心，M. P. Mintchev 为加拿大卡尔加里大学教授，C. Torres-Verdin 工作于得克萨斯大学奥斯汀分校，主要科学家与主要机构存在很好的对

应关系。

表 11-4　精细钻井技术主要科学家论文产出情况简表

主要科学家	论文数量世界排名	论文数量（篇）	论文数量占世界的比重（%）	篇均被引频次（次）
O. Lietard	1	5	2.2	0.8
M. P. Mintchev	2	5	2.2	12.6
C. Torres-Verdin	3	5	2.2	6.2

2.2　发文趋势

图 11-1 给出了精细钻井技术论文发表的总体趋势以及中国与美国历年论文发表数量的变化。从精细钻井技术论文发表总体情况看,精细钻井技术仍处在发展期。美国与中国发文量占总发文量的一半。中国自 2005 年发表精细钻井技术相关论文以来,除 2010 年出现回落,总体呈现快速增长,2012 年超过美国。

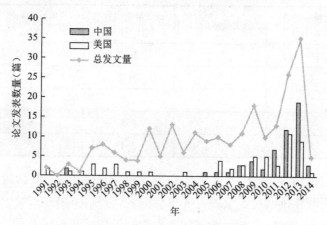

图 11-1　精细钻井技术论文发表趋势

2.3　研究起源

图 11-2 为精细钻井技术高被引论文发展趋势。圆圈的大小代表被引用次数。其中,对被引频次大于 4 的论文进行了标引。由图 11-2 可以看出,S. D. Joshi(1991)发表的论文是最早的一篇高被引论文,可以认为精细钻井技术起源为美国。

2.4　研究热点

借助 CiteSpace 软件,对论文的总体趋势进行了分析。图 11-3 为精细钻井技术研究热点时间轴分布。时间的分布选择为 1994～2014 年,每 5 年设置一个时间段;研究热点是每个时间段出现频次排名前 50 位最高的词组。图 11-3 中,方块的大小代表被引用次数,右侧文字为经聚类分析结果。从图 11-3 可以看出,近期活跃的研究热点为聚类 #3,井底压力控制,聚类 #5,随钻测井。

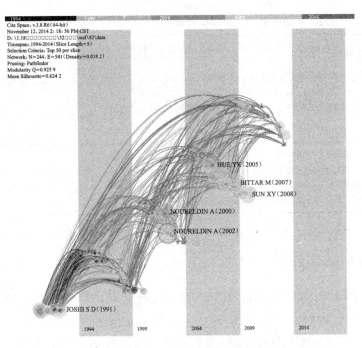

图 11-2　精细钻井技术高被引论文发展趋势

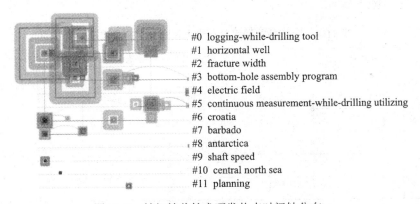

#0　logging-while-drilling tool
#1　horizontal well
#2　fracture width
#3　bottom-hole assembly program
#4　electric field
#5　continuous measurement-while-drilling utilizing
#6　croatia
#7　barbado
#8　antarctica
#9　shaft speed
#10　central north sea
#11　planning

图 11-3　精细钻井技术研发热点时间轴分布

　　表 11-5 给出了高被引论文简表,论文被引次数都在 30 次以上。值得注意的是 J. C. Moore、T. H. Shipley、D. Goldberg 等发表在 *Geology* 杂志上的论文被引次数最高。

表 11-5　精细钻井技术高被引论文简表

作者	题目	来源	机构	被引次数
J. C. Moore、T. H. Shipley、D. Goldberg 等	*Abnormal Fluid Pressures and Fault-Zone Dilation in the Barbados Accretionary Prism-Evidence from Logging While Drilling*	*Geology*, 1995, 23（7）	美国加利福尼亚大学圣克鲁兹分校、美国得克萨斯大学奥斯汀分校、美国拉蒙特-多尔蒂地球观测站	75
A. Noureldin、D. Irvine-Halliday、M. P. Mintchev	*Accuracy Limitations of FOG-Based Continuous Measurement-While-Drilling Surveying Instruments for Horizontal Wells*	*IEEE Transactions on Instrumentation and Measurement*, 2002, 51（6）	加拿大皇家军事学院、加拿大卡尔加里大学	35

3　专利产出分析

基于 Thomson Innovation（TI）数据库，截止时间至 2014 年 7 月，采用专家辅助、主题词检索的方式共检索同族专利 1 685 项。专利分析主要采用专利族数量统计以及 PCT 专利数量统计。其中，PCT 专利是指《专利合作条约》（*Patent Cooperation Treaty*）的英文缩写，是有关专利的国际条约。

3.1　主要国家、机构与发明人

表 11-6 给出了主要国家专利产出情况简表。由表 11-6 可见，美国专利数量和 PCT 专利数量均排名第一位，均占世界专利总数的 70％以上，占据绝对优势地位；中国专利数量排名第二，但数量与美国差距较大，且未申请 PCT 专利；英国、加拿大、俄罗斯分别排名第三、四、五位。

表 11-6　精细钻井技术专利优先权国专利产出情况对比

优先权国	专利数量世界排名	专利族数量（项）	专利数量占世界比重（％）	PCT 专利数量（项）	PCT 专利数量占世界比重（％）
美国	1	1238	73.5	524	78.7
中国	2	226	13.4	0	0.0
英国	3	47	2.8	28	4.2
加拿大	4	24	1.4	3	0.5
俄罗斯	5	6	0.4	0	0.0

表 11-7 给出了主要机构专利族数量、专利布局、主要发明人、专利申请持续时间以及近 3 年来专利申请所占比重。由表 11-7 可见，美国斯伦贝谢科技有限公司自 1974 年以来共持续申请相关专利 435 项，排名第一位，近 3 年来仍保持了研究的热度。排名第二位的美国哈里伯顿能源服务公司布局 PCT 专利数量较多，近 3 年来仍保持了研究的热度。美国贝克休斯公司近三年申请专利相对较少。

表 11-7　主要机构专利产出情况

主要机构	专利数量世界排名	专利族数量（项）	专利布局	主要发明人	专利申请持续时间	近3年申请专利占比
美国斯伦贝谢科技有限公司	1	435	美国（387）欧洲（29）英国（16）	Clark Brian（27）Christian Stoller（13）Jean Seydoux（13）Geoff Downton（13）	1974～2013年	16%
美国哈里伯顿能源服务公司	2	264	美国（174）WO（85）英国（4）	Michael S. Bittar（24）Paul F. Rodney（15）Burkay Donderici（13）	1991～2013年	17%
美国贝克休斯公司	3	221	美国（220）	Tsili Wang（14）Vladimir Dubinsky（12）Leonty A. Tabarovsky（11）Martin Blanz（11）	1990～2012年	4%

3.2　技术发展趋势分析

图 11-4 给出了精细钻井技术专利申请态势。自 1971 年美国出现首项专利申请以来,世界精细钻井技术专利申请量总体呈现增长趋势。特别是 1998 年以来,专利申请量快速增长。其中,美国专利申请趋势基本与总体申请趋势一致,中国在 2006 年出现相关专利申请后,申请量快速增加。

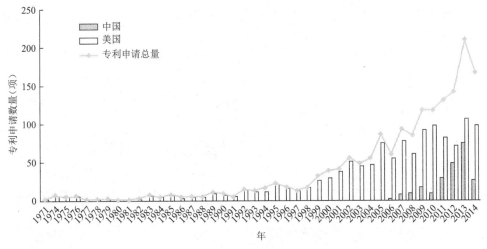

图 11-4　精细钻井技术专利申请态势

3.3　重要专利

依据 Innography 专利系统中的专利强度指标,选择专利强度较高的专利作为重要专利,详见表 11-8。其中,专利强度指标参考了 10 余个与专利价值相关的指标,包括专利权利要求数量、引用先前技术文献数量、专利被引用次数、专利及专利申请案的家族、专利申请时程、专利年龄、专利诉讼等。

表 11-8　精细钻井技术部分重要专利详细信息

	公开号 US6189621B1
专利基本 信息	标题：*Smart Shuttles to Complete Oil and Gas Wells* 公开（公告）号：WO2014092854A1 公开（公告）日：2001-02-20 申请号：US1999375479A 申请日：1999-08-16 申请人：美国智能钻完井公司 发明（设计）人：William Banning Vail III 摘要：Smart shuttles are used to complete oil and gas wells. Following drilling operations into a geological formation, a steel pipe is disposed in the wellbore. The steel pipe may be a standard casing installed into the wellbore using typical industry practices. Alternatively, the steel pipe may be a drill string attached to a rotary drill bit that is to remain in the wellbore following completion during so-called "one-pass drilling operations". Using typical procedures in the industry, the well is "completed" by placing into the steel pipe various standard completion devices, many of which are conveyed into place using the drilling rig. Instead, with this invention, smart shuttles are used to convey into the steel pipe the various smart completion devices necessary to complete the oil and gas well. Smart shuttles may be attached to a wireline, to a coiled tubing, or to a wireline installed within coiled tubing. Of particular interest is a wireline conveyed smart shuttle that possesses an electrically operated internal pump that pumps fluid from below the shuttle, to above the shuttle, that in turn causes the smart shuttle to "pump itself down" and into a horizontal wellbore. Similar comments apply to coiled tubing conveyed smart shuttles. 权利要求数：5
	公开号 US20010040054A1
专利基本 信息	标题：*Apparatus and Methods for Forming a Lateral Wellbore* 公开（公告）号：US20010040054A1 公开（公告）日：2001-11-15 申请号：US2001848900A 申请日：2001-05-04 申请人：美国斯伦贝谢科技有限公司 发明（设计）人：David M. Haugen、Frederick T. Tilton 摘要：A method and system of forming a lateral wellbore in a time and trip saving manner using a mill/drill to locate and place a casing window. In one aspect of the invention, a lateral wellbore is drilled with liner which is subsequently left in the lateral wellbore to line the sides thereof. In another aspect, the mill/drill is rotated with a rotary steerable system and in another aspect, the mill/drill is rotated with a downhole motor or a drill stem. 权利要求数：38

4　主要国家发展阶段

在精细钻井技术方面，美国、英国等走在了世界前列。

4.1　美国

美国的斯伦贝谢、哈里伯顿、贝克休斯等公司在随钻测量/随钻测井、旋转导向钻井、地质导向等技术方面已经相当成熟，分别形成了成熟的工具仪器以及配套钻井工艺，在此基础上开展持续改进，技术日趋完善，在大位移井、水平井、深井、超深井中得到了广泛的应用，实现了精细钻井设计、随钻精细地层评价、精确油藏导航。

4.2 英国

早在 1985 年,英国吉尔哈特公司、斯伦贝谢公司、阿特拉斯公司 3 家占领了世界油气田测井市场的 85%。目前,吉尔哈特公司已被美国哈里伯顿公司兼并,仍占据世界测井市场相当份额。

4.3 中国

2011 年,中国石油西部钻探公司自主研发的 XZ-MPD-I 型精细控压钻井系统在新疆油田成功试验应用。2013 年,第三套精细控压钻井系统(MPD)配套完成,并投入产业化应用。这些说明我国精细钻井已进入产业化阶段。

5 结论

(1)美国、中国、英国为领先国家,掌握核心技术,实现了精细钻井技术及装备研发。

(2)中国精细钻井技术处于高速发展时期,2006 年之后,与世界先进国家的差距在不断缩小。中国的论文与专利数量均排名世界第二,在论文被引频次、PCT 专利与美国、英国等国家存在较大差距。

(3)美国为精细钻井技术的起源国家,代表人物为 S. D. Joshi。

(4)精细钻井技术创新资源主要集中在美国斯伦贝谢科技有限公司、美国哈里伯顿能源服务公司、美国贝克休斯公司、加拿大卡尔加里大学等机构。国内的创新资源主要集中在中国石油大学等机构。

综上所述,目前领先国家为美国。如果美国技术水平为 100 分的话,中国技术水平为 41.6 分,与国际领先水平差距较大,但差距在逐渐缩小。

第十二章　钻井平台设计制造技术、水下生产系统设计制造技术

1　技术概述

海洋钻井平台是进行海洋油气开采的主要设备,在实际的应用中,主要是用来支撑和存放巨大的钻机、为钻井人员提供居住地点、对开采的原油进行存储等。钻井平台模式主要有固定式平台、坐底式钻井平台、自升式钻井平台、钻井船、半潜式钻井平台、张力腿式钻井平台以及牵索塔式钻井平台。其中,自升式钻井平台、半潜式钻井平台和钻井船是当前主流的海上钻井装备,技术分解情况见表 12-1。自升式钻井平台按照水深可分为 300 ft、350 ft、400 ft、450 ft、500 ft,关键技术包括升降系统、悬臂梁滑移系统。半潜式钻井平台基本分为浅水、深水和超深水,定位形式分为锚泊定位、DP 动力定位和混合定位。钻井船采用锚泊定位和 DP 动力定位。

当前,从整个世界海洋石油装备技术领域发展情况分析,海洋装备技术已经形成三级格局:一是欧美西方发达国家在海洋装备发展方面呈现主导领先地位;二是以韩国、新加坡等国家为代表的新型势力正在日益追赶国际先进水平;三是以我国等为代表的发展中国家正在加快海洋石油装备国产化进程。

钻井平台设计制造技术技术分解如表 12-1 所示。

表 12-1　钻井平台设计制造技术技术分解表

一级分类	二级分类	三级分类
自升式钻井平台	300 ft 水深	常规悬臂梁
		X-Y 悬臂梁
		旋转悬臂梁
	350 ft 水深	常规悬臂梁
		X-Y 悬臂梁
		旋转悬臂梁

一级分类	二级分类	三级分类
自升式钻井平台	400 ft 水深	常规悬臂梁
		X-Y 悬臂梁
		旋转悬臂梁
	450 ft 水深	常规悬臂梁
		X-Y 悬臂梁
		旋转悬臂梁
	500 ft 水深	常规悬臂梁
		X-Y 悬臂梁
		旋转悬臂梁
半潜式钻井平台	锚泊定位	浅水
		深水
	DP 动力定位	浅水
		深水
	混合定位	浅水
		深水
钻井船	锚泊定位	浅水
		深水
	DP 动力定位	浅水
		深水

2　论文产出分析

基于汤姆森路透科技集团的 Web of Science 科学引文索引扩展版 SCIE 论文数据库（1994～2014 年），截止时间至 2014 年 7 月，采用专家辅助、主题词检索的方式共检索论文 651 篇。

2.1　主要国家、机构与作者

根据论文产出情况，针对主要国家、机构和主要科学家，给出了创新资源分布情况。

表 12-2 给出了主要国家论文产出情况简表。全球排名前 5 位的国家是美国、中国、英国、挪威、巴西。其中，美国相关论文 106 篇，篇均被引频次为 3.2 次，均排名第一位。中国相关论文 80 篇，排名世界第二位，篇均被引频次为 0.2 次，低于美国、英国、挪威以及巴西。

表 12-3 为论文数量世界排名前 5 位的主要机构列表，分别为中国石油大学、挪威科技大学、巴西圣保罗大学、美国德州 A&M 大学、美国路易斯安那州立大学。中国石油大学论文数量居首位，但篇均被引频次却落后，综合竞争力还有待提高。美国德州 A&M 大学论文总量虽较靠后，但篇均被引频次却居各大学首位，论文技术含量较高。

表 12-2　钻井平台设计制造技术主要国家论文产出情况简表

国家	论文数量世界排名（位）	论文数量（篇）	论文数量占世界的比重（%）	论文总被引次数	篇均被引频次（次）	被引次数占世界的比重（%）
美国	1	106	16.3	336	3.2	24.3
中国	2	80	12.3	15	0.2	1.1
英国	3	47	7.2	365	7.8	26.4
挪威	4	45	6.9	98	2.2	7.1
巴西	5	41	6.3	20	0.5	1.4

表 12-3　钻井平台设计制造技术主要机构论文产出情况简表

主要机构	论文数量世界排名	论文数量（篇）	论文数量占世界的比重（%）	篇均被引频次（次）
中国石油大学	1	17	2.6	0.2
挪威科技大学	2	16	2.5	3.6
圣保罗大学	3	15	2.3	0.3
德州农工大学	4	9	1.4	5.7
路易斯安那州立大学	5	8	1.2	3.4

　　我国在该领域的研究力量主要集中在中国石油大学,其中中国石油大学(北京)下设海洋油气研究中心,科研重点包括自升式钻井平台插拔桩基础理论与关键技术及其应用研究,并建成了相应的实验系统装置;中国石油大学(华东)的"海洋油气井钻完井理论与工程"教育部长江学者创新团队也在钻井平台位置优选与丛式井轨道优化设计方面拥有相应的研究成果。

　　表 12-4 给出了论文数量排名前 3 位的主要科学家论文产出情况简表,T. Moan 工作于挪威科技大学,现为挪威科技大学海洋技术系主任,教授,其主要研究领域包括结构力学、有限元法、随机动态分析以及海洋领域风险/安全评估;A. L. C. Fujarra、R. T. Goncalves 均来自巴西圣保罗大学,主要科学家与主要机构存在很好的对应关系。

表 12-4　钻井平台设计制造技术主要科学家论文产出情况简表

主要科学家	论文数量世界排名	论文数量（篇）	论文数量占世界的比重（%）	篇均被引频次（次）	所在机构
T. Moan	1	10	1.5	1.8	挪威科技大学
A. L. C. Fujarra	2	9	1.4	0.1	圣保罗大学
R. T. Goncalves	3	7	1.1	0.1	圣保罗大学

2.2　发文趋势

　　通过图 12-1 给出的论文发表趋势图,进一步分析钻井平台设计制造技术、水下生产系统设计制造技术的论文产出情况。从总体情况及趋势上看,美国和中国的钻井平台设计制造技术仍处在发展期。目前,两国各自的年发文量均在 15 篇左右。美国在该领域的研究远早于中国,在 20 世纪八九十年代开始就陆续有文章发表。中国的文章发表开始于 2002 年之后,但后期的发展比较迅猛,最近 3 年的文章发表量已经和美国持平,并大有超越美国之势。

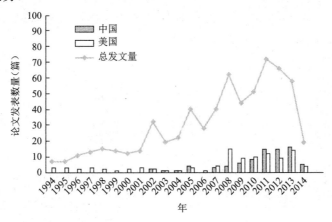

图 12-1　钻井平台设计制造技术论文发表趋势

2.3　研究起源

借助 CiteSpace 软件,对高被引论文引用时间轴进行了分析。

图 12-2 为钻井平台设计制造技术、水下生产系统设计制造技术高被引论文引用时间轴。圆圈的大小代表被引用次数。由图 12-2 可以看出,C. W. Hirt（美国加利福尼亚大学洛斯·阿拉莫斯国家实验室教授）于 1981 年发表的论文 *Volume of Fluid（VOF）Method for the Dynamics of Free Boundaries* 是最早的一篇高被引论文,主要是关于流体自由边界动力学研究,据此认为钻井平台设计制造技术、水下生产系统设计制造技术起源国为美国。

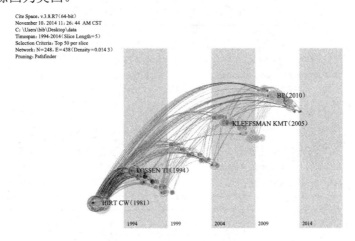

图 12-2　钻井平台设计制造技术高被引论文引用时间轴

2.4　研究热点

图 12-3 为钻井平台设计制造技术、水下生产系统设计制造技术研究热点时间轴分布。时间的分布选择为 1994～2014 年,每 5 年设置一个时间段;研究热点是每个时间段出现频次排名前 50 位的词组。图 12-3 中,方块的大小代表被引用次数,右侧文字为聚类分析结果。从图 12-3 可以看出,近期活跃的研究热点为聚类 #1,钛合金应用;聚类 #2,风力涡轮机;聚类 #13,海洋钻井液技术。

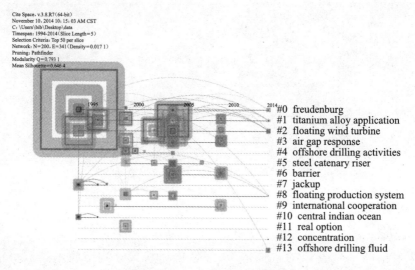

图 12-3　技术研发热点时间轴分布

表 12-5 给出了高被引论文简表,美国哈佛大学 K. S. Corts 和 J. Singh 于 2004 年发表在 *Journal of Law Economics & Organization* 上的论文 *The Effect of Repeated Interaction on Contract Choice: Evidence from Offshore Drilling* 被引次数最高,达 47 次。

表 12-5　钻井平台设计制造技术高被引论文简表

作者	题目	来源	机构	被引次数
K. S. Corts、J. Singh	*The Effect of Repeated Interaction on Contract Choice: Evidence from Offshore Drilling*	*Journal of Law Economics & Organization*, 2004, 20(1)	美国哈佛大学	47
G. F. Clauss	*Dramas of the Sea: Episodic Waves and Their Impact on Offshore Structures*	*Applied Ocean Research*, 2002, 24(3)	德国柏林工业大学	41
K. Becker、A. T. Fisher	*Permeability of Upper Oceanic Basement on the Eastern Flank of the Juan de Fuca Ridge Determined with Drill-String Packer Experiments*	*Journal of Geophysical Research*, 105(13)	美国迈阿密大学、美国加利福尼亚大学圣克鲁兹分校	36

3　专利产出分析

基于 Thomson Innovation(TI)数据库,截止时间至 2014 年 7 月,采用专家辅助、主题词检索的方式共检索同族专利 3 329 项,PCT 专利族 429 项。专利分析主要采用专利族数量统计以及 PCT 专利数量统计。其中,PCT 是指《专利合作条约》(*Patent Cooperation Treaty*)的英文缩写,是有关专利的国际条约。

3.1　主要国家与机构

表 12-6 给出了主要国家专利产出情况简表。由表 12-6 可见,美国专利数量排名第一位,且占世界专利总数的 37.6%,PCT 专利数为 200 项。居于美国之后的依次是韩国、中国、英国、日本、法国、挪威。其中,挪威和英国的 PCT 专利数分别为 45 项和 43 项,居全球第二位和第三位。中国的专利数量全球排名第三位,但 PCT 专利数量仅 1 项,位于美、韩、英、日、法、挪威之后。

表 12-6　专利优先权国专利产出情况对比

优先权国	专利数量世界排名	专利族数量（项）	专利数量占世界比重（%）	PCT 专利数量（项）	PCT 专利数量占世界比重（%）
美国	1	1 253	37.6	200	46.6
韩国	2	525	15.8	11	2.6
中国	3	373	11.2	1	0.2
英国	4	186	5.6	43	10.0
日本	5	155	4.7	10	2.3
法国	6	144	4.3	18	4.2
挪威	7	82	2.5	45	10.5

表 12-7 给出了主要机构专利族数量及专利数量占世界比重,可以看出,排位靠前的机构主要来自韩国和荷兰。前 6 位机构中,韩国占 3 家,荷兰 2 家,美国 1 家,且韩国 3 家机构的专利数量远大于其他机构。

表 12-7　钻井平台设计制造技术主要机构专利产出情况

主要机构	专利数量世界排名	专利族数量（项）	专利数量占世界比重（%）
韩国三星重工业有限公司	1	212	6.4
韩国大宇造船海洋工程有限公司	2	200	6.0
韩国现代重工业有限公司	3	161	4.8
荷兰壳牌石油公司	4	66	2.0
美国哈里伯顿能源服务集团	5	44	1.3
荷兰伊特雷科公司	6	24	0.7

3.2　技术发展趋势分析

图 12-4 给出了专利年度变化趋势。总体来说,2005 年之前发展缓慢,2007 年后出现迅猛发展,至今仍处高速增长态势。美国在该技术领域的研究较早,各年度的发展比

较平稳,未出现明显大幅增长态势。中国无论是专利延续时间或者专利总量,都远远落后于美国,但 2008 年之后有了明显增长,目前每年的专利申请量已和美国持平。

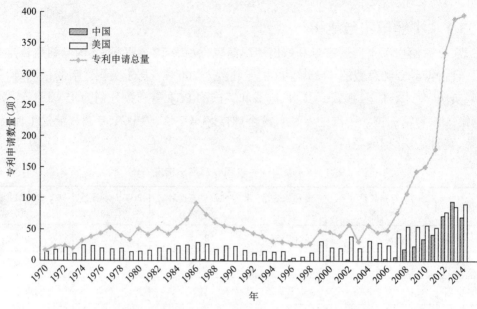

图 12-4　钻井平台设计制造技术专利申请量变化趋势

3.3　重要专利

依据 Innography 专利系统中的专利强度指标,选择专利强度较高的专利作为重要专利,详见表 12-8。其中,专利强度指标参考了 10 余个与专利价值相关的指标,包括专利权利要求数量、引用先前技术文献数量、专利被引用次数、专利及专利申请案的家族、专利申请时程、专利年龄、专利诉讼等。

表 12-8　部分重要专利详细信息

公开号 US5855455（A）	
专利基本信息	标 题:*Submersible and Semi-Submersible Dry Lift Carrier and Method of Operation for Carrying a Drilling Rig and Platform* 申请号:US19970890291 申请日:1997-07-09 公开(公告)号:US5855455（A） 公开(公告)日:1999. 01. 05 申请(专利权)人:美国 Ensco 国际有限公司 分类号:B63B21/50;E02B17/00;（IPC1-7）:E02B17/00;E02D25/00 优先权:US19970890291 19970709 摘要:A submersible/semi-submersible dry lift carrier for transporting a jack-up drilling rig in a body of water includes a hull, a deck, at least one stability column, and a plurality of ballast compartments capable of being flooded and emptied for lowering and raising the carrier. The carrier further includes at least three leg wells, each well sized and spaced for receiving a leg from a jack-up drilling rig, and each of said wells comprising a vertical passageway having a first end opening through the deck and a second end opening through the bottom of the hull. The carrier further includes at least three pinning receptacles, each receptacle sized and spaced for receiving a spud can and leg from a jack-up drilling rig. In operation, the

公开号 US5855455（A）

专利基本信息	dry lift carrier is partially submerged by flooding the ballast compartments and then positioned beneath the floating jack-up rig. The carrier is de-ballasted thereby lifting the jack-up rig from a floating "wet" mode to a "dry" mode on the deck of the carrier. Alternatively, the dry lift carrier is submerged and rests on the floor of the body of water. The floating jack-up rig is positioned over the dry lift carrier. The carrier is de-ballasted thereby lifting the jack-up rig on the deck of the carrier. 权利要求数：34 引用次数：30 被引次数：21 专利强度：91

公开号 US6113315（A）

专利基本信息	标题：*Recoverable System for Mooring Mobile Offshore Drilling Units* 申请号：US19990306706 申请日：1999-05-07 公开（公告）号：US6113315（A） 公开（公告）日：2000.09.05 申请（专利权）人：阿克海洋（美国）控股公司 分类号：B63B21/22；B63B21/27；B63B21/50；（IPC1-7）：B63B21/27 优先权：US19990306706 19990507；US19970948227 19971009 摘要：In a system for mooring offshore drilling units, a first mooring assembly is installed at a first drilling venue, after which the mobile offshore drilling unit is moored by connection to the mooring lines. A second mooring assembly is installed at a second drilling venue while drilling operations are carried out at the first drilling venue. In this manner the mobile offshore drilling unit can be relocated between successive drilling venues with minimum down time. Less than complete mooring assemblies can be used to temporarily secure the mobile offshore drilling unit. 权利要求数：24； 引用次数：39； 被引次数：12；专 利强度：91

4　主要国家发展阶段

表 12-9 给出了主要国家的文献评估指标比重。其中，美国最高；中国的论文与专利数量位居世界前 3 之列，但是被引频次、PCT 专利均落后于美国、英国、法国、挪威、日本、韩国等国家。

表 12-9　钻井平台设计制造技术主要国家文献评估指标比重

主要国家	论文数量比重（%）	被引次数比重（%）	专利数量比重（%）	PCT 专利数量比重（%）
美国	16.3	24.3	37.6	46.6
中国	12.3	1.1	11.2	0.2
英国	7.2	26.4	5.6	10.0

目前，钻井平台技术领域比较领先的国家包括美国、英国、挪威等欧美传统海洋油气装备制造国，建造技术相对领先的国家包括新加坡、韩国和日本。中国目前处于初级

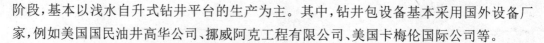

阶段,基本以浅水自升式钻井平台的生产为主。其中,钻井包设备基本采用国外设备厂家,例如美国国民油井高华公司、挪威阿克工程有限公司、美国卡梅伦国际公司等。

4.1 欧美西方发达国家的技术现状

长期以来,以美国、挪威等为代表的西方发达国家以研发、建造深水、超深水等高技术海洋平台装备为核心,长期垄断着世界油气勘探开发装备的设计、开发、工程承包及关键配套件的生产制造。国际著名公司包括美国国民油井高华公司、美国 FMC 公司、挪威阿兢瓦纳 MH 有限公司、瑞士地中海航运公司等。

4.1.1 具有长期从事海洋工程开发经验

西方发达国家从事海洋石油勘探开发的历史可追溯到 1887 年,100 多年以来,欧美发达国家已经在海洋石油地质勘探、设备安装、油气开发、油气集输、水下测试、油井维护及安全环保等方面积累了丰富成熟的工程实践经验,全面掌握着海洋波、浪、流等环境特征和海底各种地质条件下油气田开发理论知识和应对策略,掌握着适应浅水、深水、特深水等不同海洋工程建造所需要的系统专业技能等,完全具备开发大型海底新油田和老油田技术改造知识的能力和水平。

4.1.2 拥有完备的系统开发配套能力

通过多年的海洋油气勘探开发建设和实践应用,欧美等发达国家无论从海洋钻井技术到钻完井技术、从平台建设技术到通信服务技术、从平台现场作业到远程监控作业、从安全操作保障到事故安全处理等,均已形成了比较完整的系统配套开发能力。

4.1.3 掌握着高精尖的核心装备技术

西方发达国家具有工业基础条件好的先天优势。当前,就海洋石油勘探开发装备而言,无论从构成海洋钻采装备的大型、超大型平台(包括船舶)本体的设计建造技术,还是平台台面上的钻井采油装备及多种大型平台甲板设备的设计建造高尖端技术,如 Spar 平台、张力腿平台、双钻塔井架及钻井补偿装置等,可以说仍掌握在欧美等发达国家手中,尤其是海洋深水水下钻采装备,如水下井口井控设备、水下采油及管汇生产装备,其技术长期以来一直被西方发达国家所垄断。

4.1.4 拥有良好齐全的试验检测方法和手段

拥有世界一流条件和设施,无论从满足不同功能要求的海洋水上、水下装备开发软件(包括多种设计软件、系统分析软件等)、各种设备规范标准(API、ISO、DNV 等规范)到加工制造设备、测试工具(含多种高性能数控加工设备、高精度测试设备)和试验设施(如水下装备疲劳试验装置、弯扭组合试验装置)等硬件条件均非常全面。

4.1.5 具备海洋装备全自动化、高智能化开发建造条件

如平台台面配备有多种自动化程度高的设备(如自动化排管机、自动化锚道、自动化吊装装置等),水下装备配备有多种测试和分析判断功能的安装拆卸工具、水下机

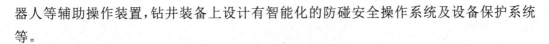

器人等辅助操作装置,钻井装备上设计有智能化的防碰安全操作系统及设备保护系统等。

4.2　韩国、新加坡等国家技术现状

韩国、新加坡等几个国家经过多年来的技术研发,依靠先进的制造技术和管理经验,承接和建造了许多先进的半潜式钻井平台和大型 FPSO,具备了较好的建造总承包能力。主要建造企业包括韩国现代重工业有限公司、三星重工业有限公司、大宇造船和海洋工程公司,新加坡吉宝集团及胜科海事集团等。这些公司均具备较强的海洋装备制造配套能力,并占据着相当大的市场份额。其技术发展特点可归纳为以下几点。

4.2.1　已发展成为世界海工装备主力

仅从所承接的订单来看,截至 2008 年 6 月,韩国手持海工装备订单多达 51 座。其中,钻井船数量 47 艘,比例达 92%。新加坡的吉宝集团与胜科海事集团现持有 16 座半潜式钻井平台订单,占有全球 25% 的市场份额等。

4.2.2　建立有国家级的超大型企业

韩国的现代重工业有限公司、新加坡的吉宝集团都是典型的国家级超大型企业,都享有一定的政策扶持,因此获得了较快的发展和较强的产业竞争力。

4.2.3　海工制造采取全球发展战略

新加坡和韩国在各大产油区都建立了服务网络,仅新加坡吉宝集团和胜科海事集团在全球就拥有十几家船厂,遍布美国、拉美及东南亚等地区。虽然韩国发展相对滞后,但势头非常迅猛,已先后在美国、巴西、欧洲、中国以及其他东南亚地区都设有合资厂。

4.2.4　对海工业务发展有着明确的定位

韩国是造船强国,主要目标集中在开发建设大型钻井船和 FPSO 建造项目上,并在 FPSO 和 FSRU 开发上也享有得天独厚的条件。新加坡是众所周知的世界修船中心,从修理起步,发展到改装,最后到建造,完成了渐进式的发展,储备了深厚的技术和人才力量,成为自升式和半潜式钻井平台建造的后起之秀,并在 FPSO 改装上也独树一帜。

另外,除韩国和新加坡之外,巴西和俄罗斯等资源大国也在积极培育自己的海洋工程装备建造企业,并将成为世界海洋工程装备新的竞争者。尤其是巴西石油公司已在巴西沿海投入巨资加快几家船厂的能力建设,并提出在本国海域进行油气勘探开发的装备由本国企业建造的思路。俄罗斯则通过本国能源公司的系列订单,以实现本国造船工业发展的现代化等。

4.3　我国海洋石油装备发展现状

我国海洋石油装备业起源于 20 世纪 70 年代初期,虽然经过几十年的发展,但截至目前,海上油气勘探开发仍集中在大陆架区块,深水领域可以说还没有涉足,不仅海上原

油天然气发现率低(我国石油和天然气的发现率分别为12.3%和10.9%,世界平均探明数量已高达73.0%和60.9%),而且拥有的钻井平台数量也非常有限。从国内当前的造船业情况来看,当前我国还没有一家真正意义上的专业海洋钻采平台建造企业,所拥有的造船公司均以建造海洋工程运输船舶为主。其中,一些造船公司也先后承担过部分海洋钻采平台的建造任务。从国内海洋石油装备制造企业来说,我国生产陆上石油钻井装备的企业相对较多,但真正涉足海洋,具有生产成套海洋石油钻机、海洋水下生产系统等具有较大影响和规模制造能力的单位相对较少;同时,从目前研制的装备来说,仅限于钻修井模块及其单元部件,不仅研制的数量相对较少,且缺乏系统性好、前展性强的产品。从深层次的海洋石油钻采装备试验手段来说,我国则显得更加贫乏。目前,我国除了具备一些可以满足陆上试验所需的常规压力、拉力等试验条件和设施外,基本上还没有能够适应海洋深水高端领域的基础试验条件,如水下测试设备、监控设备、疲劳试验及振动测试分析设备等。总之,与发达国家相比,我国当前的不足和差距归纳起来主要体现在以下5个方面。

(1)国家应该承担的风险意识和宏观政策扶持力度不够,往往造成企业过多的担心和顾虑,并使企业承担的风险和投入过大。

(2)专业化的研制机构和制造体系没有形成,海洋装备开发研究制造机构比较分散,且业务重叠现象严重,总体合力不够。

(3)海洋高端装备技术的创新能力不足,从宏观上来说,无论投入的人力、物力和财力都明显不足。

(4)基础条件和设施非常薄弱,缺乏必要的生产制造能力和试验方法。

(5)产、学、研、用之间的团队意识及合作理念不强,各自为政,导致新技术和新装备得不到良好的推广应用等。

5 结论

(1)美国、英国、挪威、法国等欧美国家及日本、韩国为领先国家,掌握核心技术,长期垄断着世界油气勘探开发装备的设计、开发、工程承包及关键配套件的生产制造。

(2)中国钻井平台设计制造技术及水下生产系统设计制造技术发展缓慢,与世界先进国家的差距很大。2006年之后,差距开始出现缩小的趋势,但至今仍有很大差距。目前,中国在论文数量与专利数量方面分别排名第二和第三位,但论文篇均被引频次和PCT专利却居美、韩、英、日、法、挪威之后,较为滞后。

(3)美国为钻井平台设计制造技术及水下生产系统设计制造技术的起源国家,代表人物为美国加利福尼亚大学洛斯·阿拉莫斯国家实验室 C. W. Hirt 教授。

(4)钻井平台设计制造技术及水下生产系统设计制造技术创新资源主要集中在挪威科技大学、巴西圣保罗大学、美国德州 A&M 大学、美国路易斯安那州立大学,及韩国三星重工业有限公司、韩国大宇造船海洋工程有限公司、荷兰壳牌石油公司、美国哈里伯顿能源服务集团、荷兰伊特雷科公司等机构。国内的创新资源主要集中在中国石油大学等。

综上所述，目前领先国家为美国。如果美国技术水平为100分的话，中国技术水平为52.1分，与国际领先水平差距很大。2006年之后，差距开始出现缩小的趋势。

第十三章　深水工程建设与关键工程装备技术

1　技术概述

海洋油气领域的深水工程装备主要包括深海钻采平台及辅助装备、物探装备、水下工程装备、深海运载与作业装备、超大型海洋浮式结构物等。其中，深海钻采平台及辅助装备是主体，包括各类浮式钻井平台、生产平台、浮式生产储卸油船、钻井船及各类辅助船等。深水工程建设与关键工程装备技术技术分解如表 13-1 所示。

表 13-1　深水工程建设与关键工程装备技术技术分解表

	一级分类	二级分类	三级分类
深水工程建设与关键工程装备技术	深海钻采平台及辅助装备技术	半潜式平台技术	
		张力腿平台技术	传统型张力腿平台
			迷你式张力腿平台
			延伸式张力腿平台
		单柱式平台技术	
		浮式生产储卸油船技术	浮式液化天然气生产储卸船
			浮式液化石油气生产储卸船
			浮式生产钻井系统
		钻井船技术	
	水下石油工程装备及深潜技术	水下工程装备	钻井隔水管系统
			井口井控设备
			采油树
			水下管汇系统
			水下基盘
			控制系统
			增压系统及水下处理系统

	一级分类	二级分类	三级分类
深水工程建设与 关键工程装备技术	深潜器与 深海空间站	缆控潜器 ROV	
		自制式无人潜器 AUV	
		载人深潜器 HOV	
		深海载人空间站	

2　论文产出分析

基于汤姆森透科技基团的 Web of Science 科学引文索引扩展版 SCIE 论文数据库（1994～2014 年），截止时间至 2014 年 11 月，采用专家辅助、主题词检索的方式共检索论文 6 713 篇。

2.1　主要国家、机构与作者

表 13-2 给出了主要国家论文产出情况简表。由表 13-2 可见，美国有相关论文 1 460 篇，居世界首位，篇均被引频次为 10.5 次，仅次于英国和德国。中国相关论文共 780 篇，排名世界第二，篇均被引频次为 2.5 次；相较于其他国家而言，篇均被引频次较低。英国、德国和加拿大等国也发表了相当数量的论文，而且英国与德国的论文保持了较高的篇均被引频次。

表 13-2　深水工程建设与关键工程装备技术主要国家论文产出情况简表

国家	论文数量世界 排名（位）	论文数量（篇）	论文数量占世界 的比重（%）	篇均被引频次 （次）	被引次数占世界 的比重（%）
美国	1	1460	21.7	10.5	34.9
中国	2	780	11.6	2.5	4.5
英国	3	448	6.7	11.7	11.9
德国	4	359	5.3	13.0	10.7
加拿大	5	302	4.5	10.5	7.2

根据论文产出情况，针对主要机构和主要科学家，给出了创新资源分布情况。表 13-3 为论文数量世界排名前 5 位的主要机构列表，分别为中国上海交通大学、美国得克萨斯 A&M 大学、挪威科技大学、美国奥本大学以及澳大利亚西澳大学。中国上海交通大学对深水工程建设与关键工程装备技术的研究较为集中，但值得注意的是其论文的篇均被引频次较低，仅为 0.8 次。美国奥本大学的篇均被引频次为 10.3 次，处于相对领先的地位。

表 13-4 给出了论文数量排名前 3 位的主要科学家论文产出情况简表。

表 13-3　深水工程建设与关键工程装备技术主要机构论文产生情况简表

主要机构	论文数量世界排名	论文数量(篇)	论文数量占世界的比重(%)	篇均被引频次(次)
中国上海交通大学	1	66	1.0	0.8
美国得克萨斯 A&M 大学	2	31	0.5	5.7
挪威科技大学	3	28	0.4	4.3
美国奥本大学	4	25	0.4	10.3
澳大利亚西澳大学	5	25	0.4	4.4

表 13-4　深水工程建设与关键工程装备技术主要科学家论文产出情况简表

主要科学家	论文数量世界排名	论文数量(篇)	论文数量占世界的比重(%)	篇均被引频次(次)
杨建民	1	47	0.7	1.1
T. Moan	2	39	0.6	2.8
胡志强	3	36	0.5	2.2

2.2　发文趋势

如图 13-1 所示,近年来深水工程建设与关键工程装备技术论文发表总体呈增长趋势,分别在 2001 年和 2006 年出现两次快速增长,2007 年以来年均发文量在 500 篇以上。从中国和美国历年论文发表数量看,美国发文量保持平稳增长,在 2008 年以来保持年均 120 篇以上。中国在 2005 年以来,发文量快速增长,并于 2012 年超过美国。

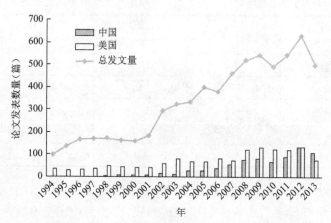

图 13-1　深水工程建设与关键工程装备技术论文发表趋势

2.3　研究起源

图 13-2 为深水工程建设与关键工程装备技术高被引论文发展趋势。圆圈的大小代表被引用次数。其中,对被引频次大于 40 的论文进行了标引。由图 13-2 可以看出,D. S. Duvall(1974)发表的论文是最早的一篇高被引论文,被引频次高达 97 次。随

后是 I. Tuahpoku（1988）的论文，被引次数达到了 83 次。近年来，Zhou Y.（1995）和 W. F. Gale（2004）的论文被引次数也很高，分别为 54 次和 46 次。

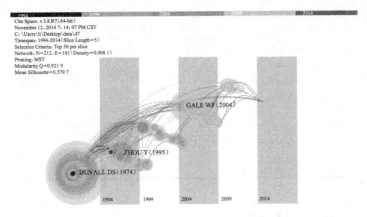

图 13-2　深水工程建设与关键工程装备技术高被引论文发展趋势

2.4　研究热点

借助 CiteSpace 软件，对论文的总体趋势进行了分析。图 13-3 为深水工程建设与关键工程装备技术研究热点时间轴分布。时间的分布选择为 1994～2014 年，每 5 年设置一个时间段；研究热点是每个时间段出现频次排名前 50 位最高的词组。图 13-3 中，方块的大小代表被引用次数，右侧文字为经聚类分析结果。从图 13-3 可以看出，近期活跃的研究热点为聚类 #8 深水工程关键工程装备接合技术。

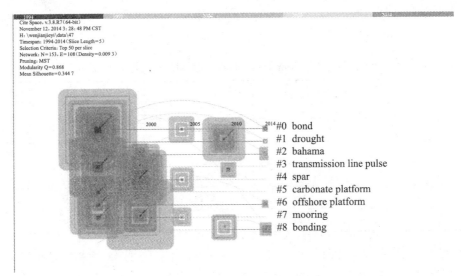

图 13-3　深水工程建设与关键工程装备技术研发热点时间轴分布

表 13-5 给出了高被引论文简表，论文被引次数都在 100 次以上。

表 13-5　深水工程建设与关键工程装备技术高引论文简表

作者	题目	来源	机构	被引次数
陈震武	*The Stability of an Oceanic Structure with T-S Fuzzy Models*	*Mathematics and Computers in Simulation*, 2009, 80（2）	中国台湾树德科技大学	59
E. Sandvol、D. Seber、A. Calvert 等	*Grid Search Modeling of Receiver Functions: Implications for Crustal Structure in the Middle East and North Africa*	*Journal of Geophysical Research: Solid Earth*, 1998, 103（1311）	美国康奈尔大学	58
陈震武、沈建文、陈震远等	*Stability Analysis of an Oceanic Structure Using the Lyapunov Method*	*Engineering Computations*, 2010, 27（2）	中国台湾树德科技大学、中国台湾中央大学、中国台湾屏东教育大学等	56

3　专利产出分析

基于 Thomson Innovation（TI）数据库，截止时间至 2014 年 7 月，采用专家辅助、主题词检索的方式共检索同族专利 4 279 项。专利分析主要采用专利族数量统计以及 PCT 专利数量统计。其中，PCT 专利是指《专利合作条约》（*Patent Cooperation Treaty*）的英文缩写，是有关专利的国际条约。

3.1　主要国家、机构与发明人

表 13-6 给出了主要国家专利产出情况简表。由表 13-6 可见，美国专利数量排世界首位，且占世界专利总数的 34.1%，PCT 专利数为 387 项。韩国、中国、日本与英国分别排名为第二、三、四、五位。其中，英国 PCT 专利数 65 项，占世界的比重为 8.8%。

表 13-6　深水工程建设与关键工程设备技术专利优先权国专利产出情况对比

优先权国	专利数量世界排名	专利族数量（项）	专利数量占世界比重（%）	PCT 专利数量（项）	PCT 专利数量占世界比重（%）
美国	1	1 461	34.1	387	52.2
韩国	2	585	13.7	15	2.0
中国	3	547	12.8	10	1.3
日本	4	347	8.1	17	2.3
英国	5	271	6.3	65	8.8

表 13-7 给出了主要机构专利族数量、专利布局、主要发明人、专利申请持续时间以及近 3 年来专利申请所占比重。由表 13-7 可见，专利数量排名前 3 位的机构均为韩国公司。其中韩国现代重工业有限公司拥有相关专利 201 项，排名第一位，并且其研究热度一直持续至今。排名第二位的公司是韩国大宇造船和海洋工程公司，该公司拥有相关专利 181 项，并申请了 PCT 专利，研究热度持续至今。排名第三位的是韩国三星重工业有限公司，拥有相关专利 142 项，并且也申请了 PCT 专利，研究热度从 2000 年持续至今。

表 13-7　深水工程建设与关键工程设备技术主要机构专利产出情况

主要机构	专利数量世界排名	专利族数量（项）	专利布局	主要发明人	专利申请持续时间	近三年申请专利占比
韩国现代重工业有限公司	1	201	韩国（200）	Lee Hyun Man（22） Ann You Won（10） Kim Jin Ho（10） Lee Kang Hoon（10）	2002～2014 年	95%
韩国大宇造船和海洋工程公司	2	181	韩国（181） PCT 专利（8）	Cho Sung Kyun（18） Lee Dae Ho（11） Kim Yong Soo（10）	2009～2014 年	86%
韩国三星重工业有限公司	3	142	韩国（142） PCT 专利（4）	Kim Byung Woo（8） Seo Jong Soo（7） Son Hye Jong（7） Lee Dong Yeon（7）	2000～2014 年	75%

3.2　技术发展趋势分析

图 13-4 给出了深水工程建设与关键工程装备技术专利申请态势。从图 13-9 可以看出，深水工程建设与关键工程装备技术专利申请量在经过近 30 年的缓慢增长后，在 1970 年之后出现了两次大的波峰，并在 2008 年以来呈现出指数级快速增长态势。中国在深水工程建设与关键工程装备技术领域的专利申请在 1986 年出现，2000 年以后稳定增长，2012 年申请数量超过美国。

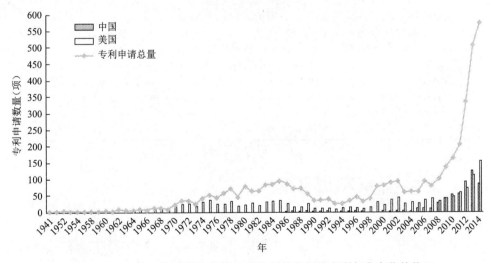

图 13-4　深水工程建设与关键工程装备技术相关专利年度变化趋势

3.3　重要专利

依据 Innography 专利系统中的专利强度指标，选择专利强度较高的专利作为重要专利，详见表 13-8。其中，专利强度指标参考了 10 余个与专利价值相关的指标，包括专利权利要求数量、引用先前技术文献数量、专利被引用次数、专利及专利申请案的家族、专利申请时程、专利年龄、专利诉讼等。

表 13-8 深水工程建设与关键工程装备技术部分重要专利详细信息

公开号 US8826977B2	
专利基本信息	标题：*Remediation of Relative Permeability Blocking Using Electro-Osmosis* 公开（公告）日：2011-02-24 申请号：US2010857091A 申请日：2010-08-16 申请人：美国贝克休斯公司 发明（设计）人：David C. Herrick 摘要：A bottomhole assembly is provided with a cathode. The cathode produces a static field in the earth formation and by the electroosmotic effect, inhibits the invasion of the formation by borehole fluids and reduces formation damage. The cathode also results in improved estimates of formation permeability using flow tests. A cathode on a wireline string may be used to reduce water saturation in an invaded zone near a borehole. 权利要求数：14
公开号 US8342249B2	
专利基本信息	标题：*Offshore Drilling System* 公开（公告）号：CN103619700A 公开（公告）日：2011. 01. 27 申请号：US2010840658A 申请日：2010. 07. 21 申请人：英国石油公司北美分公司 发明（设计）人：Michael L. Payne 摘要：According to one or more aspects of the invention, a method for drilling an offshore wellbore into a seabed from a platform positioned proximate to the water surface comprises making-up a first tubular string with a first conveyance assembly and running the first tubular string into the wellbore with the first conveyance assembly, wherein the first tubular string enters the wellbore from the water column at an entry position proximate to the seabed; performing a wellbore task with the first tubular string; while the wellbore task is being performed with the first tubular string, making-up a second tubular string in the water column from a second conveyance assembly; withdrawing the first tubular string from the wellbore with the first conveyance assembly once the wellbore task is completed; and running the second tubular string with the second conveyance assembly into the wellbore at the entry point from the water column. 权利要求数：24

4 主要国家发展阶段

近 20 年来,世界范围的深水油气田勘探开发成果层出不穷,深水油气田的开发规模和水深不断增加,目前已经形成了以墨西哥湾、巴西、西非为主的世界深水油气勘探开发的金三角。在深水工程建设与关键工程装备技术方面,美国、西欧以及巴西等走在世界前列。

4.1 美国

2000 年以来,美国与加拿大联合开展了深海油气勘探开发的"海王星"研究计划,以研发、建造深水、超深水高技术平台装备为核心。超深水浮式平台半潜技术、SPAR 等技术基本成熟,深水浮式半潜平台也基本成熟,深吃水半潜平台已经完成设计但尚未应

用。目前,FDPSO 和 FLNG 已经成为研究的新热点。

4.2 西欧

欧洲英国、德国等国家联合开展了深海油气勘探开发的"海神计划",深水钻井装备和钻完井工艺技术是发展的重点,致力于开发建设深水地球物理勘探、钻探、开发和工程建设、生产、存储、运输这一深海资源开发的装备体系。

4.3 巴西

巴西开展了 PROCAP1000、PROCAP2000 以及 PROCAP3000 等一系列深海油气勘探开发的重大研究计划,已经实现了 2 000 m 深海技术的突破,研制出深海平台和深海水下生产设施,同时带动了一批深海油气田勘探与工业开采,目前致力于实现3 000 m 深海勘探的技术研究。

5 结论

(1)美国、英国、加拿大、日本等为深水工程建设与关键工程装备技术的领先国家,掌握核心技术,并开展了一系列国家计划进一步发展深海油气勘探,如美国"海王星"计划,西欧"海神"计划等。

(2)中国深水工程建设与关键工程装备技术起步较晚,与发达国家差距较大。目前,中国在论文数量与专利数量方面排名均位于世界前三,但是在 PCT 专利和篇均被引频次方面,较为滞后。

(3)深水工程建设与关键工程装备技术创新资源主要集中在中国上海交通大学、美国得克萨斯 A&M 大学、美国奥本大学、挪威科技大学以及澳大利亚西澳大学。国内的创新资源除了集中在高校和研究所外,中石化、中石油、中海油等石油公司也为创新骨干单位。

综上所述,目前领先国家为美国。如果美国技术水平为 100 分的话,中国技术水平为 24.5 分,与国际领先水平差距较大。但中国技术水平在稳步提高的过程中,计划在10 年内达到国外 20 世纪末的水平。

第十四章　海洋油气开发钻完井工程安全评价保障与救援技术

1　技术概述

海洋油气开发是我国未来能源发展战略的重点。由于海上作业环境、地层特点及海洋装备与陆地作业有很大差异,海洋油气开发具有高风险、高投入、高回报的特点。目前,国外在海洋油气开发钻完井工程风险识别、安全评价、井喷应急等方面,经过多年的发展已形成一系列的软硬件条件,成长一批专业的研究机构和公司,而我国的技术水平处于起步阶段。因此,需要从深水油气风险管理与控制、深水油气装备作业安全评估、深水油气钻完井作业应急保障等方面开展海洋油气开发钻完井工程安全评价保障与救援技术研究,并加快与之配套的外延应用技术研究,为我国深水油气勘探开发提供安全保障。海洋油气开发钻完井工程安全评价保障与救援技术技术分解如表 14-1 所示。

表 14-1　海洋油气开发钻完井工程安全评价保障与救援技术技术分解表

一级技术	二级技术	三级技术	四级技术
深水油气风险管理与控制	钻井作业风险分析		
	深水表层钻井风险评估	浅层地质灾害	浅层气
			浅水流
			天然气水合物
		表层钻井作业风险	
	井喷燃爆风险评估		
深水油气装备作业安全评估	海洋平台结构	导管架平台	
		半潜式平台	
		海洋钻机	

一级技术	二级技术	三级技术	四级技术
深水油气装备作业安全评估	深水油气管柱	钻井隔水管	深水钻井作业窗口
			防回弹控制技术
			脱离预警界限分析
		采油立管	
		测试管柱	深水测试作业窗口
			剪切闸板能力评估
	防喷器系统		
深水油气钻完井作业应急保障	台风应急	平台避台策略	
		隔水管断裂／触底事故	
		近水面脱离防台装置	
	深水井喷	井喷应急控制	
		溢油应急控制	
		应急风险	

2　论文产出分析

基于汤姆森路透科技集团的 Web of Science 科学引文索引扩展版 SCIE 论文数据库（1994～2014 年），截止时间至 2014 年 7 月，采用专家辅助、主题词检索的方式共检索论文351 篇。

2.1　主要国家、机构与科学家

表 14-2 给出了主要国家论文产出情况简表。由表 14-2 可见，美国相关论文 97 篇，排名世界第一位；篇均被引频次为 10.77 次，低于德国，但是比列出的其他国家都高。中国相关论文 61 篇，排名第二位；篇均被引频次为 2.78 次，排名第六位。美国和中国两国的论文总数占据世界论文总数的 45％，接近一半，是主要的论文发表国。欧洲国家德国、挪威和北美洲的加拿大等国也发表了相当数量的论文，且保持了较高的篇均被引频次。

表 14-2　海洋油气开发钻完井工程安全评价保障与救援技术主要国家论文产出情况简表

国家	排名（位）	论文数量（篇）	论文数量占世界的比重（％）	篇均被引频次（次）	被引次数占世界的比重（％）
美国	1	97	27.6	10.77	42.32
中国	2	61	17.4	2.78	6.89
德国	4	30	8.5	17.33	21.06
挪威	5	20	5.7	4.4	3.56
加拿大	6	18	5.1	9.5	6.93

根据论文产出情况，针对主要机构和主要科学家，给出了创新资源分布情况。表 14-3

为论文数量世界排名前5位的主要机构列表,分别为中国石油大学、美国国家海洋和大气管理局、加拿大纽芬兰纪念大学、美国地质调查局以及美国路易斯安那州立大学。美国对该项技术的研究机构比较多,研究比较集中。而中国整体的研究还处于弱势。中国石油大学的论文数量虽然处于领先地位,但是篇均被引频次小于1,远远低于美国和加拿大的研究机构。

表 14-3　海洋油气开发钻完井工程安全评价保障与救援技术主要机构论文产出情况简表

主要机构	论文数量世界排名	论文数量	论文数量占世界的比重(%)	篇均被引频次
中国石油大学	1	25	7.12	0.56
美国国家海洋和大气管理局	2	9	2.56	7.89
加拿大纽芬兰纪念大学	3	8	2.28	7.75
美国地质调查局	4	8	2.28	12.75
美国路易斯安那州立大学	5	7	1.99	11.719

表 14-4 给出了论文数量排名前3位的主要科学家论文产出情况简表。蔡宝平、刘永红、田小杰三个人现在都在中国石油大学(华东)任教,该技术论文数量排名前3的科学家都来自中国。

表 14-4　海洋油气开发钻完井工程安全评价保障与救援技术主要科学家论文产出情况简表

主要科学家	论文数量世界排名	论文数量	论文数量占世界比重(%)	篇均被引频次
蔡宝平	1	12	3.42	1.17
刘永红	2	12	3.42	1.17
田小杰	3	10	2.85	1.4

2.2　发文趋势

为进一步分析中国与美国论文产出情况的对比,图 14-1 给出了中国与美国论文数量(篇)年度累计变化对比。从总体情况及趋势上看,海洋油气开发钻完井工程安全评价保障与救援技术仍处在发展期。中国的论文总数一直低于美国,并且一直处于追赶的趋势。

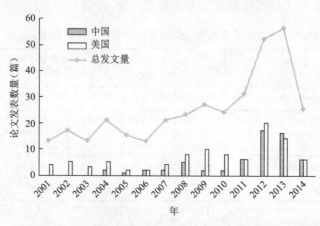

图 14-1　海洋油气开发钻完井工程安全评价保障与救援技术论文发表趋势

2.3 研究起源

图 14-2 为海洋油气开发钻完井工程安全评价保障与救援技术高被引论文引用时间轴。圆圈的大小代表被引用次数；其中，对被引频次大于 30 的论文进行了标引。由图14-2 可以看出，J. Ainamo（1975）发表的论文是最早的一篇高被引论文。J. Ainamo 工作的芬兰赫尔辛基大学认为该项技术起源于芬兰。

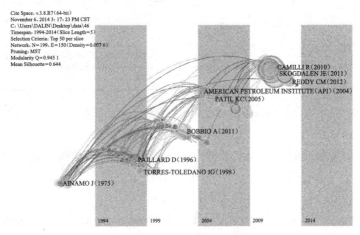

图 14-2 海洋油气开发钻完井工程安全评价保障与救援技术高被引论文引用时间轴

2.4 重要论文

表 14-5 给出了高被引论文简表，论文被引次数都在 100 次以上。

表 14-5 海洋油气开发钻完井工程安全评价保障与救援技术重要论文简表

作者	题目	来源	机构	被引次数
R. Camilli、C. M. Reddy、D. R. Yoerger 等	*Tacking Hydrocarbon Plume Transport and Biodegradation at Deepwater Horizon*	*Science*, 2010, 330（6001）	美国伍兹霍尔海洋研究所、澳大利亚悉尼大学	155
A. D. Trim、H. Braaten、H. Lie 等	*Experimental Investigation of Vortex-Induced Vibration of Long Marine Risers*	*Journal of Fluids and Structures*, 2005, 21（3）	英国石油勘探作业公司、挪威海洋研究所、美国埃森克美孚上浮研究公司	98

3 专利产出情况

基于 Thomson Innovation（TI）数据库，截止时间至 2014 年 7 月，采用专家辅助、主题词检索的方式共检索同族专利 147 项。专利分析主要采用专利族数量统计以及 PCT 专利数量统计。其中，PCT 专利是指《专利合作条约》（*Patent Cooperation Treaty*）的英文缩写，是有关专利的国际条约。

3.1 主要国家、机构与发明人

表 14-6 给出了主要国家专利产出情况简表。由表 14-6 可见，美国专利数量排名第一位，且占世界专利总数的 44.29％，PCT 专利数为 477。中国的专利数量排名第二，

PCT专利数13。韩国、前苏联、英国的专利数量分别排名第三、四、五位,专利数量占世界的比重比较小。

表 14-6　海洋油气开发钻完井工程安全评价保障与救援技术优先权国家专利产出情况简表

优先权国	专利世界排名	专利族数量(项)	专利数量占世界比重(%)	PCT专利数量	PCT专利数量占世界比重(%)
美国	1		44.29	477	71.73
中国	2		34.01	13	1.95
韩国	3		3.98	7	1.05
前苏联	4		3.88	0	0
英国	5		2.58	40	6.02

表 14-7 给出了主要机构专利族数量、专利布局、主要发明人、专利申请持续时间以及近3年来专利申请所占比重。由表 14-7 可见,西德里公司相关专利181项,排名第一位,申请专利较早,并且近3年来仍保持了研究的热度,持续申请专利。排名第二位的卡梅伦国际有限公司申请专利也较早。国民井油华高公司是这三家公司里近三年申请专利比例较大的公司。

表 14-7　海洋油气开发钻完井工程安全评价保障与救援技术主要机构专利产出情况简表

主要机构	专利数量世界排名	专利族数量(项)	专利布局	主要发明人	专利申请持续时间	近三年申请专利所占比例(%)
美国海德里公司	1	181	美国(173) 英国(6)	William Lyle Carbaugh(12) Robert Arnold Judge(12) Ryan Gustafson(11) Fernando Murman(11)	1970～ 2014年	18
卡梅伦国际有限公司	2	119	美国(93) 欧洲(9) PCT专利(8)	Klaus Biester(11) Melvyn F. Whitby(11) Johnnie E. Kotrla(10)	1984～ 2014年	32
国民井油华高公司	3	89	美国(84) PCT专利(3)	Frank Benjamin Springett(18) Eric Trevor Ensley(12) James D. Brugman(8)	1983～ 2014年	36

3.2　技术发展趋势分析

图 14-3 给出了专利年度变化趋势。从图 14-3 可以看出,总体呈现增长趋势,但在2013年出现了数量的回落。中国在 2006 年之前申请相关专利数量不多,之后出现快速增长,并一直超过美国。

3.3　重要专利

依据 Innography 专利系统中的专利强度指标,选择专利强度较高的专利作为重要专利,详见表 14-8。其中,专利强度指标参考了 10 余个与专利价值相关的指标,包括专利权利要求数量、引用先前技术文献数量、专利被引用次数、专利及专利申请案的家族、专利申请时程、专利年龄、专利诉讼等。

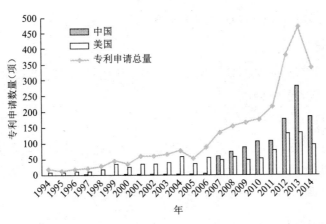

图 14-3　海洋油气开发钻完井工程安全评价保障与救援技术专利申请量变化趋势

表 14-8　海洋油气开发钻完井工程安全评价保障与救援技术部分重要专利详细信息

公开号：US20130175045A1	
基本信息	标题：*In-Riser Hydraulic Power Recharging* 公开（公告）日：2013-07-11（A1） 申请号：US13724372A 申请日：2012-12-21 申请人：美国斯伦贝谢科技有限公司 发明（设计）人：G. Rytlewski、K. W. Flight、J. Yarnold 摘要：A method for pressurizing a hydraulic accumulator includes creating an annulus pressure zone in hydraulic communication with the hydraulic accumulator through a hydraulic recharging circuit and applying a hydraulic pressure to the annulus pressure zone. Operating the hydraulic recharging circuit in response to applying the hydraulic pressure and pressurizing the hydraulic accumulator in response to operating the hydraulic recharging circuit. 权利要求数：20
公开号：WO2012142274A2	
基本信息	标题：*Systems and Methods for Capping a Subsea Well* 公开（公告）日：2012-10-18（A2） 申请号：WO2012US33305A 申请日：2012-04-12 申请人：英国石油勘探作业公司 发明（设计）人：P. E. Anderson、W. C. Breidenthal、M. T. Brown 摘要：A method for capping a subsea wellbore comprises（a）Identifying a subsea landing site on the BOP or LMRP for connection of a capping stack. In addition, the method comprises（b）Preparing the subsea landing site for connection of the capping stack. Further, the method comprises（c）Installing a capping stack on to the subsea landing site. Still further, the method comprises（d）Shutting in the wellbore with the capping stack after（c）. 权利要求数：38

4　主要国家发展阶段

4.1　挪威

挪威科学技术协会、挪威工业研究基金会和挪威船级社（DNV）分别开发出一系列

的风险评估软件：FATHS、USFOS、SAFETI 等。

4.2 英国

英国石油公司在墨西哥湾井喷控制过程中使用的控制井喷的设备有控油罩、LMRP盖帽、吸油管、ROV、简易防喷器等。

4.3 美国

斯伦贝谢公司 EKD、FLAG 系统，威德福国际有限公司溢流监测系统、贝克休斯公司 PressTEQ 工具等，形成多套工程应急技术：封盖灭火技术、带压开孔作业技术、水力清障切割、救援井技术；研制出多套水下应急救援封井装置和系统。

5 结论

（1）海洋油气开发钻完井安全评价保障与救援技术主要集中在发达国家，如挪威、英国、美国、法国等国家。这些国家已经在生产中进行技术的应用，并且取得了一定的成效。

（2）中国对该项技术的研究比较晚，但是近些年来发展较快，论文数量和专利数量都位居世界第二位。同时，具有一定数量的 PCT 专利，正在逐渐缩小与发达国家之间的差距。

（3）海洋油气开发钻完井安全评价保障与救援技术的起源国家在芬兰，主要代表人物是 J. Ainamo。

（4）该项技术的研究机构国外主要是在美国的国家海洋和大气管理局、美国地质调查局和美国路易斯安那州立大学，中国主要是中国石油大学在研究。此外，还有加拿大纽芬兰纪念大学也在研究。

第十五章　大洋海底地球化学探矿技术与装备

1　技术概述

海洋地球化学探矿简称"海洋化探"，是系统地测量海中天然物质（海水、海底沉积物、海底岩石等）的地球化学性质以发现与矿化有关的地球化学异常进行找矿的技术方法。海洋化探的工作方法同陆地化探类似，包括海底区域资料的研究、填图、海下电视或照相、采样、分析及解释评价等。海洋化探的采样比陆地化探困难得多。为了解海底深部情况，单采海底表层沉积物和表层岩石是不够的，还需穿透若干米采集深部样品。这些都需要在深水潜艇上装置专门的采样机。实验室大多安装在船上。使用的方法有比色、原子吸收光谱、直续式发射光谱等。技术分解情况见表 15-1。

表 15-1　大洋海底地球化学探矿技术与装备技术分解表

	一级分类	二级分类
大洋海底地球化学探矿技术与装备	大洋海底地球化学探矿技术	比色
		原子吸收光谱
		直续式发射光谱
		地电化学
	大洋海底地球化学探矿装备	深海摄像拖曳系统
		水下自制机器人（AUV）
		水下遥控机器人（ROV）

2　论文产出分析

基于汤姆森路透科技集团的 Web of Science 科学引文索引扩展版 SCIE 论文数据库（1994～2014 年），截止时间至 2014 年 7 月，采用专家辅助、主题词检索的方式共检索论文 1263 篇。

2.1　主要国家、机构与作者

表 15-2 给出了主要国家论文产出情况简表。全球排名前 6 位的国家是美国、英国、

德国、加拿大、法国、中国。其中,美国相关论文 466 篇,篇均被引频次为 27 次,均排名第一位。中国相关论文 93 篇,排名世界第六位,篇均被引频次为 10.2 次,低于美国、英国、德国、加拿大以及法国。

表 15-2　主要国家论文产出情况简表

国家	论文数量世界排名(位)	论文数量(篇)	论文数量占世界的比重(%)	论文总被引次数	篇均被引频次(次)	被引次数占世界的比重(%)
美国	1	466	36.9	12 559	27.0	50.5
英国	2	176	13.9	3 629	20.6	14.6
德国	3	172	13.6	3 608	21.0	14.5
加拿大	4	161	12.7	2 872	17.8	11.6
法国	5	128	10.1	2 242	17.5	9.0
中国	6	93	7.4	953	10.2	3.8

根据论文产出情况,针对主要机构和主要科学家,给出了创新资源分布情况。表 15-3 为论文数量世界排名前 6 位的主要机构列表,主要来自美国和加拿大。美国机构主要是美国地质调查局、美国加利福尼亚大学圣迭戈分校、美国密歇根大学、美国麻省理工学院地球行星大气科学系;加拿大机构主要是加拿大地质调查局、加拿大英属哥伦比亚大学地球海洋科学系。

表 15-3　主要机构论文产出情况简表

主要机构	论文数量世界排名	论文数量(篇)	论文数量占世界的比重(%)	总被引频次(次)	篇均被引频次(次)
美国地质调查局	1	33	2.6	533	16.2
美国加利福尼亚大学圣迭戈分校	2	29	2.3	801	27.6
美国密歇根大学	3	24	1.9	951	39.6
加拿大地质调查局	4	18	1.4	329	18.3
美国麻省理工学院地球行星大气科学系	5	18	1.4	650	36.1
加拿大英属哥伦比亚大学地球和海洋科学系	6	17	1.3	171	10.1

表 15-4 给出了论文数量排名前 3 位的主要科学家论文产出情况简表。D. Weis 和 F. A. Frey 均来自美国麻省理工学院地球行星大气科学系,P. A. Meyers 工作于美国密歇根大学大气和海洋科学系。

2.2　发文趋势

图 15-1 给出了大洋海底地球化学探矿技术与装备论文发表趋势图。总发文量整体呈增长态势,2008 年和 2013 年的总发文量最多,均达 80 篇。美国和中国的海洋化探技术仍处在发展期,美国各年度的发文量明显多于我国。我国在该技术领域的研究起步较晚,自 1998 年起开始有相关论文的发表,每年度的论文发表量还较少,仅 2011 年和 2013 年的发文量超过了 10 篇,2011 年发文 12 篇,2013 年发文 15 篇。

表 15-4　主要科学家论文产出情况简表

主要科学家	论文数量世界排名	论文数量（篇）	论文数量占世界的比重（%）	总被引频次（次）	篇均被引频次（次）	所在机构
D. Weis	1	22	1.7	471	21.4	美国麻省理工学院地球行星大气科学系
F. A. Frey	3	19	1.5	1039	54.7	美国麻省理工学院地球行星大气科学系
P. A. Meyers	4	16	1.3	164	10.3	美国密歇根大学大气和海洋科学系

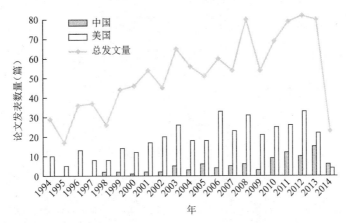

图 15-1　大洋海底地球化学探矿技术与装备论文发表趋势

2.3　研究起源

图 15-2 为海洋化探技术高被引论文引用时间轴分布图。圆圈的大小代表被引用次数。其中，对被引频次大于 30 的论文进行了标引。由图 15-2 可以看出，由国际著名地球化学家——孙贤鉥（Shen-Su Sun）于 1989 年发表的论文 *Chemical and Isotopic Systematics of Oceanic Basalts：Implications for Mantle Composition and Processes* 为该技术领域被引次数最高的论文（其被引次数达 89 次），主要是关于地幔化学和同位素体系的研究。孙贤鉥来自澳大利亚国立大学地球科学研究院，据此认为海洋化探技术起源国为澳大利亚。

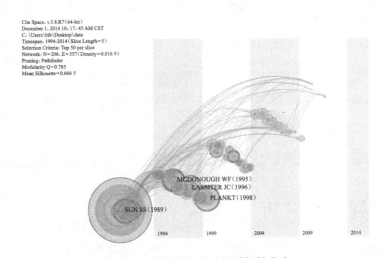

图 15-2　高被引论文引用时间轴分布

2.4 研究热点

图 15-3 为海洋化探技术研究热点时间轴分布图。时间的分布选择为 1994～2014 年,每 5 年设置一个时间段,研究热点是每个时间段出现频次排名前 50 位最高的词组。图 15-3 中,方块的大小代表被引用次数,右侧文字为经聚类分析结果。从图 15-3 可以看出,近期活跃的研究热点为聚类 #0,黑矿;聚类 #2 和 5,煤炭;聚类 #6,优质铁矿石;聚类 #7,湿度单元测试研究。

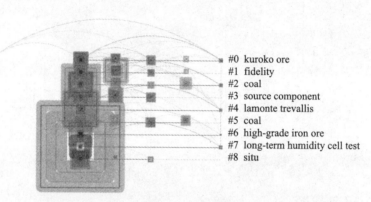

图 15-3 技术研发热点时间轴分布

表 15-5 给出了高被引论文简表,高被引论文主要来自美国和英国的大学。其中,美国堪萨斯大学 Plank T 和 Langmuir CH 于 1998 年发表在 *Chemical Geology* 上的论文 *The chemical composition of subducting sediment and its consequences for the crust and mantle* 被引次数最高,达 1 051 次,主要是关于俯冲带沉积物的化学成分研究。

表 15-5 高被引论文简表

作者	题目	来源	机构	被引次数
T. Plank、C. H. Langmuir	*The Chemical Composition of Subducting Sediment and Its Consequences for the Crust and Mantle*	*Chemical Geology*, 1998,145(3)	美国堪萨斯大学	1 051
F. A. Frey、W. B. Bryan、G. Thompson	*Atlantic Ocean Floor: Geochemistry and Petrology of Basalts From Legs 2 and 3 of Deep-Sea Drilling Project*	*Journal of Geophysical Research*, 1974,79(35)	美国麻省理工学院地球行星大气科学系	450
D. E. Walling、D. Fang	*Recent Trends in the Suspended Sediment Loads of the World's Rivers*	*Global and Planetary Change*,2003,39(1-2)	英国爱克塞特大学	236

3 专利产出分析

基于 Thomson Innovation(TI)数据库,截止时间至 2014 年 7 月,采用专家辅助、主题词检索的方式共检索同族专利 565 项,PCT 专利族 32 项。专利分析主要采用专利族数量统计以及 PCT 专利数量统计。其中,PCT 是指《专利合作条约》(*Patent Cooperation Treaty*)的英文缩写,是有关专利的国际条约。

3.1　主要国家、机构与发明人

表 15-6 给出了主要国家专利产出情况简表。由表 15-6 可见,专利数量较多的是俄罗斯、美国、中国、法国、加拿大和德国。俄罗斯专利数量排名第一位,共 94 项(占世界专利总数的 16.6%),但 PCT 专利数量较少,仅 2 项。美国的专利数量居全球第二位(81 项),但 PCT 专利量位居全球第一,共 18 项,占全球总数的 56.3%。中国的专利量居全球第三位(41 项),PCT 专利 1 项。

表 15-6　优先权国家专利产出情况对比

优先权国	专利数量世界排名	专利族数量（项）	专利数量占世界比重（%）	PCT 专利数量（项）	PCT 专利数量占世界比重（%）
俄罗斯	1	94	16.6	2	6.3
美国	2	81	14.3	18	56.3
中国	3	41	7.3	1	3.1
法国	4	15	2.7	1	3.1
加拿大	5	13	2.3	0	0.0
德国	6	13	2.3	2	6.3

表 15-7 给出了主要机构或个人专利族数量及专利数量占世界比重。可以看出,排位靠前的机构或个人主要来自俄罗斯、美国、加拿大和中国。其中,前 6 位中俄罗斯占 3 家,美国、加拿大和中国各 1 家。这 6 家机构或个人的专利数量相当。

表 15-7　主要机构专利产出情况

主要机构	专利数量世界排名	专利族数量(项)	专利数量占世界比重（%）
加拿大 Barringer Research Limited	1	12	2.1
俄罗斯 V. V. Chernyavets	2	9	1.6
中国石油天然气集团公司	3	9	1.6
俄罗斯 A. E. Vorobev	4	8	1.4
俄罗斯 V. S. Anosov	5	7	1.2
美国斯伦贝谢科技集团	6	6	1.1

3.2　技术发展趋势分析

图 15-4 给出了大洋海底地球化学探矿技术与装备专利申请趋势。由图 15-4 可以看出,该技术领域自 20 世纪 70 年代起即开始出现专利申请,于 1982 年达申请量最高峰,之后专利数量总体呈现下降趋势。从 2000 年至今,呈缓慢增长态势,年申请量在 15 件上下浮动。美国在该技术领域的研究起步早,1970 年即开始申请专利,但此后发展缓慢,各年度的专利申请量不过 10 件。中国起步时间晚,1998 年申请首件专利,此后每年的

申请量与美国相当,年申请量不超过 10 件。

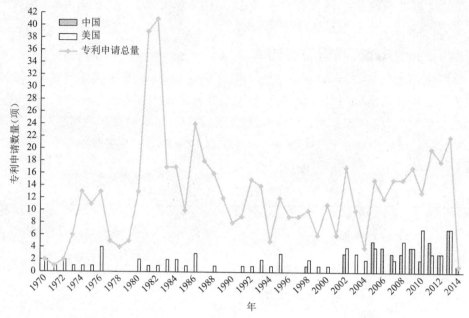

图 15-4 大洋海底地球化学探矿技术与装备专利申请量变化趋势

3.3 重要专利

依据 Innography 专利系统中的专利强度指标,选择专利强度较高的专利作为重要专利,详见表 15-8。其中,专利强度指标参考了 10 余个与专利价值相关的指标,包括专利权利要求数量、引用先前技术文献数量、专利被引用次数、专利及专利申请案的家族、专利申请时程、专利年龄、专利诉讼等。

表 15-8 部分重要专利详细信息

公开号 US6438501（B1）	
专利基本信息	标题：*Flow Through Electrode with Automated Calibration* 申请号：US19980222487 申请日：1998.12.28 公开（公告）号：US6438501（B1） 公开（公告）日：2002.08.20 申请（专利权）人：Battele Memorial Institute 分类号：G01N27/416；(IPC1-7)：G01F1/12；G01F1/50 优先权：US19980222487 19981228 摘 要：The present invention is an improved automated flow through electrode liquid monitoring system. The automated system has a sample inlet to a sample pump, a sample outlet from the sample pump to at least one flow through electrode with a waste port. At least one computer controls the sample pump and records data from the at least one flow through electrode for a liquid sample. The improvement relies upon （a）at least one source of a calibration sample connected to （b）an injection valve connected to said sample outlet and connected to said source, said injection valve further connected to said at least one flow through electrode, wherein said injection valve is controlled by said computer to select between said liquid sample or said calibration sample. Advantages include improved accuracy because of more frequent calibrations, no additional labor for calibration, no need to remove the flow through electrode（s）, and minimal interruption of sampling.

公开号 US20100074053	
专利基本信息	标题：*Methods for Concurrent Generation of Velocity Models and Depth Images from Seismic Data* 申请号：US2009506069A 申请日：2009-07-20 公开（公告）号：US20100074053 公开（公告）日：2010-03-25 申请（专利权）人：Univ Rice William Marsh，（Ricv-C） 分类号：G01V 1/28 优先权：US2008135333P/2008-07-18 摘要：In various embodiments, the present disclosure describes methods for processing seismic data to concurrently produce a velocity model and a depth image. Various embodiments of the methods include：a）acquiring seismic data；b）generating a shallow velocity model from the seismic data；c）generating a stacking velocity model using the shallow velocity model as a guide；d）generating an initial interval velocity model from the stacking velocity model；and e）generating an initial depth image using the initial interval velocity model. The methods also include iterative improvement of the initial depth image and the initial interval velocity model to produce improved depth images and improved interval velocity models. Improvement of the depth images and the interval velocity models is evaluated by using a congruency test.
公开号 US4506542（A）	
专利基本信息	标题：*Apparatus and Procedure for Relative Permeability Measurements* 申请号：US19830487768 申请日：1983.04.22 公开（公告）号：US4506542（A） 公开（公告）日：1985.03.26 申请（专利权）人：Chandler Engineering Company 分类号：G01N15/08；（IPC1-7）：G01N15/08 优先权：US19830487768 19830422 摘要：An apparatus for determining data from which to calculate relative permeability of a porous body to a first fluid and a second fluid comprising a holder that renders all but first and second outer faces of the porous body impermeable to the first and second fluids. First and second capillary barriers respectively cover the first and second outer surfaces of the porous body. The barriers are permeable to the first fluid and impermeable to the second fluid. A first fluid flow system brings the first fluid to the outer surface of the first porous barrier，flows the first fluid under pressure through the first porous barrier，the porous body and the second porous barrier，and carries the first fluid away from the outer surface of the second capillary barrier. A second fluid flow system flows the second fluid under pressure through the porous body and carries the second fluid away from the second outer surface of the porous body. The pressure of the first fluid downstream of the porous body and the flow rate of the first fluid are held constant while the saturation.

4　主要国家发展阶段

海洋地球化学探矿为海洋地质矿产调查过程中最重要的工作内容和技术手段。海域固体矿产的地球化学勘查始于20世纪60年代中期。20世纪70—80年代，地球化学技术已广泛应用于固体矿产的勘查实践中，在滨海砂矿、磷块岩、热液矿床、铁锰结核、铁锰矿床等重要海洋矿产的发现中都起到了十分重要的作用。海域油气地球化学勘查始于50年代末。经过数十年的发展，海洋油气化探技术在样品采集、脱气处理、分析测试、指标选择等方面得到了不断完善，已成为一种较为成熟的油气勘探技术。总体上看，20

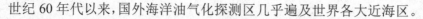

世纪 60 年代以来,国外海洋油气化探测区几乎遍及世界各大近海区。

4.1 美国

美国属于开展油气化探技术研究较早的国家。在 20 世纪 50 年代,美国的一些油气勘探公司即研制出多种类型海水嗅探器装置,如底层水取样器、嗅测仪以及得克萨斯农工大学的嗅测系统等。到 20 世纪 60～70 年代,以油气勘探为目的的海水烃浓度检测活动进入高潮期,几乎每一家较大的美国石油公司都参与到海水烃浓度检测之中。自 20 世纪 60 年代以来,美国一些油气勘探和研究机构,如海湾石油公司、勘探技术公司、得克萨斯 A&M 大学地球化学和环境研究组、国际地球化学服务公司及地球卫星公司等,在海洋油气化探方面做了积极的探索,这些机构在不同海域利用海水溶解烃、海水游离烃、海底沉积物吸附烃及海面油膜、近海面空气等分析介质,研究了海洋环境中烃浓度与地下油气之间的关系。

4.2 中国

我国海洋油气化探研究最早可追溯到 1974 年,当时仅作了少量海底沉积物地球化学研究工作。20 世纪 80～90 年代是我国海上油气化探技术获得快速发展的时期,在东海、南海、黄海、渤海、台湾海峡等区域进行了不同程度的油气地球化学研究工作。国内海洋油气化探的早期实践多通过国内外合作的方式进行。20 世纪 80 年代初,原地质矿产部上海海洋地质调查局与联邦德国地学与矿产资源研究院合作,在东海西部瓯江凹陷进行了海底沉积物吸附烃分布特征及甲烷稳定碳同位素分布特征调查。20 世纪 90 年代初,上海海洋地质调查局又与美国菲利浦石油公司以及原地质矿产部石油化探中心等机构合作,先后在东海西湖凹陷平湖、玉泉、迎翠轩、保俶斜坡等地区开展了油气化探工作。"九五"与"十五"期间,我国海洋油气化探领域取得了一批引人注目的新成果,研制的气态烃检测系统在渤海油田试验成功,并在国土资源部南海北部天然气水合物资源勘查项目中得到成功应用。

5 结论

(1)美国、英国、德国、加拿大、法国等欧美国家为领先国家,掌握核心技术。

(2)中国在部分技术领域获得重大突破,但总体技术水平与美国一直保持较大的差距。在论文数量上排位第六,位于英国、德国、加拿大、法国之下;在专利数量上排位第三,居俄罗斯、美国之后,略高于法国、加拿大和德国。

(3)澳大利亚为大洋海底地球化学探矿技术与装备的起源国家,代表人物为澳大利亚国立大学地球科学研究院孙贤鉥教授。

(4)大洋海底地球化学探矿技术与装备创新资源主要集中在美国、加拿大。美国机构主要是美国地质调查局、美国加利福尼亚大学圣迭戈分校、美国密歇根大学、美国麻省理工学院地球行星大气科学系及美国斯伦贝谢科技集团;加拿大机构主要是加拿大地质调查局、加拿大英属哥伦比亚大学地球海洋科学系、加拿大 Barringer Research Limited。国内的创新资源主要集中在中国石油公司等。

第十六章 海洋矿产探采作业船水面支持系统相关技术与装备

1 技术概述

钻杆升沉补偿系统是保障深海浮式钻井平台正常作业以及提高工作效率和质量必不可少的重要装备之一。目前，常用的钻杆升沉补偿系统从结构上来看，主要有伸缩钻杆式、游车大钩式、天车式、死（快）绳式和绞车式；从能量上来看，主要有被动式、主动式和半自动式。该技术在欧美等发达国家的平台配套当中已相当成熟，但我国由于自身工业基础条件比较薄弱，该技术在我国才刚刚起步。因此，我国应该加速该技术的研究和试验工作，为今后的大生产做好技术准备。具体技术分解见表 16-1。

表 16-1 海洋矿产探采作业船水面支持系统相关技术与装备技术分解表

	一级分类	二级分类	三级分类	四级分类
海洋矿产探采作业船	水面支持系统相关技术与装备	船体		
		海洋钻机		
		矿石处理机		
		管道铺设机		
		升沉补偿系统	隔水管升沉补偿	
			钻杆升沉补偿	游车大钩式
				天车式
				绞车式
			收放绞车升沉补偿	
	水下支持系统相关技术与装备	水下防喷器		
		水下采油树		
		水下施工机器人		
		海底采矿车		
		潜水扬矿电泵		
		水下矿物提升系统		
		海底撬装设备		

2　论文产出分析

基于汤姆森路透科技集团的 Web of Science 科学引文索引扩展版 SCIE 论文数据库（1994～2014 年），截止时间至 2014 年 7 月，采用专家辅助、主题词检索的方式共检索论文 157 篇。

2.1　主要国家、机构与作者

表 16-2 给出了主要国家论文产出情况简表。由表 16-2 可见，美国相关论文 31 篇，排名世界第一位；篇均被引频次为 4 次，低于挪威和德国。中国相关论文 28 篇，排名世界第二位；但是篇均被引频次仅为 0.1 次，低于美国、挪威、德国以及加拿大。挪威和德国也发表了相当数量的论文，且保持了较高的篇均被引频次。其中，挪威以 5.7 次的篇均被引频次居世界首位。

表 16-2　主要国家论文产出情况简表

国家	论文数量世界排名（位）	论文数量（篇）	论文数量占世界的比重（%）	篇均被引频次（次）	被引次数占世界的比重（%）
美国	1	31	19.7	4.0	33.4
中国	2	28	17.8	0.1	1.1
挪威	3	12	7.6	5.7	18.5
德国	4	10	6.4	5.1	13.9
加拿大	5	8	5.1	1.4	3.0

根据论文产出情况，针对主要机构和主要科学家，给出了创新资源分布情况。表 16-3 为论文数量世界排名前 5 位的主要机构列表，分别为中国的哈尔滨工业大学、中南大学、中国科学院，挪威科技大学以及德国斯图加特大学。各机构论文数量较少（5 篇以下）。中国的机构占了 3 席，但在论文被引次数上远低于挪威和德国。

表 16-3　主要机构论文产出情况简表

主要机构	论文数量世界排名	论文数量（篇）	论文数量占世界的比重（%）	篇均被引频次（次）
哈尔滨工业大学	1	4	2.5	0
中南大学	2	3	1.9	0.3
中国科学院	3	3	1.9	0.3
挪威科技大学	4	3	1.9	2.7
德国斯图加特大学	5	3	1.9	5.7

表 16-4 给出了论文数量排名前 3 位的主要科学家论文产出情况简表。I. Q. Masetti 工作于巴西里约热内卢联邦大学，S. Messineo 工作于挪威科技大学，K. Nishimoto 工作于巴西圣保罗大学。

表 16-4 主要科学家论文产出情况简表

主要科学家	论文数量世界排名	论文数量（篇）	论文数量占世界的比重（%）	篇均被引频次（次）
I. Q. Masetti	1	5	3.2	0.4
S. Messineo	2	4	2.5	2.5
K. Nishimoto	3	4	2.5	0

2.2 发文趋势

图 16-1 给出了海洋矿产探采作业船水面支持系统相关技术与装备论文发表趋势图。各年度的发文数量还较少，发文数量较多的年份集中在 2007～2012 年。美国和中国在该技术领域尚处于发展期，发文量均较少，两者数量相近，2011 年前美国的发文量稍多于中国。中国在该技术领域的研究起步晚，但自起步以来发展迅速，2011 年起发文量开始增多。

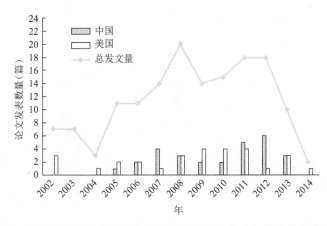

图 16-1 海洋矿产探采作业船水面支持系统相关技术与装备论文发表趋势

2.3 研究起源

图 16-2 为钻杆升沉补偿技术高被引论文引用时间轴分布图。圆圈的大小代表被引用次数。其中，对被引频次大于 10 的论文进行了标引。由图.16-2 可以看出，O. M. Faltinseu（1990）发表的论文是最早的一篇高被引论文，被引次数为 12 次。U. A. Korde（1998）的论文与 B. Molin（2001）的论文是被引频次最高的两篇论文，均被引次数为 14 次。O. M. Faltinsen 工作于英国剑桥大学，据此推测钻杆升沉补偿技术起源于英国。

2.4 研究热点

借助 CiteSpace 软件，对论文的总体趋势进行了分析。图 16-3 为海洋矿产探采作业船水面支持系统相关技术与装备研究热点时间轴分布。时间的分布选择为 1994～2014 年，每 5 年设置一个时间段，研究热点是每个时间段出现频次排名前 50 位最高的词组。图 16-3 中方块的大小代表被引用次数，右侧文字为经聚类分析结果。从图 16-3 可以看出，近期活跃的研究热点为聚类 #0，海上钻杆平台设计研究；聚类 #3，钻杆强制升沉运动研究。

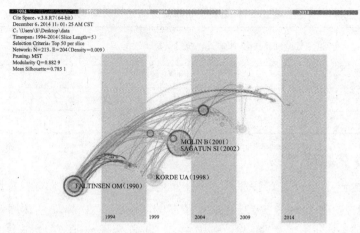

图 16-2　海洋矿产探采作业船水面支持系统相关技术与装备高被引论文引用时间轴分布

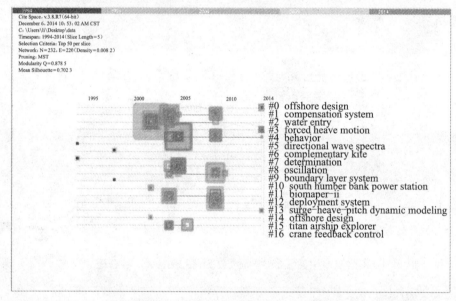

图 16-3　海洋矿产探采作业船水面支持系统相关技术与装备研发热点时间轴分布

表 16-5 给出了高被引论文简表,论文被引次数都在 10 次以上,主要由法国和挪威的研究机构发表。其中,B. Molin 发表的论文 *On the piston and sloshing modes in moonpools* 被引次数最高,达 39 次。

表 16-5　高被引论文简表

作者	题目	来源	机构	被引次数
B. Molin	*On the Piston and Sloshing Modes in Moonpools*	*Journal of Fluid Mechanics*, 2001, 430（1）	法国马赛中央理工大学非平衡状态现象研究所	39
S. I. Sagatun	*Active Control of Underwater Installation*	*IEEE Transactions on Control Systems Technology*, 2002, 10（15）	挪威海德鲁公司勘探与生产研究中心	15

作者	题目	来源	机构	被引次数
T. A. Johansen、 T. I. Fossen、 S. I. Sagatun 等	*Wave Synchronizing Crane Control During Water Entry in Offshore Moonpool Operations-Experimental Results*	*IEEE Journal of Oceanic Engineering*, 2003,28(4)	挪威科技大学、挪威海德鲁公司勘探与生产研究中心	12

3　专利产出分析

基于 Thomson Innovation(TI)数据库,截止时间至 2014 年 12 月,采用专家辅助、主题词检索的方式共检索同族专利 68 项。专利分析主要采用专利族数量统计以及 PCT 专利数量统计,其中 PCT 专利是指《专利合作条约》(*Patent Cooperation Treaty*)的英文缩写,是有关专利的国际条约。

3.1　主要国家、机构与发明人

表 16-6 给出了主要国家专利产出情况简表。由表 16-6 可见,中国专利数量排名世界第一位,且占世界专利总数的 41.2%,PCT 专利数为 0。美国、英国、韩国与挪威分别排名第二、三、四、五位。其中,美国 PCT 数量 3 项,占世界比重的 50%;挪威 PCT 数量 2 项,占世界比重的 33.3%。

表 16-6　海洋矿产探采作业船水面支持系统相关技术与装备专利优先权国专利产出情况对比

优先权国	专利数量世界排名	专利族数量(项)	专利数量占世界比重(%)	PCT 专利数量(项)	PCT 专利数量占世界比重(%)
中国	1	28	41.2	0	0
美国	2	23	33.8	3	50
英国	4	4	5.9	0	0
韩国	3	4	5.9	0	0
挪威	5	4	5.9	2	33.3

目前,全球关于海洋矿产探采作业船水面支持系统相关技术与装备方面的专利不多,专利申请人的分布较分散,各申请人拥有的专利数量不足 3 件。表 16-7 列出了排位靠前的 3 家机构,均来自中国,分别是中国石油宝鸡石油机械有限责任公司、中国南通润邦重机有限公司和中国渤海装备辽河重工有限公司。中国石油宝鸡石油机械有限责任公司创建于 1937 年,是我国建厂最早、规模最大、实力最强的石油钻采装备研发制造企业,是全球最大的陆地钻机和钻井泵制造商,是中国石油行业最大的钢丝绳制造商和系列最全的钻头制造商,钻机钻井泵、钢丝绳、钻头等研发制造能力处于国内领先水平,引领着我国石油钻井装备的发展方向。

表 16-7　主要机构专利产出情况简表

主要机构	专利数量世界排名	专利族数量（项）
中国石油宝鸡石油机械有限责任公司	1	3
中国南通润邦重机有限公司	2	3
中国渤海装备辽河重工有限公司	3	2

3.2　技术发展趋势分析

图 16-4 给出了海洋矿产探采作业船水面支持系统相关技术与装备专利申请趋势。由图 16-4 可见，2009 年之前发展缓慢，2010 年后专利出现快速增长，目前处于增长态势。美国研究起步早，1977 年即开始专利的申请，但各年度的专利申请量都不大，每年的申请量不过 5 件。中国起步较晚，2004 年刚刚开始有专利的申请，近几年发展迅速，2010年起各年度的专利申请量超过了美国。

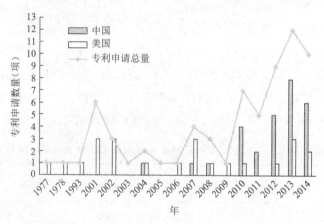

图 16-4　海洋矿产探采作业船水面支持系统相关技术与装备专利申请量变化趋势

3.3　重要专利

依据 Innography 专利系统中的专利强度指标，选择专利强度较高的专利作为重要专利，详见表 16-8。其中，专利强度指标参考了 10 余个与专利价值相关的指标，包括专利权利要求数量、引用先前技术文献数量、专利被引用次数、专利及专利申请案的家族、专利申请时程、专利年龄、专利诉讼等。

表 16-8　部分重要专利详细信息

	公开号 WO2013169099A3
专利基本信息	标题：*Offshore Vessel and Method of Operation of Such an Offshore Vessel* 公开（公告）号：WO2013169099A3 公开（公告）日： 申请号：WO2013NL25A 申请日：2013-05-06 申请人：荷兰 Itrec B. V. 发明（设计）人：Joop Roodenburg、Diederick Bernardus Wijing

	公开号 WO2013169099A3
专利基本信息	摘要：The present invention relates to an offshore vessel capable of installing and removing a subsea well control device and a riser string, the vessel comprising a hoisting device comprising a travelling block for connecting a load, which travelling block is displaceable along a firing line which extends through a moonpool and a heave compensation system. The vessel further comprises a working deck supported by the hull of the vessel which covers at least a portion of the moonpool to allow the assembly of a riser string, wherein said working deck is provided with a riser string suspension device that allows to suspend a top end of a string of risers. According to the invention, a heave compensation connection system is provided，which is adapted to connect the working deck to the travelling block, such that the hoisting device can move the working deck when the working deck is connected to the travelling block between a lowered riser assembly position allowing the assembly of a riser string, and in which the working deck is supported by the hull, and a raised heave compensated position，in which the working deck is connected to the travelling block，and wherein the working deck is heave compensated.
	公开号 WO2004020275A2
专利基本信息	标题：*Multipurpose Tower for Monohull* 公开（公告）号：WO2004020275A2 公开（公告）日：2004-03-11 申请号：WO2003NL609A 申请日：2003-08-29 申请人：荷兰 Itrec B. V. 发明（设计）人：Joop Roodenburg、Robert Van Kuilenburg Frodo、Diedrick Benardus Wijning 摘要：A vessel，preferably a monohull vessel，said vessel having a moonpool and further comprising a tower mounted on vessel and a load hoist system for raising and/or lowering a load through the moonpool. Preferably the tower is located adjacent a single side of the moonpool. Preferably the tower has a single vertical mast. Preferably the load hoist system comprises a winch，preferably a traction winch，said winch being preferably located inside the mast having a tubular outer wall. The load hoist system comprises a compensating system，preferably a heave compensation system. Preferably the tower is provided with one or more trolleys and associated vertical trolley guides，which allow for up and down movement of the one or more trolleys along at least part of the height of the tower. Preferably the tower is further provided with a vertically moveable work platform and an associated work platform guide，which work platform is movable up and down along at least part of the height of the tower. 权利要求数：49

4　主要国家发展阶段

由于升沉补偿系统是集机、电、气、液、自动控制、智能检测为一体的多学科高技术产品，具有高技术、高投入、高风险等特点，长期以来一直被欧美等发达国家所垄断。我国在该技术的研发方面尚很薄弱，已成为我国海洋石油装备必须要解决的技术瓶颈问题。表 16-9 显示，美国的论文数量、被引次数以及 PCT 数量均排名世界第一位；中国的专利数量排名世界第一位，论文数量排名世界第二位，但是在被引频次、PCT 专利等方面均落后于美国、挪威等国家。

国外海洋作业升沉补偿系统的研究始于 20 世纪 70 年代，美国、日本、德国、荷兰、英国等国家走在了世界前列。目前，升沉补偿系统专项技术及产品主要被美国公司 NOV、Control Flow Inc（VETCO）、Shaffer、Cameron 及挪威公司 Aker-MH、Hydralift 等垄断。

国外升沉补偿装置及主要制造商见表 16-10。

表 16-9　海洋矿产探采作业船水面支持系统相关技术与装备主要国家文献指标

主要国家	论文数量比重(%)	被引次数比重(%)	专利数量比重(%)	PCT 专利数量比重(%)
美国	19.7	33.4	33.8	50
中国	17.8	1.1	41.2	0
挪威	7.6	18.5	5.9	33.3

表 16-10　国外升沉补偿装置及主要制造商

制造商		AKER-M H	NOV	CONTROL FLOW	CAMERON
钻柱补偿	绞车/双绞车补偿		√		
	天车补偿	√	√	√	
	游车补偿		√	√	√
隔水管补偿	死绳补偿				
	油缸直接作用	√	√	√	
	绳索式	√	√	√	√

4.1　美国

美国 NOV 公司在钻杆升沉补偿技术领域的研究成果显著,为适应深水和深井作业需要,绞车功率等级在不断上升,目前最高功率已达 5 074 kW,并且 NOV 公司还独创了主动补偿绞车技术,即将常规绞车提升功能和升沉补偿装置的补偿功能集成为一体,可完成钻井、自动送钻、绞车全载荷下主动升沉补偿等工作。

4.2　加拿大

加拿大 Canrig 公司对深水钻机的研究颇有成效,目前深水钻机几乎全部配备了高性能的顶驱,Canrig 公司的顶驱提升能力已经达到了 10^4 kN,并且发展了多种驱动形式。

4.3　德国

德国在钻杆升沉补偿技术方面的研究也较为发达。德国 Witrh 公司生产的工作压力为 51.7～69.0 MPa,功率为 1 491～2 237 kW 的钻井泵已广泛地应用在深水钻机之中。

4.4　挪威

深水钻井过程中,需频繁地运、接、拆、放钻杆或套管等管子设备,管子处理设备包括抓管机、动力猫道、排放机、套管扶正台、各种大钳等。挪威 Aker-M H 公司是管子处理设备的主要供应商,其设备可完成直径 73～762 mm 管子的拆、接工作。

4.5　中国

我国在升沉补偿系统方面的研究起步较晚。国内目前尚没有生产厂生产任何形式的升沉补偿系统正式产品,只有宝德股份公司提到已开发出海洋深水钻机绞车智能控制系统,是针对海洋钻井平台和钻井船的绞车升沉补偿系统,成为继美国 NOV 之后世界上第二家开发出该类产品的公司。随着我国石油勘探开发向海洋战略的转移,对升沉补偿系统的需求进一步提高。近几年,中国石油大学、广东工业大学、中南大学、华中科技大学等高校和部分企业已就升沉补偿系统专项技术及产品展开了相关课题研究,并取得了很大进步。由中国海洋石油总公司牵头的国家高技术研究发展计划("863"计划)的海洋技术领域重大项目课题"深水半潜式钻井平台关键技术"将游车大钩升沉补偿系统作为研究子课题;宝鸡石油机械有限责任公司已于 2008 和 2009 年分别申请天车升沉补偿装置专利各 1 项。

5　结论

（1）美国、日本、挪威、德国等为领先国家,掌握核心技术,升沉补偿系统专项技术及产品主要被美国、挪威等发达国家垄断。

（2）中国在海洋矿产探采作业船水面支持系统相关技术与装备的研发方面尚很薄弱,与国际领先水平差距较大,但 2010 年后增长迅速,差距在不断缩小。目前,中国的相关专利数量排名世界第一,相关论文数量排名世界第二,但是在论文的篇均被引频次以及 PCT 专利方面,较为滞后。

（3）海洋矿产探采作业船水面支持系统相关技术与装备起源于英国,主要代表人物是英国剑桥大学的 O. M. Faltinsen 教授。

（4）海洋矿产探采作业船水面支持系统相关技术与装备创新资源主要集中在挪威科技大学和德国斯图加特大学等机构,以及中国的哈尔滨工业大学、中南大学、中国科学院。

第十七章　海底多金属矿藏选冶技术

1　技术概述

深海开发是以多金属结核开采技术研发为起点。20世纪70年代以来,西方发达国家通过技术移植、相关技术借鉴和二次开发及技术创新等方面的工作,完成了深海多金属结核开采的技术储备。目前,发达国家的多金属结核开采技术研究工作基本处于静止状态,一旦经济环境条件成熟,在适当吸收技术发展的最新成果后,即可将该技术用于商业开采。我国深海采矿技术研究虽起步相对较晚,但在国家大洋专项的支持和大洋协会的组织协调下,获得了大量研究成果,在国际上已占据一席之地。在过去的15年中,研究工作经历了基础研究、扩大试验研究阶段,已进入系统集成与制造、海试技术设计阶段。

2　论文产出分析

基于汤姆森路透科技集团的 Web of Science 科学引文索引扩展版 SCIE 论文数据库(1994～2014年),截止时间至2014年7月,采用专家辅助、主题词检索的方式共检索论文173篇。

2.1　主要国家、机构与科学家

表17-1给出了主要国家论文产出情况简表。由表17-1可见,印度相关论文29篇,排名世界第一位,篇均被引频次为5.38次,低于日本、德国和美国。德国和日本相关论文28篇,排名并列第二位。印度、德国、日本三国的论文总数占据世界论文总数的49.12%,接近一半,是主要的论文发表国。

根据论文产出情况,针对主要机构和主要科学家,给出了创新资源分布情况。表17-2为论文数量世界排名前5位的主要机构列表,分别为印度国家海洋学研究所、中国浙江大学、德国汉堡大学、日本产业技术综合研究所和中国国家海洋局。其中,中国占据两席,浙江大学和国家海洋局对该技术研究较为集中。

表 17-1　海底多金属矿藏选冶技术主要国家论文产出情况简表

国家	论文数量世界排名	论文数量	论文数量占世界的比重(%)	篇均被引频次	被引次数占世界的比重(%)
印度	1	29	16.76	5.38	12.17
德国	2	28	16.18	10.18	22.23
日本	3	28	16.18	6.39	13.96
中国	4	26	15.03	4.92	9.98
美国	5	15	8.67	9.53	11.15

表 17-2　海底多金属矿藏选冶技术主要机构论文产出情况简表

主要机构	论文数量世界排名	论文数量	论文数量占世界比重(%)	篇均被引频次
印度国家海洋学研究所	1	19	10.98	6.26
中国浙江大学	2	9	5.20	7.44
德国汉堡大学	3	8	4.62	8.25
日本产业技术综合研究所	4	6	3.47	4.33
中国国家海洋局	5	6	3.47	5.83

表 17-3 给出了论文数量排名前 3 位的主要科学家论文产出情况简表。Yamazaki T. 工作于日本资源环境技术综合研究所，H. Thiel 和 C. Borowski 工作于德国汉堡大学。

表 17-3　海底多金属矿藏选冶技术主要科学家论文产出情况简表

主要科学家	论文数量世界排名	论文数量	论文数量占世界比重(%)	篇均被引次数
Yamazaki T.	1	15	8.67	9.07
H. Thiel	2	7	4.05	12.43
C. Borowski	3	6	3.47	12.00

2.2　发文趋势

海底多金属矿藏选冶技术发文趋势及中美两国论文发表情况对比见图 17-1,可见 2006 年论文数量有所增加,其余时间年度论文发表数量较为稳定。从数量比较,中国论文发表总数已超过美国,特别是 2000 年后,年度论文数量大都高于美国或持平。

2.3　研究起源

图 17-2 为海底多金属矿藏选冶技术高被引论文引用时间轴。圆圈的大小代表被引用次数。其中,对被引频次大于 30 的论文进行了标引。由图 17-2 可以看出, J. Dymond(1984)发表的论文是最早的一篇高被引论文,主要是关于铁锰结核的研究。随后 Fukushima T.(1995)的论文也获得了很大的被引次数。海底多金属矿藏选冶技术起源为美国。

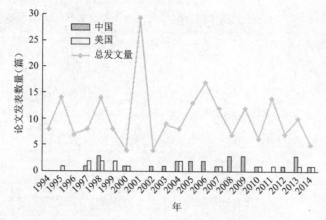

图 17-1　海底多金属矿藏选冶技术发文趋势

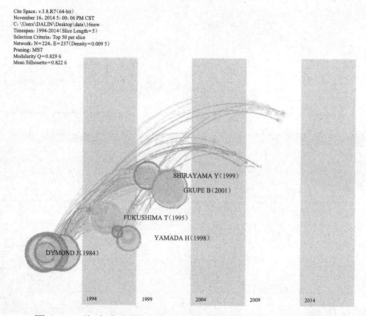

图 17-2　海底多金属矿藏选冶技术高被引论文引用时间轴

2.4　研究热点

借助 CiteSpace 软件,对论文的总体趋势进行了分析。图 17-3 为海底多金属矿藏选冶技术研究热点时间轴分布。时间的分布选择为 1994～2014 年,每 5 年设置一个时间段;研究热点是每个时间段出现频次排名前 50 位最高的词组。图 17-3 中,方块的大小代表被引用次数,右侧文字为经聚类分析结果。从图 17-3 可以看出,近期活跃的研究热点为聚类 #0,克拉里昂－克利伯顿大断裂;聚类 #1,挠性立管;聚类 #2,烟囱冒;聚类 #5,深海太平洋;聚类 #6,底栖扰动;聚类 #8,线虫组合。

表 17-4 给出了高被引论文简表,论文被引次数都在 50 次以上。值得注意的是,日本 Yamada H.、Yamazaki T. 发表的论文被引次数最高。

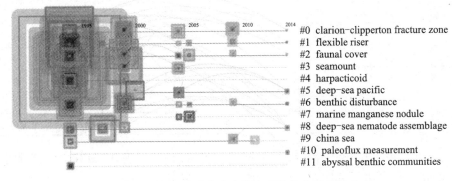

Cite Space, v.3.8.R7 (64-bit)
November 16, 2014 4; 21; 25 PM CST
C: \Users\DALIN\Desktop\data\16new
Timespan: 1994-2014 (Slice Length=5)
Selection Criteria: Top 50 per slice
Network: N=188; E=236 (Density=0.013 4)
Pruning: MST
Modularity Q=0.735 5
Mean Silhouette=0.662 9

#0 clarion-clipperton fracture zone
#1 flexible riser
#2 faunal cover
#3 seamount
#4 harpacticoid
#5 deep-sea pacific
#6 benthic disturbance
#7 marine manganese nodule
#8 deep-sea nematode assemblage
#9 china sea
#10 paleoflux measurement
#11 abyssal benthic communities

图 17-3　海底多金属矿藏选冶技术研发热点时间轴分布

表 17-4　海底多金属矿藏选冶技术高被引论文简表

作者	题目	来源	机构	被引次数
Yamada H.、Yamazaki T.	*Japan's Ocean Test of Nodule Mininy System*	*Proceedings of the Eighth International Offshore and Polar Engineering Conference*, 1998	日本产业技术综合研究所、日本资源与环境技术综合研究所	65
M. A. Marcus、A. Manceau、M. Kersten	*Mn, Fe, Zn and As Speciation in a Fast-Growing Ferromangansese Marine Nodule*	*Geochimica Et Cosmochimica Acta*, 2004, 68 (18)	美国劳伦斯伯克利国家实验室、法国约瑟夫·傅里叶大学、法国国家科学研究院、德国美因茨约翰内斯·古滕堡大学	58
Takahashi Y.、Shimizu H.、Usui A. 等	*Direct Observation of Tetravalent Cerium in Ferromanganese Nodules and Crusts by X-Ray-Absorption Near-Edye Structure (XANES)*	*Geochimica Et Cosmochimica Acta*, 2000, 64 (17)	日本广岛大学、日本地质调查综合研究所、日本东京大学、日本高能加速器研究组织	55

3　专利产出分析

基于 Thomson Innovation (TI) 数据库，截止时间至 2014 年 7 月，采用专家辅助、主题词检索的方式共检索同族专利 72 项。专利分析主要采用专利族数量统计以及 PCT 专利数量统计。其中，PCT 专利是指《专利合作条约》(*Patent Cooperation Treaty*)的英文缩写，是有关专利的国际条约。

3.1　主要国家、机构与发明人

表 17-5 给出了主要国家专利产出情况简表。由表 17-5 可见，美国专利数量排名第一位，且占世界专利总数的 31.94%，PCT 专利数为 1。韩国、日本、中国与法国分别排名

第二、三、四、五位。韩国和日本的 PCT 专利数量也都是 1,并且专利数量占世界的比重也都很高。

表 17-5　海底多金属矿藏选冶技术主要国家专利产出情况简表

主要国家	专利数量世界排名	专利族数量（项）	专利数量占世界比重（%）	PCT 专利数量（项）	PCT 专利数量占世界比重（%）
美国	1	23	31.94	1	12.50
韩国	2	20	27.78	1	12.50
日本	3	11	15.28	1	12.50
中国	4	6	8.33	0	0.00
法国	5	3	4.17	0	0.00

表 17-6 给出了主要机构专利族数量、专利布局、主要发明人、专利申请持续时间,以及近 3 年来专利申请所占比重。由表 17-6 可见,美国肯尼科特犹他铜业公司相关专利 11 项,排名第一位,专利申请时间较早,现在已不从事这方面的研究。排名第二位的韩国地质与矿产资源研究院申请专利较晚,近 3 年一直持续研究。美国的深海创,申请专利的时间也比较早,现在也已不从事这方面的研究。

表 17-6　海底多金属矿藏选冶技术主要机构与科学家专利情况简表

主要机构	专利数量世界排名	专利族数量(项)	专利布局	主要发明人	专利申请持续时间	近三年申请专利占比
美国肯尼科特犹他铜业公司	1	11	美国(11)	Lester John Szabo(4) Herbert Eugen Westford Barner(2) Robert Edward Needham Lueders(2) David Stanley Davies(2)	1972～1977 年	0%
韩国地质与矿产资源研究院	2	8	韩国(8)	Yoon Chi Ho(5) Park Jong Myung(4) Park Kyung Ho(3) Nam Chul Woo(3)	2005～2013 年	12%
深海创业公司	3	5	美国(4)	Glenn E. Miller(2) John P. Latimer(2)	1976～1983 年	0%

3.2　技术发展趋势分析

图 17-4 给出了专利年度变化趋势,总体呈现增长趋势,整体出现波动趋势。

3.3　重要专利

依据 Innography 专利系统中的专利强度指标,选择专利强度较高的专利作为重要专利,详见表 17-7。其中,专利强度指标参考了 10 余个与专利价值相关的指标,包括专利权利要求数量、引用先前技术文献数量、专利被引用次数、专利及专利申请案的家族、专利申请时程、专利年龄、专利诉讼等。

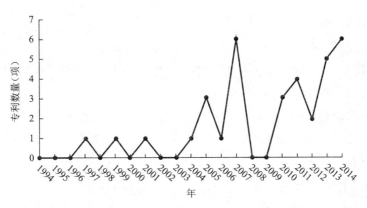

图 17-4　专利数量年度变化图

表 17-7　海底多金属矿藏选冶技术部分重要专利详细信息

公开号：KR1263804B1	
基本信息	标题：*Deep-Sea Manganese Nodules Collecting Robot，Has Multiple Traveling Devices Connected to Collection Apparatus Part，and Lifting Device Connected to Collection Frame Apparatus，Where Manganese Nodule is Collected by Traveling Devices* 公开（公告）号： 公开（公告）日：2013-05-13（B1） 申请号：KR201231912A 申请日：2012-03-28 申请人：韩国 KOOC-C 发明（设计）人：Choi J.、Hong S.、Jae P. S. 等 摘要：Purpose：A deep sea manganese nodule collecting robot is provided to selectively control the number of driving devices with a track along the topography of a collection target seabed and to increase a contact area on a soft seabed. Constitution：A deep sea manganese nodule collecting robot comprises multiple driving devices（100），a collection unit（200），a transmitter unit（300），a power control and measurement unit（400），a structure frame，and a buoyancy unit（600）. The collection unit comprises a flotation device, a transfer device, a position control device, a collection unit frame, and a frame. The position control device receives power from the power control and measurement unit and lifts the flotation device and the transfer device so that the bottom of the flotation device is located at a predetermined height from the seabed. The collection unit frame connects the flotation device and the transfer device. 权利要求数：0

4　主要国家发展阶段

在海底多金属矿藏选冶技术方面，美国、英国、日本、法国等走在了世界前列。目前，对于利海底多金属矿藏选冶技术的研究尚处于实验室和小型装置先导性中试阶段，尚未实现工业化。

4.1　日本

日本的深海矿产资源开发技术居世界领先地位，已经研制出具有高效率及高可靠性的流体掘式采矿实验系统，进行了锰结核基础性冶炼技术研究、有经济价值和有效率的冶炼技术开发，并将成熟技术封存。

4.2　英国

英国研究深海锰结核和结壳的生成模式,研究深海锰结核、钴壳、硫化物或金属沉积采矿是英国矿业公司有兴趣的长期战略。英国在政治上和科学上介入这些资源的开发,不但能使深海采矿技术发展保持与世界同步,而且确保英国公司拥有最终开发这些资源的权利。英国深海采矿试验性开采系统由泵吸采矿式、连续链库或无人遥控潜水式组成,日产量可达 1 万吨。英国对红海多金属软泥的开发也进行了大量的调查研究。

4.3　法国

法国原子能研究所的科学家们利用水下机器人的工作原理,研制出 PKAZ 6 000 深海多金属矿采集系统。该系统能自动下潜到 6 000 m 水深的洋底自动寻找矿石,并高速运动采集矿石,然后按照自动控制程序返回海面。在理论研究结束之后,1987 年 10 月在土伦外海进行了首次试采实验获得了成功。近些年来,法国的科学家们又研制成功一种梭式采矿车,设计采矿能力为 25 t/h,近期准备在太平洋进行实验。

4.4　美国

美国科学家计划在 20 世纪 90 年代后期推出高可靠性的无缆自动潜水器(AUV),用以开采包括海底热液矿在内的大洋多金属矿资源。使用这种技术的特点是操作过程全都采用程序控制、水下作业时间长,同时,还能进行矿产资源的现场评价。

4.5　中国

自 20 世纪 90 年代开展“海底多金属结核资源开采技术”研究以来,经过北京有色冶金设计研究院、长沙矿山研究院和马鞍山矿山研究院等单位的努力,基本能自主设计海底锰结核的集矿和扬矿技术。长沙矿山研究院和长沙矿冶研究院这两家单位为我国的深海采矿技术特别是集矿机的研究开发做了大量开创工作,但离工业开采还有许多技术难题需要逐一解决。

5　结论

(1)目前,深海采矿技术主要集中于发达国家。20 世纪 70 年代,美国、英国、加拿大、法国、德国、比利时及意大利等国分别开展了富有成效的系统研制试验工作。

(2)20 世纪 90 年代以来,中国开始对海底多金属矿藏开采技术的研究。在 21 世纪以后,有了较大的提高。近些年,中国发表的论文逐渐增加,专利数量也在增加,但是该项技术的 PCT 专利仍是一个空白。

(3)海底多金属矿藏选冶技术的起源在美国,J. Dymond(1984)发表的论文是第一篇高引论文。

(4)海底多金属矿藏选冶技术的研究,国外主要集中在印度国家海洋学研究所、德国汉堡大学和日本产业技术综合研究所,国内主要集中在浙江大学和国家海洋局。

综上所述,我国海底多金属矿藏选冶技术还处于实验研究发展阶段,尚不能实现海底资源的商业化生产。这些年来,与国际上的差距在不断缩小,开采技术不断向产业化、一流化方向发展。

第十八章　海洋原位生物探针技术

1　技术概述

生物探针技术是目前广泛应用于海洋环境中的生物检测技术。通过将生物探针整合进入海洋监测浮标的海洋原位生物探针技术,可以实时自动监测各类海洋微型生物的动态变化,提供较长的时间序列数据,并降低监测成本,大大提高生物探针技术在海洋环境检测以及国家安全等领域的应用效率。海洋原位生物探针技术主要由目前已较为成熟的生物探针技术和正在发展中的环境采样处理器技术构成。目前,国外正在不断开发海洋原位生物探针的相关产品,并开展了初步的应用实验。海洋原位生物探针技术技术分解如表 18-1 所示。

表 18-1　海洋原位生物探针技术技术分解表

	一级分类	二级分类
海洋原位 生物探针技术	生物探针技术	ELISA 技术（Enzyme Linked Immunosorbent Assay）
		SHA 技术（Sandwich Hybridization Assay）
		FISH 技术（Fluorescence In Situ Hybridization）
	环境采样处理器技术	采样技术
		样品处理技术
		样品保存技术
		样品分析技术

2　论文产出分析

基于汤姆森路透科技集团的 Web of Science 科学引文索引扩展版 SCIE 论文数据库（1994～2014 年）,截止时间至 2014 年 7 月,采用专家辅助、主题词检索的方式共检索得到海洋原位生物探针技术论文 3 227 篇。

2.1 主要国家、机构与作者

表 18-2 给出了主要国家论文产出情况简表。由表 18-2 可见,中国相关论文 210 篇,排名世界第五位,篇均被引频次为 15.4 次,低于美国、日本、英国以及德国。美国相关论文 1 083 篇,篇均被引频次为 27.5 次,排名第一位。日本相关论文 340 篇,篇均被引频次 16.6%。英国、德国论文数量分别排名第三、第四位,且保持了较高的篇均被引频次。

表 18-2 主要国家论文产出情况简表

国家	论文数量世界排名(位)	论文数量(篇)	论文数量占世界的比重(%)	篇均被引频次(次)	被引次数占世界的比重(%)
美国	1	1 083	31.7	27.5	40.1
日本	2	340	10	16.6	7.6
英国	3	250	7.3	23.8	8.0
德国	4	221	6.5	19.5	5.8
中国	5	210	6.2	15.4	4.3

根据论文产出情况,针对主要机构和主要科学家,给出了创新资源分布情况。表 18-3 为论文数量世界排名前 5 位的主要机构列表,分别为耶鲁大学附属医院、美国蒙特雷湾水族馆研究所、哈佛大学附属医院、美国疾病防治与控制中心和美国医学研究所。在海洋原位生物探针技术的研究和技术创新上,美国的研究机构占据了明显的优势。在篇均被引频次方面,美国疾病防治与控制中心为 69.2 次,排名第一位。

表 18-3 主要机构论文产出情况简表

主要机构	论文数量世界排名	论文数量(篇)	论文数量占世界的比重(%)	篇均被引频次(次)
耶鲁大学附属医院	1	26	0.8	53.1
美国蒙特雷湾水族馆研究所	2	20	0.6	24.1
哈佛大学附属医院	3	19	0.6	31.2
美国疾病防治与控制中心	4	18	0.5	69.2
美国医学研究所	5	15	0.4	29.3

表 18-4 给出了论文数量排名前三位的主要科学家论文产出情况简表,H. J. Tanke 工作于耶鲁大学附属医院,A. K. Raap 为蒙特雷湾水族馆研究所的专家,A. J. Baeumner 工作于哈佛大学附属医院,主要科学家与主要机构存在很好的对应关系。

表 18-4 主要科学家论文产出情况简表

主要科学家	论文数量世界排名	论文数量(篇)	论文数量占世界的比重(%)	篇均被引频次(次)
H. J. Tanke	1	17	0.5	38.4
A. K. Raap	2	15	0.4	41.7
A. J. Baeumner	3	14	0.4	29.5

2.2 发文趋势

图 18-1 给出了海洋原位生物探针技术论文发表趋势。全球发文量在 1996 年达到高峰,总体呈现下降趋势。美国在 20 世纪 90 年代期间发表的论文数量较多,之后发文量开始下滑。中国涉足该技术领域较晚,1996 年开始发表相关论文,发文量整体呈现增长态势。

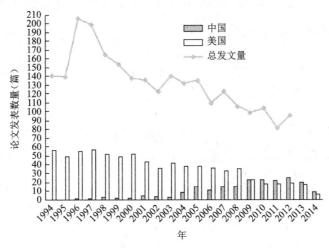

图 18-1 海洋原位生物探针技术论文发表趋势

2.3 研究起源

图 18-2 为海洋原位生物探针技术高被引论文引用时间轴分布图。圆圈的大小代表被引用次数;其中,对被引频次大于 50 的论文进行了标引。由图 18-2 可以看出,D. Pinkl 等(1986)的论文是最早的一篇高被引论文,主要是关于海洋原位生物探针技术的理论研究,被引次数为 144 次,随后是德国 R. I. Amann(1995)的论文,被引次数达 70 次。D. Pinkl 为美国得克萨斯大学西南医学中心的教授,据此认为海洋原位生物探针技术起源国为美国。

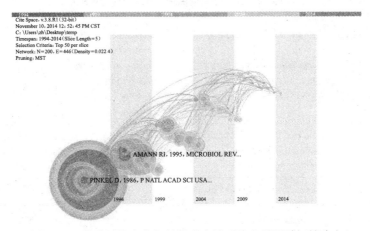

图 18-2 海洋原位生物探针技术高被引论文引用时间轴分布

2.4 研究热点

借助 CiteSpace 软件,对论文的总体趋势进行了分析。图 18-3 为海洋原位生物探针技术研究热点时间轴分布图。时间的分布选择为 1994～2014 年,每 5 年设置一个时间段,每个时间段出现频次排名前 70 位的词组代表研究热点。图 18-3 中,方块的大小代表被引用次数,右方文字为聚类分析结果。从图 18-3 可以看出,近期活跃的研究热点为聚类 #0,小鼠染色体;聚类 #2,弓形虫;聚类 #3,量子,聚类 #7,her2 微生物监测。

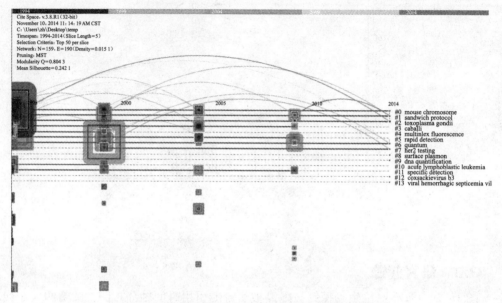

图 18-3 海洋原位生物探针技术研发热点时间轴分布

表 18-5 给出了高被引论文简表,论文被引次数都在 70 次以上。其中,美国 D. Pinkl、T. Straume、J. W. Gray 发表在 *Proceedings of the National Academy of Sciences of the United States of America* 杂志上的论文被引次数最高。

表 18-5　海洋原位生物探针技术高被引论文简表

作者	题目	来源	机构	被引次数
D. Pinkl、T. Straume、J. W. Gray	*Cytogenetic Analysis Using Quantitative, High-Sensitivity, Fluorescence Hybridization*	*Proceedings of the National Academy of Sciences of the United States of America*, 1986, 83(9)	美国加利福尼亚大学	144
U. K. Laemmli	*Cleavage of Structural Proteins during the Assembly of the Head of Bacteriophage T4*	*Nature*, 1970, 227(5259)	美国加州圣克鲁斯生物技术公司	116
R. I. Amann、W. Ludwig、K-H Schleifer	*Phylogenetic Identification and In Situ Detection of Individual Microbial Cells without Cultivation*	*Microbiological Reviews*, 1995, 59(1)	德国马克斯普朗克海洋微生物学中心	70

3 专利产出分析

基于 Thomson Innovation(TI)数据库,截止时间至 2014 年 7 月,采用专家辅助、主题词检索的方式共检索同族专利 842 项。专利分析主要采用专利族数量统计以及 PCT 专利数量统计。其中,PCT 专利是指《专利合作条约》(*Patent Cooperation Treaty*)的英文缩写,是有关专利的国际条约。

3.1 主要国家、机构与发明人

表 18-6 给出了主要国家专利产出情况简表,由表 18-6 可见,美国专利数量排名第一位,占世界专利总数的 46.9%,PCT 专利数为 274 项,占世界 PCT 总量的比重为 71.9%,具有明显的领先优势。中国专利数量为 270 项,占世界专利总数的 32.1%,排名第二,但 PCT 专利只有 5 项,仅占世界总量的 1.3%。日本、德国与英国分别排名第三、四、五位,其 PCT 专利申请量低于美国,但高于中国。

表 18-6 海洋原位生物探针技术专利优先权国专利产出情况对比

主要国家	专利数量世界排名	专利族数量（项）	专利数量占世界比重（%）	PCT 专利数量（项）	PCT 专利数量占世界比重（%）
美国	1	395	46.9	274	71.9
中国	2	270	32.1	5	1.3
日本	3	49	5.8	8	2.1
德国	4	25	3.0	12	3.1
英国	5	19	2.3	15	3.9

表 18-7 给出了主要机构专利族数量、专利布局、主要发明人、专利申请持续时间,以及近 3 年来专利申请所占比重。由表 18-7 可见,中国北京秦邦生物技术有限公司专利数量为 19 件,排名第一位,虽起步较晚,但是近年来专利申请的比重较大,发展迅速,且申请了 PCT 专利。排名第二位的日本东京大学申请专利较早,近 3 年专利申请占比为 7%,仍保持了较高的研发热度。日本富士胶片株式会社和美国加利福尼亚大学专利申请时间较早,但近年来无专利产出。

表 18-7 主要机构专利产出情况简表

主要机构	专利数量世界排名	专利族数量(项)	专利优先申请国家	主要发明人	专利申请持续时间	近 3 年申请专利占比
中国北京勤邦生物技术有限公司	1	19	中国(19)	何方洋(13) 余厚美(9) 蒲小容(8) 段盈盈(8) 何丽霞(8)	2010～2012 年	58%
日本东京大学	2	14	日本(12);美国(2)	Inazawa Johji(7) Imoto Issei(7) Inasawa Joji(4) Imoto Toshinari(4)	2006～2012 年	7%

主要机构	专利数量世界排名	专利族数量（项）	专利优先申请国家	主要发明人	专利申请持续时间	近3年申请专利占比
日本富士胶片株式会社	3	11	日本（11）	Imoto Issei（7） Inazawa Johji（7） Tsuda Hitoshi（3） Imoto Toshinari（3） Inasawa Joji（3）	2006～2010年	0%
美国加利福尼亚大学	4	10	美国（10）	D. Pinkel（2）	1992～2009年	0%

3.2 技术发展趋势分析

图 18-4 给出了海洋原位生物探针技术专利申请趋势。由图 18-4 可以看出，自 1997 年起全球专利申请数量逐年增多，2009～2010 年达到专利申请量高峰，之后专利申请量有所下滑。中国相比美国起步时间晚，中国自 2003 年开始出现专利的申请，近几年快速增长，从 2008 年起专利申请量已经超过美国，至今仍处于增长态势。

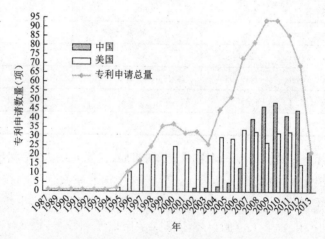

图 18-4　海洋原位生物探针技术专利申请量变化趋势

3.3 重要专利

依据 Innography 专利系统中的专利强度指标，选择专利强度较高的专利作为重要专利，详见表 18-8。

表 18-8　海洋生物探针技术部分重要专利详细信息

公开号 WO2008036851A2	
专利基本信息	标题:*Detecting Inversions in a Selected Mitotic Chromosome by Hybridizing Non-repetitive Probes to Single-stranded Sister Chromatids，and Detecting the Hybridized Probes to Detect Inversions in a Selected Mitotic Chromosome* 公开（公告）日:2008-03-27 申请人:Univ Colorado State Res Found（美国）、Univ Texas System 发明（设计）人:Susan M. Bailey、Joel S. Bedford、Michael N. Cornforth、Edwin H. Goodwin、Andrew Ray F.

公开号 WO2008036851A2	
专利基本 信息	摘要：Detecting inversions in a selected mitotic chromosome comprises：（a）generating a pair of single-stranded sister chromatids from the selected chromosome；（b）generating non-repetitive probes；（c）hybridizing the probes to the sister chromatids；and（d）detecting the hybridized probes；where if no inversion exists, all of the probes will hybridize to one of the sister chromatids, and where if an inversion exists, at least one of the probes will hybridize to the other sister chromatid at the same location as the inversion. Detecting inversions in a selected mitotic chromosome comprises：generating a pair of single-stranded sister chromatids from the selected chromosome, each sister chromatid having a length of DNA and a series of target DNA sequences that span a portion of the length of the DNA of the chromatid；generating non-repetitive probes, where each of the probes is single-stranded, unique, and identical or complementary, to at least a portion of a target DNA sequence, each of the probes having at least one label, thus permitting detection；hybridizing the probes to the sister chromatids；anddetecting the hybridized probes；where if no inversion exists, all of the probes will hybridize to one of the sister chromatids, and where if an inversion exists, at least one of the probes will hybridize to the other sister chromatid at the same location as the inversion. 专利家族数：7
公开号 WO2012162373A1	
专利基本 信息	标　题：*Detecting Presence of e. g. FIG-reactive Oxygen Species Fusion Polypeptide in Biological Sample from Mammalian Lung Cancer, Comprises Obtaining Sample of Mammalian Lung Cancer, and Utilizing Reagent that Specifically Binds to Polypeptide* 公开（公告）号：WO2012162373A1 公开（公告）日：2012-11-29 优先权号：US13113676A　2011-05-23 申请人：Cell Signaling Technology Inc. 发明（设计）人：Katherine Eleanor Crosby、Gu Ting-Lei、Guo Ailan 摘要：Method-I of detecting the presence of a FIG-reactive oxygen species（FIG-ROS）fusion polypeptide or polynucleotide encoding a FIG-ROS fusion polypeptide in a biological sample from a mammalian lung cancer or a suspected mammalian lung cancer, comprises obtaining a biological sample of a mammalian lung cancer or suspected mammalian lung cancer, and utilizing at least one reagent that specifically binds to the polypeptide or binds to the polynucleotide encoding the polypeptide to determine whether the polypeptide or polynucleotide is present in the biological sample. Method-I of detecting the presence of a FIG-reactive oxygen species（FIG-ROS）fusion polypeptide or polynucleotide encoding a FIG-ROS fusion polypeptide in a biological sample from a mammalian lung cancer or a suspected mammalian lung cancer, comprises obtaining a biological sample of a mammalian lung cancer or suspected mammalian lung cancer, and utilizing at least one reagent that specifically binds to the polypeptide or binds to the polynucleotide encoding the polypeptide to determine whether the polypeptide or polynucleotide is present in the biological sample, where the detection of specific binding of the reagent to the biological sample indicates that the polypeptide or the polynucleotide encoding the polypeptide is present in the biological sample. 专利家族数：6

4　主要国家发展阶段

在海洋原位生物探针技术领域，美国、中国、日本和英国等国家走在了世界前列。其中，美国探针技术的发展状况远远领先于世界其他国家。目前，对于海洋原位生物探针技术的研究尚处于实验室和小型装置先导性中试阶段，尚未实现工业化。

4.1 美国

美国是开展海洋生物探针技术理论和应用最早的国家。伍兹霍尔海洋研究所海洋生物实验室、巴尔迪摩海洋生物技术中心、佛罗里达哈勃海洋研究所海洋生物医学研究室和斯克瑞普司海洋研究所海洋生物技术与生物医药研究中心是美国的四大海洋生物技术研究中心，圣迭戈、波士顿和迈阿密是美国海洋生物技术研究集聚区，但美国海洋生物技术产业集聚区尚在发展中。目前，在核心技术的研发上，*Science* 杂志 1995 年报道了美国专家以 16S rRNA 为靶序列的 FISH 技术，可用于检测活性污泥微生物群落的种群组成和数量水平。1997 年，世界上第一张全基因组芯片——含有 6166 个基因的酵母全基因组芯片在斯坦福大学布朗实验室完成，从而使基因芯片技术在世界上迅速得到应用。2004 年，J. Elke 等发现，16S rRNA 基因序列分析对于海洋细菌多样性研究有重要意义，并通过实验证明，在某些情况下，只需检测环境中是否存在某些细菌的 16S rRNA 基因，就可大致得出此环境中该菌的生态分布状况，是海洋生物探针领域最具有标志性的技术创新。自 2004 年至今，美国的海洋生物探针专利一直保持稳定的领先和产出。2010 年，在美国文特研究所，由克雷格·文特（Craig Venter）带领的研究小组成功创造了一个新的细菌物种——"Synthia"。这是海洋探针技术在基因探测领域的新突破。

4.2 日本

日本于 1989 年最早设立了海洋生物探针技术研究所，并投资 10 亿日元，建立两个药物实验室。日本海洋生物技术研究所运用探针技术对海洋微生物进行广泛的研究，发现 27% 种属的海洋微生物具有抗菌活性。1996 年，北川氏从棘皮动物刺参中分离得到皂甙毒素 Holotoxin A、B，现已用于治疗脚气和白癣菌感染症，是来源于海洋生物的少数几个药品之一。1999 年，Lina 等和 Katrin 等分别构建了日本 Nankai Tough 海区和北冰洋 Hornsund 海区沉积物中细菌 16S rRNA 基因文库。

4.3 英国

英国的牛津、伦敦、曼彻斯特、利物浦等地区是海洋生物探针技术主要研发机构的集聚区。2003 年，Gordon 等通过 DGGE 的方法对太平洋不同位点的海洋沉积物中的微生物多样性进行了研究。英国运用 FISH 等生物探针技术，从海洋生物中筛选出成千上万种海洋活性物质，并已成功地对一些医用潜力大的种类进行了临床研究。少数抗病毒、抗肿瘤化合物已成功上市，服务于人类。

4.4 中国

我国政府于 1996 年正式批准实施了国家海洋"863"高技术计划，设立了海洋生物技术主题，是我国海洋生物技术研究的开端。近年来，我国科学家运用海洋生物探针技术在水产动物病原致病力、病原侵染的应答机理和免疫防治等方面取得了国际瞩目的研究成果。1996 年，针对导致我国对虾大规模死亡的皮下及造血组织坏死杆状病毒（HHNBV），我国已成功研制出核酸探针试剂盒用于虾病的诊断，该法简便快捷，操作性强，已获国家专利。2010 年，中国开展海洋生物病害免疫防治"973"项目，徐洵在实验室最早完成了对虾 WSSV 全基因组序列测定。科学家还测定和分析了多种鱼类虹彩病毒基因组全序列;在海洋无脊椎动物和鱼类的免疫体系及抗病原感染的机制与网络调控研究上,取得了许多国际认可的研究进展。

5 结论

(1)在海洋生物探针技术方面,美国、日本为领先国家,掌握核心技术。其中,美国在全球领域的理论和专利技术研发远远领先于其他国家。2004 年以来,美国迅速从实验室阶段过渡到海洋原位生物探针技术的中试阶段。

(2)中国海洋生物探针技术发展较晚,技术主要应用在水产养殖和细胞培养领域。2010 年之后,与世界先进国家的差距在不断缩小。近年来,中国的专利申请数量呈现明显的增长趋势,但在 PCT 专利和文献理论研究方面,较为滞后,多采用他国的技术和工具,缺乏探针技术的自主研发,还未走出基础实验室阶段。

(3)美国为海洋原位生物探针技术的起源国家。代表人物为美国加利福尼亚大学的 D. Pinkl 教授。

(4)海洋原位生物探针技术创新资源主要集中在美国耶鲁大学医学院、美国蒙特雷湾水族馆研究所、日本东京大学等生物技术公司或相关高校、研究机构。中国在专利技术创新方面,北京勤邦生物技术有限公司近年来在专利技术的申请和研发方面较为突出,正在逐步缩短与其他先进国家的差距。

综上所述,目前领先国家为美国,中国技术水平与国际领先水平差距较大,还需要理论创新和技术突破。

第十九章 海底取样样品保存、分析测试技术

1 技术概述

海底取样是用采样器具采集海底沉积物和岩石样品的工作,是进行海洋研究工作的一种手段。取样后,需要保留部分样品编号封存,保证室内分析研究所需的样品原状特征,以免发生变化。样品带回实验室根据科研需要进行测试分析,主要通过 X 射线衍射分析仪、X 射线荧光光谱仪、等离子体质谱仪、同位素质谱仪等仪器进行测试分析。技术分解情况如表 19-1 所示。

表 19-1 海底取样样品保存、分析测试技术技术分解表

	一级分类	二级分类
海底取样样品保存、分析测试技术	保真保压取样技术	
	深海重力取样	
	X 射线分析仪	X 射线衍射分析仪
		X 射线荧光光谱仪
	质谱仪	等离子体质谱仪
		同位素质谱仪

2 论文产出分析

基于汤姆森路透科技集团的 Web of Science 科学引文索引扩展版 SCIE 论文数据库(1994～2014 年),截止时间至 2014 年 7 月,采用专家辅助、主题词检索的方式共检索论文 2278 篇。

2.1 主要国家、机构与作者

表 19-2 给出了主要国家论文产出情况简表。由表 19-2 可见,美国相关论文 754 篇,篇均被引频次为 21.8 次,均位于世界第一位。英国相关论文 305 篇,篇均被引频次为

20.2 次,均排名第二位。美国和英国的论文总数占据世界论文总数的 46.5%,接近一半,是主要的论文发表国。德国和法国等国也发表了相当数量的论文,且保持了较高的篇均被引频次。中国发表论文 89 篇,篇均被引 12 次,论文数量及篇均被引次数与先进国家相比差距较大。

表 19-2 主要国家论文产出简表

国家	论文数量世界排名	论文数量(篇)	论文数量占世界的比重(%)	篇均被引频次(次)	被引次数所占比重
美国	1	754	33.1	21.8	40.8
英国	2	305	13.4	20.2	15.3
德国	3	243	10.7	18.8	11.3
法国	4	200	8.8	18.1	9.0
加拿大	5	174	7.6	19.2	8.3
中国	11	89	3.9	12.1	2.7

根据论文产出情况,针对主要机构和主要科学家,给出了创新资源分布情况。表 19-3 为论文数量世界排名前 5 位的主要机构列表,分别为美国伍兹霍尔海洋研究所、美国地质调查局、德国不来梅大学、法国海洋开发研究院和美国加利福尼亚大学圣迭戈分校。美国占 3 所研究机构,研究集中。其中,伍兹霍尔海洋研究所论文数量最多,共 110 篇;但是加利福尼亚大学圣迭戈分校的篇均被引频次最多。

表 19-3 主要机构论文产出情况简表

主要机构	论文数量世界排名	论文数量(篇)	论文数量占世界的比重(%)	篇均被引频次(次)
美国伍兹霍尔海洋研究所	1	110	4.8	24.5
美国地质调查局	2	67	2.9	17.3
德国不来梅大学	3	57	2.5	19.2
美国法国海洋开发研究院	4	50	2.2	22.9
美国加利福尼亚大学圣迭戈分校	5	48	2.1	30.6

表 19-4 给出了论文数量排名前 3 位的主要科学家论文产出情况简表。G. Bohrmann 工作于德国不来梅大学,W. S. Moore 工作于北卡罗来纳州立大学,J. E. Cartes 工作于西班牙高等学科研究委员会。

表 19-4 主要科学家论文产出情况简表

主要科学家	论文数量世界排名	论文数量(篇)	论文数量占世界的比重(%)	篇均被引频次(次)
G. Bohrmann	1	18	0.8	20.7
W. S. Moore	2	15	0.7	17.5
J. E. Cartes	3	13	0.6	34.6

2.2　发文趋势

图 19-1 给出了海底取样样品保存、分析测试技术论文发表趋势图。全球论文发文量自 1991 年以来呈逐年快速增长趋势，2013 年发表 199 篇。中国与美国相比，论文数量差距较大。2000 年之前，中国对海底取样样品保存、分析测试技术的研究较少，鲜有论文的发表；2000 年之后开始有论文的产出，但数量不多，2000～2012 年各年的发表量在 10 篇以下；2013 年的数量最多，共发表 20 篇。美国自 2002 年以来各年度的发文量均超过了 30 篇。

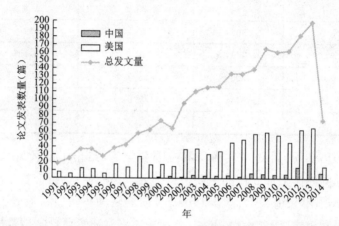

图 19-1　海底取样样品保存、分析测试技术论文发表趋势

2.3　研究起源

图 19-2 为海底取样样品保存、测试分析技术高被引论文引用时间轴分布图。圆圈的大小代表被引用次数；其中，对被引频次大于 30 的论文进行了标引。由图 19-2 可以看出，W. S. Moore（1996）发表的论文是最早的一篇高被引论文，被引频次达到 400 次。W. S. Moore 是南卡罗来纳大学的教授，因此认为海底取样样品保存、分析测试技术起源于美国。

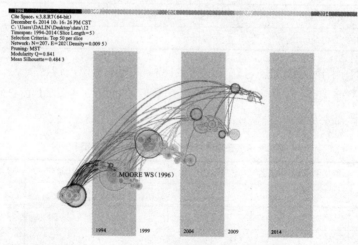

图 19-2　海底取样样品保存、分析测试技术高被引论文引用时间轴分布

2.4　研究热点

借助 CiteSpace 软件,对论文的总体趋势进行了分析。图 19-3 为海底取样样品保存、分析测试技术研究热点时间轴分布图。时间的分布选择为 1994～2014 年,每 5 年设置一个时间段,研究热点是每个时间段出现频次排名前 50 位最高的词组。图 19-3 中,方块的大小代表被引用次数,右侧文字为经聚类分析结果。从图 19-3 可以看出,近期活跃的研究热点为聚类 #0,后向散射;聚类 #1,洋中脊玄武岩;聚类 #2,物种;聚类 #3,冷泉;聚类 #4,间接死亡率;聚类 #6,洋壳;聚类 #7,尤卡坦半岛。

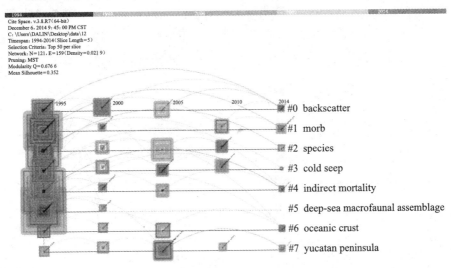

图 19-3　海底取样样品保存、分析测试技术研发热点时间轴分布

表 19-5 给出了高被引论文简表,论文被引次数都在 150 次以上。值得注意的是 L. Wang、M. Sarnthein、H. Erlenkeuser 等在 *Marine Geology* 上发表的一篇关于中国南海古气候的文章,被引次数最高。

表 19-5　海底取样样品保存、测试分析技术高被引论文简表

作者	题目	来源	机构	被引次数
L. Wang、M. Sarnthein、H. Erlenkeuser 等	*East Asian Monsoon Climate During the Late Pleistocene: High-Resolution Sediment Records from the South China Sea*	*Marine Geology*, 1999, 156	德国基尔大学	348
L. Tauxe、T. A. T. Mullender、T. Pick	*Potbellies, Wasp-Waists, and Superparamagnetism in Magnetic Hysteresis*	*Journal of Geophysical Research Atomospheres*, 1996, 101(B1)	美国加利福尼亚大学圣迭戈分校、荷兰乌得勒支大学	248
H. F. Sturt、R. E. Summons、K. Smith 等	*Intact Polar Membrane Lipids in Prokaryotes and Sediments Deciphered by High-Performance Liquid Chromatography/Electrospray Ionization Multistage Mass Spectrometry: New Biomarkers for Biogeochemistry and Microbial Ecology*	*Rapid Communications in Mass Spectrometry*, 2004, 18(6)	美国伍德霍尔海洋研究所、美国麻省理工学院、德国不来梅大学	171

3 专利产出分析

基于 Thomson Innovation（TI）数据库，截止时间至 2014 年 7 月，采用专家辅助、主题词检索的方式共检索同族专利 4 584 项。专利分析主要采用专利族数量统计以及 PCT 专利数量统计。其中，PCT 专利是指《专利合作条约》（*Patent Cooperation Treaty*）的英文缩写，是有关专利的国际条约。

3.1 主要国家、机构与发明人

表 19-6 给出了主要国家专利产出情况简表。由表 19-6 可见，中国专利数量排名第一位，且占世界专利总数的 23.3%，PCT 专利数为 7。日本、美国、英国与德国分别排名第二、三、四、五位。其中，美国 PCT 专利数 17 项，占世界比重的 18.7%；英国 PCT 专利数量 13 项，占世界总数的 14.3%。

表 19-6 主要专利优先权国专利产出情况对比

主要国家	专利数量世界排名	专利族数量（项）	专利数量占世界比重（%）	PCT 专利数量（项）	PCT 专利数量占世界比重（%）
中国	1	1069	23.3	7	7.7
日本	2	941	20.5	5	5.5
美国	3	821	17.9	17	18.7
英国	4	566	12.3	13	14.3
德国	5	283	6.2	6	6.6

表 19-7 给出了专利族数量排名靠前的机构，其中日本电气株式会社的专利数量最多，有 103 项。

表 19-7 主要机构专利产出情况简表

主要机构	专利数量世界排名	专利族数量（项）
日本电气株式会社	1	103
日本电信电话株式会社	2	94
The United States of America as represented by the Secretary of the Navy	3	82
Submarine Signal Co.	4	76
Furuno Electric Co. Ltd.	5	45

3.2 技术发展趋势分析

图 19-4 给出了海底取样样品保存、测试分析技术专利申请量年度变化趋势。由图 19-4 可以看出，全球专利申请量总体呈现增长趋势。2009 年以后，由于中国在该技术领域的专利申请量急剧增加，使得整体态势也呈现出急剧上升趋势。美国在该领域的专利申请量保持平稳，年申请量在 30 项以下，增幅不大。

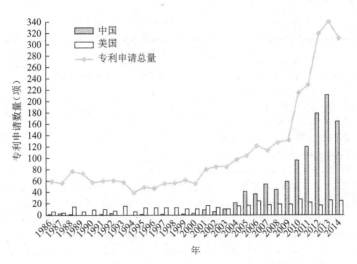

图 19-4　海底取样样品保存、测试分析技术专利申请量变化趋势图

3.3　重要专利

依据 Innography 专利系统中的专利强度指标,选择专利强度较高的专利作为重要专利,详见表 19-8。其中,专利强度指标参考了 10 余个与专利价值相关的指标,包括专利权利要求数量、引用先前技术文献数量、专利被引用次数、专利及专利申请案的家族、专利申请时程、专利年龄、专利诉讼等。

表 19-8　海底取样样品保存、分析测试技术部分重要专利详细信息

公开号:WO2014144970A2	
专利基本信息	标题:*System and Method for Calibration of Echo Sounding Systems and Improved Seafloor Imaging Using Such Systems* 公开(公告)号:WO2014144970A2 公开(公告)日:2014-09-18 申请号:WO2014US29597A 申请日:2014-03-14 申请人:D. L. Orange 发明(设计)人:D. L. Orange 摘要:新颖性:The method involves generating a difference grid (50) by subtracting a survey line from another survey line to determine difference values at each point in the grid. The difference grid is displayed on a display device,where the difference values are represented on a visual scale. The latter survey line is taken at an opposite heading from the former survey line. The latter survey line is taken at a same heading and a different speed than the former survey line. The latter survey line is laterally offset from the former survey line and taken at the same heading as the former survey line. 用途:Method for visualizing an offset in static parameters in an echo sounding system. 优势:The difference grid is generated by subtracting a survey line from another survey line to determine difference values at each point in the grid,and the difference grid is displayed on a display device thus enables visualizing static biases with a high level of sensitivity,and improves the calibration and checking the calibration of acoustic imaging systems for mapping the floor of a body of water. 权利要求数:36

	公开号：WO2014096762A1
专利基本信息	标题：*Method and Apparatus for Measuring Flow in Subsea Installations* 公开（公告）号：WO2014096762A1 公开（公告）日：2014-06-26 申请号：WO2013GB50002A 申请日：2013-01-03 申请人：Taylor Hobson Ltd. 发明（设计）人：A. Collins、G. Fish、S. Flowers 摘要：新颖性：The meter（110）has a processor for determining parameter of injection fluid（130）based on a polynomial function of hydrostatic pressure and temperature of the fluid in a pipe，where the meter is coupled to a constriction in the pipe and differential pressure comprises a pressure drop across a constriction. The processor initializes an estimate of Reynolds number based on a stored estimate of flow rate，determines an initial estimate of a discharge coefficient based on the Reynolds number estimate and updates the Reynolds number estimate based on the estimated discharge coefficient. 用途：Flow meter for calculating flow rate of injection fluid flowing through a subsea pipe or underwater pipe e. g. injection pipe and production pipe，into a well head of an oil-well in subterranean formation on a sea bed or seafloor. 优势：The meter allows the processor to select a function for the parameter based on temperature and pressure of the injection fluid to determine the parameter from the function，thus enabling improved accuracy and avoiding the need to reconfigure the meter when operational conditions vary. 权利要求数：28

4 主要国家发展阶段

海底取样样品保存、分析测试的先进技术和设备，欧美等发达国家发展早，有专门的技术公司进行技术开发。

4.1 美国

美国伍兹霍尔海洋研究所研制的 Giant Piston Corer（GPC）、Jumbo Piston Corer（JPC）和 Long Coring 是典型的重力式活塞取样器。美国赛默飞公司研发的 Delta V Advantage 同位素质谱仪结合了最高灵敏度和出色的线性和稳定性。

4.2 英国

英国 IsoPrime 稳定同位素质谱仪在元素分析、气相色谱和顶空气体分析方面有着显著优势，能在任何应用领域提供最卓越的性能表现。英国 Alluvial Mining 公司生产的 VC2 型振动取样器在全球也有广泛的应用。

4.3 德国

德国"太阳号"科学调查船配套的多管深水极浅层取样器（USEP）系利用钢缆承重并实现连接。该取心器包括 6 个取心管、8 个水下支撑架、气体流量计、深水实时电视摄像机、自动测距记录传导仪、异频雷达收发器等。2013 年，德国耶拿公司推出了新品 aurora Elite——一台超高灵敏度的电感耦合等离子体质谱仪（ICP-MS）。

4.4　法国

法国的 French Institute for Austral Research and Technology（FIART）研究所研制的 Calypso corer（现为法国 IPEV 研究所拥有，母船为 RV Marion Dufresne），其中 Calypso corer 取样器为当今世界取样最长的取样器。法国 Cameca 公司研制了一系列二次离子质谱仪：NanoSIMS 50L、IMS 1280-HR、IMS 7f 等，具有很高的精度和灵敏度。

5　结论

（1）欧美等发达国家在 20 世纪 80～90 年代对海底取样样品保存、测试分析技术就开始细节方面的研究，掌握了比较关键的技术。现在已经发展比较成熟，并且不断推出新技术。

（2）中国在海底样品保存、分析测试技术方面，发展比较晚。论文数量占世界的比重为 3.9％。专利数量发展迅速，位于世界第一位；其中 PCT 专利数量为 7，占世界总 PCT 数量的 7.7％。

（3）海底取样样品保存、分析测试技术起源于美国，主要代表人物是美国南卡罗来纳大学 W. S. Moore 教授。

（4）世界上对海底取样样品保存、分析测试技术的研究主要集中在美国伍兹霍尔海洋研究所、美国地质调查局、德国不来梅大学、法国海洋开发研究院和加利福尼亚大学圣迭戈分校。

（5）综上所述，中国海底取样样品保存、分析测试技术正在逐步发展，与国际逐渐接轨。但是中国与发达国家之间在技术上还存在一定差距，在仪器的测试精度、样品保存方面还有一定距离。

第二十章　深海原位探测技术与装备

1　技术概述

深海原位探测技术就是实地在线测量,通过原位测量仪器在海底对所关心的探测对象进行自动、连续的测量。原位测量仪器通常以系留浮标、系留潜标和深海潜水器等为承载体。测得的数据可以存贮在带入海底的数据采集系统的存储器中,系统回收后,在实验室中再将数据导入计算机中进行分析,也可以通过无线或有线的方式进行实时传送。相比于获取样品的探测方式,原位探测获得的是在原位测得的数据而不是样品,它不像采样方式需要考虑保真的问题。技术分解情况如表 20-1 所示。

表 20-1　深海原位探测技术技术分解表

一级分类	二级分类
深海 原位探测	岩土检测
	热液检测
	微生物检测

2　论文产出分析

基于汤姆森路透科技集团的 Web of Science 科学引文索引扩展版 SCIE 论文数据库(1994～2014 年),截止时间至 2014 年 7 月,采用专家辅助、主题词检索的方式共检索论文 109 篇。

2.1　主要国家、机构与科学家

表 20-2 给出了主要国家论文产出情况简表。论文共 109 篇,数量较少,说明深海原位探测技术仍处在缓慢的发展时期。由表 20-2 可见,美国的论文数量为 43 篇,篇均被引频次为 28.2,被引次数占世界论文总被引次数的 47.8,在论文产出方面保持绝对领先地位。中国相关论文为 18 篇,排名世界第二位;篇均被引频次为 18.7 次,在排名前 5 位

的国家中处于中等偏下位置。法国、德国和加拿大在该领域表现也活跃,拥有相当数量的高质量论文。

表 20-2 深海原位探测技术主要国家论文产出情况简表

国家	论文数量世界排名	论文数量(篇)	论文数量占世界的比重(%)	篇均被引频次(次)	被引次数占世界的比重(%)
美国	1	43	39.4	28.2	47.8
中国	2	18	16.5	18.7	13.2
法国	3	15	13.8	30.6	18.1
德国	4	14	12.8	9.2	5.1
加拿大	5	12	11.0	19.3	9.1

根据论文产出情况,针对主要机构和主要科学家,给出了创新资源分布情况。表 20-3 给出了论文数量世界排名前 5 位的主要机构列表,分别为美国伍兹霍尔海洋研究所、法国海洋开发研究院、中国海洋大学、美国南佛罗里达大学以及美国蒙特利尔海洋研究所,论文数量都未超过 10 篇。相比而言,中国海洋大学论文被引次数远远低于其他研究机构。同时也可以看出,深海原位探测技术在世界的范围内,仍然集中在一些著名的海洋科研单位。

表 20-3 深海原位探测技术主要机构论文产出情况简表

主要机构	论文数量世界排名	论文数量(篇)	论文被引次数	论文数量占世界的比重(%)	篇均被引频次(次)
美国伍兹霍尔海洋研究所	1	8	302	0.1	37.8
法国海洋开发研究院	2	7	285	0.1	40.7
中国海洋大学	5	7	25	0.1	3.6
美国南佛罗里达大学	3	6	113	0.1	18.8
美国蒙特利尔海洋研究所	4	6	106	0.1	17.7

表 20-4 给出了论文数量排名前 3 位的主要科学家论文产出情况简表。R. T. Short 和 R. H. Byrne 都任职美国南佛罗里达大学,属于同一合作团队,致力于水下质谱原位探测应用。

表 20-4 深海原位探测技术主要科学家论文产出情况简表

主要科学家	论文数量世界排名	论文数量(篇)	论文数量占世界的比重(%)	篇均被引频次(次)
R. H. Byrne	1	6	5.5	22.4
R. T. Short	1	4	4.6	22.4
P. G. Brewer	3	4	6.7	16.0

2.2 论文发表趋势

图 20-1 给出了深海原位探测技术与装备论文发文整体趋势以及中国与美国在相关领域发表论文的年度变化情况。由图 20-1 可以看出,发文量总体规模较小,呈现出一定

的上升趋势。美国在该领域贡献了接近 40% 的论文。中国在 2007 年之前在相关领域鲜有论文发表，在 2011 年之后呈现上升趋势，在 2013 年论文发表数量超过了美国。

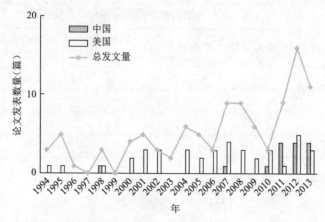

图 20-1 深海原位探测技术与装备论文发文趋势

2.3 研究起源

图 20-2 为深海原位探测技术高被引论文引用时间轴，分析的数据为 109 篇论文的参考文献。其中，圆圈的大小代表被引用次数。参考文献中被引频次的最高值只有 8 次，说明该项技术仍处在一个缓慢的发展时期。进一步分析显示，被引频次较高的参考文献仍然集中在美国。

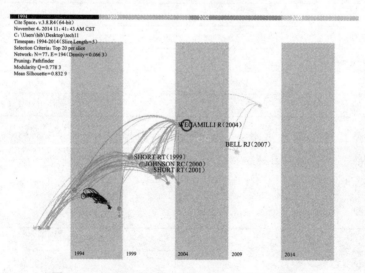

图 20-2 深海原位探测技术高被引论文引用时间轴

2.4 研究热点

借助 CiteSpace 软件，对论文的总体趋势进行了分析。图 20-3 为深海原位探测技术研究热点时间轴分布。时间的分布选择为 1994～2014 年，由于论文数量较少，并未设置时间段。图 20-3 中，方块的大小代表被引用次数，文字部分为经聚类分析结果。从图

20-3可以看出,研究热点主要集中在热液、可燃冰、沉积物的原位探测,具体技术涉及拉曼光谱、水下质谱仪、紫外线光谱仪等。

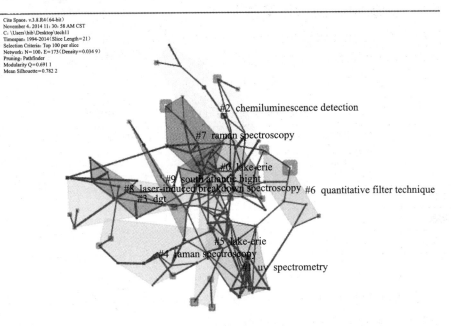

图20-3 深海原位探测技术研发热点时间轴分布

针对109篇论文,表20-5给出了高被引论文简表,论文被引次数都在50次以上。

表20-5 深海原位探测技术高被引论文简表

作者	题目	来源	机构	被引次数
B. Hales、S. Emerson、D. Archer	*Respiration and Dissolution in the Sediments of the Western North Atlantic: Estimates from Models of Insitu Microelectrode Measurements of Porewater Oxygen and pH*	*Deep-Sea Research Part I: Oceanographic Research Papers*, 1994, 41(4)	美国华盛顿大学海洋学院、美国哥伦比亚大学拉蒙特-多尔蒂地球观测站	76
P. G. Brewer、G. Malby、J. D. Pasteris 等	*Development of a Laser Raman Spectrometer for Deep-Ocean Science*	*Deep-Sea Research Part I: Oceanographic Research Papers*, 2004, 51(5)	美国蒙特利尔海洋研究所、美国华盛顿大学地球与行星科学系	53
R. T. Short、D. P. Fries、M. L. Kerr	*Underwater Mass Spectrometers for in situ Chemical Analysis of the Hydrosphere*	*Journal of the American Society For Mass Spectrometry.*	美国南佛罗里达大学	50

3 专利产出分析

基于Thomson Innovation(TI)数据库,截止时间至2014年7月,采用专家辅助、主题词检索的方式共检索同族专利71项。专利分析主要采用专利族数量统计以及PCT专利数量统计。其中,PCT专利是指《专利合作条约》(*Patent Cooperation Treaty*)的英文缩写,是有关专利的国际条约。

3.1 主要国家、机构与发明人

表20-6给出了主要国家专利产出情况简表。由表20-6可见,中国专利数量排名第一位,且占世界专利总数的50.7%,PCT专利数为0。美国、德国、法国分别排名第二、三、四位。其中,美国PCT专利数4项,占世界比重的55.6%。

表20-6 深海原位探测技术专利优先权国专利产出情况对比

主要国家	专利数量世界排名	专利族数量(项)	专利数量占世界比重(%)	PCT专利数量(项)	PCT专利数量占世界比重(%)
中国	1	36	50.7	0	0.0
美国	2	18	25.4	4	55.6
德国	3	5	7.0	2	22.2
法国	4	5	7.0	1	11.1

在主要机构与发明人分析中,专利分布比较分散。目前,主要专利申请机构涉及美国海军、法国的海洋技术开发研究院、德国GKSS研究所以及中国的浙江大学、中国海洋大学、中国科学院海洋研究所以及同济大学等。

3.2 技术发展趋势分析

图20-4给出了深海原位探测技术与装备领域专利申请趋势,以及中美与美国在相关领域的专利申请数量年度变化。可以看出,专利数量在2000年急剧升高,之后数量基本在40件/年左右,但在2012年之后,数量出现了下降。美国的专利数量占据总数的59%,中国排名第二位,占总数的14%。中国在2010年之后专利数量急剧增加,在2012年超过美国。

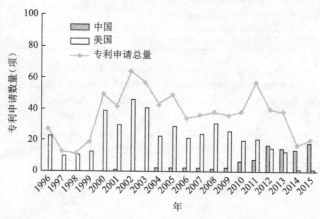

图20-4 深海原位探测技术与装备专利申请趋势

3.3 重要专利

依据Innography专利系统中的专利强度指标,选择专利强度较高的专利作为重要专利,详见表 20-7。其中,专利强度指标参考了 10 余个与专利价值相关的指标,包括专利权利要求数量、引用先前技术文献数量、专利被引用次数、专利及专利申请案的家族、专利申请时程、专利年龄、专利诉讼等。

表 20-7　深海原位探测技术部分重要专利详细信息

公开号 CN1703630A
(CN1703630 US20060201243 WO200431807 FR2845485 EP1546764 JP2006501458 CA2498547 AU2003285392)

| 专利基本信息 | 标题:
公开(公告)号:CN1703630A
公开(公告)日:2005.11.30
申请人:法国海洋开发研究院(工商性公共研究会)
摘要:本发明涉及一种海底工作站,例如,海底水听器(OBH)或海底地震检波器(OBS),设计成进行现场测量,包括具有正浮力的支撑结构,与至少一个可分开的压载结合,在测量期间压载携带所说的支撑结构到海底,支撑结构包括至少一个水听器、一个用于记录来自水听器的测量数据的数据采集装置和一个用于释放所说的可分开压载的装置。本发明的特征在于:数据采集装置用于响应由水听器接收的声波的释放命令而控制释放装置。 |

4　主要国家发展阶段

国际上深海领域的竞争日趋激烈,相应的国际和区域海洋监测网络逐步实施,深海原位探测技术是深海观测网络中重要的部分。

4.1　美国

1998 年,美国正式启动了海底观测网络计划,名为海王星(NEPTUNE)。主要有三大研究目标,分别为地震预测、海洋对气候以及渔业的影响、深海生态系统研究,大约设立了 33 个观测中心。美国蒙特利湾海洋研究所承担了海洋科学观测站 MARS 建设。

4.2　加拿大

1999 年,加拿大也加入了海王星(NEPTUNE)计划。

4.3　日本

2003 年 1 月,日本提出了 ARENA 计划,目标是沿日本海沟建造跨越板块边界的光缆链接观测网络,主要应用于地震学和地球动力学研究等。继 ARENA 之后,日本在伊豆半岛地震源区附近又铺设了海底观测系统,名为 DONET 计划。

4.4　欧洲

2004 年,英、德、法制定了 ESONET 计划,与海王星计划类似。不同之处在于,海王星计划是一个独立完整的海底观测网络,而 ESONET 是由不同地区间的网络系统组成的联合体。

4.5　中国

2009 年,中国在东海海底正式运作了小衢山试验站。该试验站包括双层凯装海底光电复合缆,连接具有不同型号的水密接插头、实现能源自动供给和通信传输的基站特种接驳盒。

5　结论

（1）美国、加拿大、欧洲为领先国家或区域，掌握核心技术，开展了海王星海底观测计划、ESONET 计划等。

（2）中国深海原位探测技术处于发展时期，但发展速度较慢。2006 年之后，与世界先进国家的差距在不断缩小。目前，中国专利数量方面排名第一，但在 PCT 专利方面，较为滞后，论文篇均被引频次较低。

（3）美国为深海原位技术的起源国家。代表人物为美国南佛罗里达大学 R. D. Short 教授以及美国蒙特利湾海洋研究所的 P. G. Brewer 等。

（4）深海原位探测技术创新资源主要集中在美国南佛罗里达大学、美国蒙特利湾海洋研究所以及法国海洋开发研究院等，国内的创新资源主要集中浙江大学、中国海洋大学、中国科学院海洋研究所等。

综上所述，目前，领先国家为美国。中国技术水平与国际领先水平相差很大，但差距在缓慢缩小。目前，中国大致相当于美国 1998 年水平。

第二十一章 大洋海底表层定点、可视及保真取样技术与装备

1 技术概述

海洋作为地球上最大的资源宝库,由于水层的隔离,人类对海洋资源的勘探、开发和利用均受到极大限制,为了突破这种限制,各种取样技术与装备应运而生并迅速得到发展。在海洋地质调查、资源勘探和矿产评估中,海底取样技术及其设备占据了举足轻重的地位。随着大洋海底资源调查要求的提高,各种研究目标的实现与沉积物样品的原位信息密切相关,对海底取样技术的要求也越来越高,大洋海底表层采样逐渐向定点、可视化、保真技术方面发展。大洋海底表层定点采样技术需要精确地导航定位系统支持,可视化采样目前主要有电视抓斗、电视多管取样器、深海摄像系统等,而大洋海底表层采样对保真采样器的需求越来越高,保真采样器近年来的研究也比较深入。这些取样设备的更新与改进,具有重要的社会和经济效益。技术分解技术见表 21-1。

表 21-1 大洋海底表层定点、可视及保真取样技术与装备技术分解表

	一级分类	二级分类
大洋海底表层定点、可视及保真取样技术与装备	大洋海底表层定点	海底接触敲击式回声探测
		海底吸尘器
	大洋海底表层可视化取样	电视抓斗
		电视多管取样器
		深海摄像系统
		无人遥控潜水器(ROV)
	大洋海底表层保真取样	保真采样器

2 论文产出分析

基于汤姆森路透科技集团的 Web of Science 科学引文索引扩展版 SCIE 论文数据库

（1994～2014 年），截止时间至 2014 年 7 月，采用专家辅助、主题词检索的方式共检索论文 864 篇。

2.1 主要国家、机构与作者

表 21-2 给出了主要国家论文产出情况简表。美国相关论文数量及篇均被引次数均位列全球第一，论文共 290 篇，篇均被引 19.8 次。中国相关论文 34 篇，排名世界第九位，篇均被引 4.8 次，远低于美国、英国、德国、日本等前 8 位国家。

表 21-2 主要国家论文产出情况简表

国家	论文数量世界排名（位）	论文数量（篇）	论文数量占世界的比重（%）	论文总被引次数	篇均被引频次（次）	被引次数占世界的比重（%）
美国	1	290	33.6	5 752	19.8	38.4
英国	2	126	14.6	2 313	18.4	15.5
德国	3	91	10.5	2 050	22.5	13.7
加拿大	4	73	8.4	1 426	19.5	9.5
法国	5	70	8.1	1 556	22.2	10.4
意大利	6	43	5.0	654	15.2	4.4
澳大利亚	7	40	4.6	502	12.6	3.4
日本	8	40	4.6	531	13.3	3.5
中国	9	34	3.9	164	4.8	1.1

根据论文产出情况，针对主要机构和主要科学家，给出了创新资源分布情况。表 21-3 为论文数量世界排名前 6 位的主要机构列表，主要来自美国、德国、法国，分别为美国伍兹霍尔海洋学研究所、美国加利福尼亚大学圣迭戈分校、德国不来梅大学、法国海洋开发研究所、美国夏威夷大学、美国华盛顿大学。中国科学院共发文 8 篇，排名第 28 位。

表 21-3 主要机构论文产出情况简表

主要机构	论文数量世界排名	论文数量（篇）	论文数量占世界的比重（%）	总被引频次（次）	篇均被引频次（次）
美国伍兹霍尔海洋学研究所	1	36	4.2	1115	31.0
美国加利福尼亚大学圣迭戈分校	2	21	2.4	504	24.0
德国不来梅大学	3	20	2.3	361	18.1
法国海洋开发研究所	4	19	2.2	540	28.4
美国夏威夷大学	5	18	2.1	376	20.9
美国华盛顿大学	6	16	1.9	342	21.4

表 21-4 给出了论文数量排名前 3 位的主要科学家论文产出情况简表。这 3 位科学家分别来自德国不来梅大学、德国亥姆霍兹极地海洋研究中心和英国普劳德曼海洋学实验室。

表 21-4 主要科学家论文产出情况简表

主要科学家	论文数量世界排名	论文数量（篇）	论文数量占世界的比重（%）	总被引频次（次）	篇均被引频次（次）	所在机构
G. Bohrmann	1	8	0.9	142	17.8	德国不来梅大学
A. Boetius	2	7	0.8	261	37.3	德国亥姆霍兹极地海洋研究中心
A. M. Davies	3	7	0.8	257	36.7	英国普劳德曼海洋学实验室

2.2 发文趋势

图 21-1 给出了大洋海底表层定点、可视及保真取样技术与装备论文发表趋势图。全球论文发文量整体呈增长趋势，2013 年的发文量为 73 篇。美国在该技术领域的研究较早，自 20 世纪 80 年代起即开始发表相关论文，各年的发文量在 30 件以下。中国涉足该领域的研究较晚，2000 年开始发表相关论文，目前发文数量还较少，每年的发文量不过 5 篇。

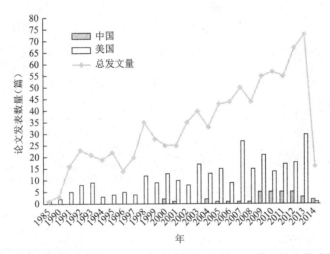

图 21-1 大洋海底表层定点、可视及保真取样技术与装备论文发表趋势

2.3 研究起源

图 21-2 为大洋海底表层定点、可视及保真取样技术与装备高被引论文引用时间轴分布图。圆圈的大小代表被引用次数；其中，对被引频次大于 13 的论文进行了标引。由图 21-2 可以看出，R. A. Dalrymple（美国特拉华大学）等于 1978 年发表的论文 *Waves Over Soft Muds-2-Layer Fluid Model* 是早期被引次数较高的一篇论文（被引 15 次），主要是关于层流体模型研究，据此认为大洋海底表层定点、可视及保真取样技术与装备起源国为美国。

2.4 研究热点

借助 CiteSpace 软件，对论文的总体趋势进行了分析。图 21-3 为大洋海底表层定点、可视及保真取样技术与装备研究热点时间轴分布图。时间的分布选择为 1994 ~ 2014 年，每5年设置一个时间段,研究热点是每个时间段出现频次排名前50位最高的词组。图21-3中,方块的大小代表被引用次数,右侧文字为经聚类分析结果。从图21-3可以看出,近期活跃的研究热点为聚类#2,层流;聚类#5,中国南海;聚类#7,英吉利海峡;聚类#8,应变率校正;聚类#11,沿海碳酸盐岩含水层。

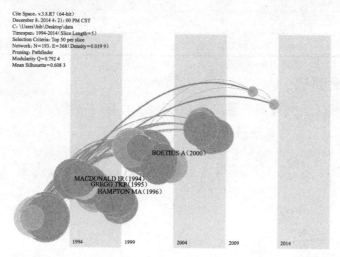

图 21-2 大洋海底表层定点、可视及保真取样技术与装备高被引论文引用时间轴分布

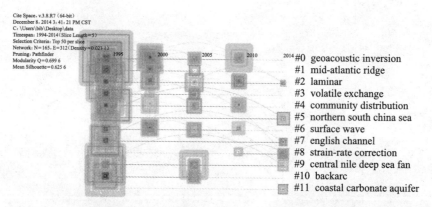

图 21-3 大洋海底表层定点、可视及保真取样技术与装备技术研发热点时间轴分布

表21-5给出了高被引论文简表,美国地质调查局 F. Murphy 和 W. N. Herkelrath 于1996年发表在 *Ground Water Monitoring and Remediation* 上的论文 *A Sample-Freezing Drive Shoe for a Wire Line Piston Core Sampler* 被引次数最高,达27次。

表 21-5 高被引论文简表

作者	题目	来源	机构	被引次数
F. Murphy、W. N. Herkelrath	*A Sample-Freezing Drive Shoe for a Wire Line Piston Core Sampler*	*Ground Water Monitoring and Remediation*,1996,16(3)	美国地质调查局	27
J. M. H. Hendrickx、C. J. Risteama、O. H. Boersma 等	*Motor-Driven Portable Soil Core Sampler for Volumetric Sampling*	*Soil Science Society of America Journal*,1991,56(6)	美国新墨西哥矿业理工学院	12

作者	题目	来源	机构	被引次数
J. D. Madsen、R. M. Wersal、T. E. Woolf	*A New Core Sampler for Estimating Biomass of Submersed Aquatic Macrophytes*	*Journal of Aquatic Plant Management*, 2007, 45（1）	美国密西西比州立大学	6

3　专利产出分析

基于 Thomson Innovation（TI）数据库，截止时间至 2014 年 7 月，采用专家辅助、主题词检索的方式共检索同族专利 480 项、PCT 专利族 57 项。专利分析主要采用专利族数量统计以及 PCT 专利数量统计。其中，PCT 是指《专利合作条约》（*Patent Cooperation Treaty*）的英文缩写，是有关专利的国际条约。

3.1　主要国家、机构与发明人

表 21-6 给出了主要国家专利产出情况简表。由表 21-6 可见，美国专利数量排名第一位，占世界专利总数的 49.4%，PCT 专利数为 30 项，专利数量及 PCT 专利量均遥遥领先于其他国家。居于美国之后的依次是法国、日本、德国、中国、英国。这 5 个国家与美国相比差距还较大，专利数量及 PCT 专利量还较少。

表 21-6　专利优先权国专利产出情况对比

优先权国	专利数量世界排名	专利族数量（项）	专利数量占世界比重（%）	PCT 专利数量（项）	PCT 专利数量占世界比重（%）
美国	1	237	49.4	30	52.6
法国	2	50	10.4	2	3.5
日本	3	44	9.2	0	0.0
德国	4	41	8.5	1	1.8
中国	5	24	5.0	0	0.0
英国	6	24	5.0	7	12.3

表 21-7 给出了主要机构专利族数量及专利数量占世界比重。可以看出，排位靠前的机构主要来自美国、加拿大和日本。前 4 位机构分别是美国海军、斯伦贝谢加拿大有限公司、日本电气株式会社、日本富士通株式会社。

表 21-7　主要机构专利产出情况简表

主要机构	专利数量世界排名	专利族数量（项）	专利数量占世界比重（%）
美国海军	1	34	7.1
斯伦贝谢加拿大有限公司	2	20	4.2
日本电气株式会社	3	11	2.3
日本富士通株式会社	4	7	1.5

3.2 技术发展趋势分析

图 21-4 给出了大洋海底表层定点、可视及保真取样技术与装备专利申请量年度变化趋势。美国在该技术领域的研究起步早,1971 年即开始申请专利。20 世纪 90 年代初期得到较快发展,之后发展平稳。自 2007 年起,专利申请量增速明显,2013 年的申请量达 28 件。中国在该技术领域的研究起步晚,2006 年申请了首件专利,至今专利申请量还较少,每年的申请量不过 7 项。

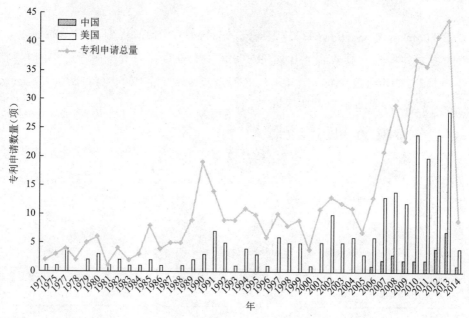

图 21-4　大洋海底表层定点、可视及保真取样技术与装备专利申请量年度变化趋势图

3.3 重要专利

依据 Innography 专利系统中的专利强度指标,选择专利强度较高的专利作为重要专利,详见表 21-8。其中,专利强度指标参考了 10 余个与专利价值相关的指标,包括:专利权利要求数量、引用先前技术文献数量、专利被引用次数、专利及专利申请案的家族、专利申请时程、专利年龄、专利诉讼等。

表 21-8　部分重要专利详细信息

公开号 WO2008046835(A2)	
专利基本信息	标题:*Monitoring a Subsurface Formation Underneath a Sea Bed, and Method for Producing Hydrocarbons* 申请号:WO2007EP61043 申请日:2007. 10. 16 公开(公告)号:WO2008046835(A2) 公开(公告)日:2008. 04. 24 申请(专利权)人:Shell Internationale Research Maatschappij B. V. 、Shell Canada Limited 分类号:G01V11/00;E21B47/00 优先权:EP20060122372 20061016;EP20060122368 20061016

公开号 WO2008046835（A2）	
专利基本 信息	摘要：A method of monitoring a subsurface formation underneath a sea bed，the method comprising determining non-vertical deformation of the sea floor over a period of time and inferring a parameter related to a volume change in the subsurface formation from the non-vertical deformation of the sea. Determining the non-vertical deformation of the sea floor comprises selecting a plurality of locations on the sea floor and determining a change in distance between at least one pair of the locations over the period of time.
公开号 WO2012065023（A3）	
专利基本 信息	标题：*Method and Apparatus for Subsea Wireless Communication* 申请号：WO2011US60305 申请日：2011. 11. 11 公开（公告）号：WO2012065023（A3） 公开（公告）日：2012. 07. 19 申请（专利权）人：Schlumberger Technology Corporation、Schlumberger Canada Limited、Services Petroliers Schlumberger、Schlumberger Holdings Limited、Schlumberger Technology B. V.、Prad Research and Development Limited 分类号：G01V9/00；E21B47/12 优先权：US201113293752 20111110；US20100412514P 20101111 摘要：System and method for communicating the state of a downhole subsea well which includes a wellbore with at least one sensor disposed within it. Information from the wellbore is communicated to a seabed data governor which is disposed on the seafloor. The seabed data governor includes buoyant signaling devices and a release module allowing the release of the buoyant signaling devices which then travel to the sea surface.

4　主要国家发展阶段

海底沉积物保真取样技术始于 20 世纪 80 年代，科学家们在美国布莱克海底高原 DSDP503 站位对保压取样装置Ⅲ型进行了现场试验。这标志着保压取样装置Ⅲ型作为先进的海底探测设备开始进入了实际应用阶段。近年来，深海保真取样技术越来越受到海洋科学界的重视，传统的取样技术正在逐步被保真（保温、保压）取样技术所取代。目前，比较领先的国家包括美国、俄罗斯、加拿大、日本、英国、法国。国外常用的海底取样器见表 21-9。

我国在海底取样技术领域的研究起步较晚，技术储备不多。多年来，常规海底取样设备一直以旺盛的生命力存在和发展，成为海洋地质调查不可替代的专用设备。目前，普遍使用的常规海底取样设备主要有蚌式抓斗采泥器、重力柱状取样设备、箱式取样器、振动取样器、多管取样器、拖网取样器、无缆自返式抓斗。新型海底取样设备于 20 世纪末逐步发展起来，主要有电视抓斗、3 000 m 深海岩心取样钻机、重力活塞式保真取样器。2003 年 6 月，我国第一代电视抓斗顺利通过专家组的海试验收。北京先驱高技术开发公司又研制制造过 3 代产品，现装备在"大洋一号"调查船上。在 2008～2009 年的"大洋一号"太平洋、印度洋热液区域科考工作中，电视抓斗成为探测发现热液区域并成功采样的主力装备，为我国发现 11 处热液区域做出了重要贡献。我国自主研制的深海浅地层岩心钻机自 2003 年首次海上试用成功后，经过改进完善的第二代及第三代产品，自

2008~2009年开始在我国大洋富钴结壳勘探中大规模应用,成为"大洋一号"调查船的主要装备。重力活塞式保真取样器2006年在西沙试验成功,2009年,在广州海洋地质调查局水合物调查中投入使用。

表21-9 国外常用的海底取样器

取样器的控制方式	取样器类型	取样器型号	海深(m)	钻孔深度(m)	直径(mm)取样管/岩芯	取样器质量(kg)	岩石可钻性级别
非可控式	直接冲击式		不限	≤8	50~180	≤2 000	Ⅰ,Ⅱ
	活塞冲击式			30~40		3 000~6 000	
	负压-静水压力式	ВГП-6	100	2	152	60	Ⅰ,Ⅱ
	静水压力式	ГСП-1	≤200	3	146	500	Ⅰ~Ⅲ
		ГСП-2	≤300	10	127	250	
		ПСП-3	≤1 000	10	127	600	
可控式	气动冲击式水动力式	МП-1	≤40	3	89	180	Ⅰ~Ⅲ
		ПО-70	50	6	108/66	220	Ⅰ,Ⅱ
	水力冲击式	ПУВБ-150	100	4	150/125	300	Ⅰ~Ⅳ
		УГВП-150	100	6	150/112	500	
		ПГВУ-150М	50	6	150/112	600	
		УГВМ-130/8	50	8	130/90	375	
		КМО-3	30	6	219/100	350	
	振动式	ПТГУ	50	4	146	200	Ⅰ~Ⅲ
	振动回转式振动冲击式	ПБУ-100/4	100	4	146	700	Ⅰ~Ⅳ
		ВБ-7	50	6	168	1 000	
		ПОБУ-2006	200	6	146	1 200	
	远距离控制的海底回转式取样器	LOKHD(美国)	100	2.6	63.5/42.9	463	Ⅴ~Ⅶ
		MDC-200(日本)	200	10.0	—/86	10 000	
		AOL(加拿大)	360	4.3	—/30.5	1 500	
		MD-500H(日本)	500	6.0	56/44	3 300	
	自动化的海底回转式取样器	ROKDRI LMak-Ⅳ(加拿大)	3 60~3 600	1.75	—/25.4	1 360	Ⅴ~Ⅻ
		PKBP(英国)	≤200	0.26	—/12.7	160	
		MD-300RT(日本)	≤300	1.00	—/36	1 000	
可控式	安装于水下机构上的微型取样器	ELBIN(美国)	≤1 800	0.10	—/19	—	Ⅴ~Ⅻ
		ST-1(法国)	≤1 000	0.28	—	—	
		CONSUB(英国)	≤600	0.13	—/11	—	
		АРТУС(俄罗斯)	≤600	0.18	—/21	—	

5 结论

(1)美国、英国、德国、法国、日本为技术领先国家,起步时间早,掌握核心技术。

(2)中国大洋海底表层定点、可视及保真取样技术与装备研究起步时间晚,技术储

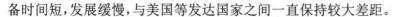

备时间短,发展缓慢,与美国等发达国家之间一直保持较大差距。

（3）美国为大洋海底表层定点、可视及保真取样技术与装备的起源国家,代表人物为美国特拉华大学 R. A. Dalrymple 教授。

（4）大洋海底表层定点、可视及保真取样技术与装备创新资源主要集中在美国、德国、法国、加拿大和日本,主要机构有美国伍兹霍尔海洋学研究所、美国加利福尼亚大学圣迭戈分校、德国不来梅大学、法国海洋开发研究所、美国夏威夷大学、美国华盛顿大学、斯伦贝谢加拿大有限公司、日本电气株式会社、日本富士通株式会社等。国内的创新机构主要是中国科学院。

综上所述,日前领先国家为美国,中国技术水平与国际领先水平差距较大。

第二十二章　绿潮监测与应急处理技术

1　技术概述

绿潮是大型定生绿藻脱离固着基后漂浮并不断增殖,导致生物量迅速扩增而形成的藻类灾害。引发绿潮的绿潮藻均属于绿藻门绿藻纲石莼科,主要为石莼属(*Ulva*)、浒苔属(*Enteromorpha*,现在有研究将浒苔属并入石莼属)、刚毛藻属(*Cladophora*)、硬毛藻属(*Chaetomorpha*)等属的大型绿藻。

绿潮遥感监测系统以多平台、多传感器、多光谱遥感数据为数据源,包含了卫星光学遥感、卫星微波遥感、航空光学遥感三种模式,并结合海面船舶监测,是一个优势互补的立体监测系统。卫星遥感以光学数据为主,微波数据为辅,提供大尺度宏观监测结果;航空遥感以多光谱光学数据为主,提供重点监测区域的超高分辨率监测结果;船舶监测用于遥感监测结果的真实性检验和方法修正,同时本身也是一种实地监测结果。

2008 年,在青岛爆发了浒苔。为确保奥帆赛的顺利进行,青岛投入了大量的人力、物力进行浒苔的处理,同时对浒苔的溯源、监测等方面进行了大量的研究。此外,在法国、日本等地也爆发过类似的绿藻藻华。总体来说,相对赤潮,绿藻藻华的研究较少。

2　论文产出分析

基于汤姆森路透科技集团的 Web of Science 科学引文索引扩展版 SCIE 论文数据库(1994～2014 年),截止时间至 2014 年 7 月,采用专家辅助、主题词检索的方式共检索论文 197 篇。

2.1　主要国家、机构与科学家

表 22-1 给出了主要国家论文产出情况简表。由表 22-1 可见,中国的论文数量排名第一位,数量为 47 篇;篇均被引频次为 5.2 次／篇,被引次数占世界论文总被引次数的7.5。与其他国家相比,在篇均被引频次上排名较为靠后。

表 22-1 绿潮监测与应急处理技术主要国家论文产出情况简表

国家	论文数量世界排名	论文数量（篇）	论文数量占比重（%）	篇均被引频次（次）	被引次数占世界的比重（%）
中国	1	47	23.9	5.2	7.5
美国	2	36	18.3	22.7	25.0
英国	3	21	10.7	27.3	17.6
加拿大	4	12	6.1	14.6	5.4

根据论文产出情况，针对主要机构和主要科学家，给出了创新资源分布情况。表 22-2 为论文数量世界排名前 6 位的主要机构列表，分别为中国科学院海洋研究所、国家海洋局第一海洋研究所、英国伯明翰大学、加拿大英属哥伦比亚大学以及中国海洋大学。

表 22-2 绿潮监测与应急处理技术主要机构论文产出情况简表

主要机构	论文数量世界排名	论文数量（篇）	论文被引次数	论文数量占世界的比重（%）	篇均被引频次（次）
中国科学院海洋研究所	1	17	59	8.6	3.5
国家海洋局第一海洋研究所	2	9	66	4.6	7.3
英国伯明翰大学	3	7	177	3.6	25.3
美国加州大学	4	6	188	3.0	31.3
加拿大英属哥伦比亚大学	5	5	75	2.5	15.0
中国海洋大学	6	4	41	2.0	10.3

表 22-3 给出了论文数量排名前五位的主要科学家论文产出情况简表。J. A. Callow 与 M. E. Callow 都工作于英国伯明翰大学，是同一合作团队，主要关注生物科学技术基础研究；P. Fong 的研究主要集中在富营养化方面。

表 22-3 绿潮监测与应急处理技术主要科学家论文产出情况简表

主要科学家	论文数量世界排名	论文数量（篇）	论文数量占世界的比重（%）	篇均被引频次（次）
J. A. Callow	1	7	177.0	25.3
M. E. Callow	2	7	177.0	25.3
P. Fong	3	5	171.0	34.2

2.2 发文趋势

图 22-1 给出了绿潮监测与应急处理技术发文整体趋势以及中国与美国在相关领域发表论文的年度变化情况。由图 22-1 可以看出，在 2008 年之前，中国对绿藻的研究较少；之后数量急剧增加；在 2010 年，中国的论文数量超过了美国。在引用数量上，中国仍落后于美国。美国的引用率较高的原因是美国对绿藻的研究集中在生物学基础研究方面，中国的研究集中在青岛浒苔爆发的研究。

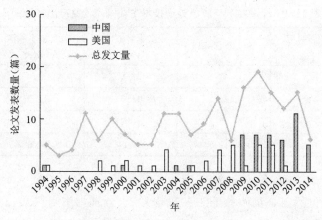

图 22-1　绿潮监测与应急处理技术发文趋势

2.3　研究起源

图 22-2 为绿藻监测技术高被引论文引用时间轴,分析的数据为 197 篇论文的参考文献,共 6 490 篇。其中,圆圈的大小代表被引用次数,圆圈中颜色的变化代表时间段。进一步分析显示,被引频次较高的参考文献仍然集中在美国。

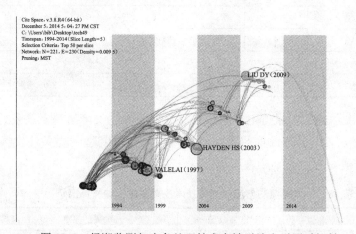

图 22-2　绿潮监测与应急处理技术高被引论文引用时间轴

2.4　研究热点

借助 CiteSpace 软件,对论文的总体趋势进行了分析。图 22-3 为绿潮监测与应急处理技术研究热点时间轴分布。时间的分布选择为 1994～2014 年,每 5 年设置一个时间段;研究热点是每个时间段出现频次排名前 50 位最高的词组。图 22-3 中,方块的大小代表被引用次数,右侧文字为经聚类分析结果。从图 22-3 可以看出,论文研究热点主要集中黄海浒苔爆发、浒苔管理以及浒苔监测方面。

针对 197 篇论文,表 22-4 给出了高被引论文简表,论文被引次数分别为 66 和62 次。

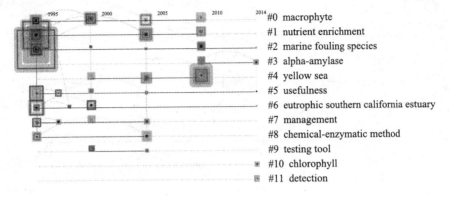

图 22-3 绿潮监测与应急处理技术研发热点时间轴分布

表 22-4 高被引论文简表

作者	题目	来源	机构	被引次数
H. K. Lotze、W. Schramm、D. Schories 等	*Control of Macroalgal Blooms at Early Developmental Stages: Pilayella Littoralis Versus Enteromorpha spp.*	*Oecologia*, 1999, 19(1)	德国基尔大学海洋研究所、德国热带海洋生态中心	66
J. Blomster、C. A. Maggs、M. J. Stanhope	*Molecular and Morphological Analysis of Enteromorpha Intestinalis and E. compressa（Chlorophyta）in the British Isles*	*Journal of Phycology*, 1998, 34(2)	英国贝尔法斯特女王大学	62

3 专利产出分析

基于 Thomson Innovation（TI）数据库，截止时间至 2014 年 7 月，采用专家辅助、主题词检索的方式共检索同族专利 285 项。专利分析主要采用专利族数量统计以及 PCT 专利数量统计。其中，PCT 专利是指《专利合作条约》（*Patent Cooperation Treaty*）的英文缩写，是有关专利的国际条约。

3.1 主要国家、机构与发明人

表 22-5 给出了主要国家专利产出情况简表。由表 22-5 可见，中国专利数量排名第一位，占世界专利总数的 66.3%，但 PCT 专利数为 0 项。美国专利数量排名第四位，PCT 专利数量为 11。韩国和日本分别排名第二、三位。

目前，在专利数量上比较占优的机构主要是中国的机构，最多的是青岛海大生物集团有限公司。

表 22-5　专利优先权国专利产出情况对比

主要国家	专利数量世界排名	专利族数量(项)	专利数量比重(%)	PCT 专利数量(项)	PCT 专利数量比重(%)
中国	1	189	66.3	0	0.0
韩国	2	35	12.3	2	7.7
日本	3	27	9.5	3	11.5
美国	4	16	5.6	11	42.3
法国	5	9	3.2	6	23.1

表 22-6　主要机构专利产出情况

专利权人	专利数量	发明人	专利申请持续时间
青岛海大生物集团有限公司	17	单俊伟(7) 王海华(5) 李秀珍(5)	2006～2014 年
上海海洋大学	11	何培民(11) 贾睿(10) 费岚(6) 蔡春尔(6)	2010～2014 年

3.2　技术发展趋势分析

图 22-4 给出了绿潮监测与应急处理技术相关领域的专利年度变化趋势。在 2008 年以后,由于中国在绿潮监测与应急相关技术方面专利数量急剧增加,使得整体态势也呈现出急剧上升趋势。

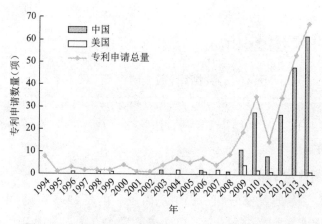

图 22-4　绿潮监测与应急处理技术专利年度变化趋势

3.3　重要专利

依据 Innography 专利系统中的专利强度指标,选择专利强度较高的专利作为重要专利,详见表 22-7。其中,专利强度指标参考了 10 余个与专利价值相关的指标,包括专利权利要求数量、引用先前技术文献数量、专利被引用次数、专利及专利申请案的家族、专利申请时程、专利年龄、专利诉讼等。

表 22-7 绿潮监测与应急处理技术部分重要专利详细信息

公开号 WO2005094588A1
（BR200509523A CA2561378C CA2838231A1 EP1729582A1 FR2868253A1 US20070232494A1 US7820176B2 ）

专利基本信息	标题：*Use of an Ulvans Extracted from Green Algae of Genus Ulva or Enteromorpha, or Oligosaccharides Derived from Ulvans as Activators of Defense Reactions of the Plants and Resistance Against Biotic or Abiotic Constraints* 申请人：法国 Roulier 金融投股公司 发明（设计）人：Xavier Briand、Stéphanie Cluzet、Bernard Dumas 等 摘要：Use of an ulvans（I）（particularly extracted from green algae of genus Ulva or Enteromorpha）or oligosaccharides derived from ulvans as activators of defense reactions of the plants and resistance against biotic or abiotic constraints. Independent Claims are also included for：procedure to activate the defense reactions of the plants and resistance against biotic or abiotic constraints，comprising application of（I）or oligosaccharides derived from（I）to the plants；andplant health product comprising at least（I）optionally in association with fertilizing material. Plant Protectant. Plant defense reaction activator.（I）is useful as activators of defense reactions of the plants and resistance against biotic or abiotic constraints（claimed）.（I）is useful to protect the plants against e. g. abiotic stresses，oomycetes，insects，pathogens，fungi，bacteria，viruses and nematodes. The effect of（I）on the protection of plants against oomycetes was tested using biological assay. The results showed that the（I）significantly reduced the incidence of attack of Pythium. Preferred Components：（I）is extracted from algae such as Ulva armoricana，Enteromorpha intestinalis and Enteromorpha compressa（all preferred），Ulva rigida，Ulva rotundataUlva lactuca .（I）or the oligosaccharides are carried to the plants：in liquid form（0. 1～100，preferably 1 g/L）through leaf；in nutritive solution form（hydroponic or drop by drop）；solutions for treatment of seeds or post-harvest through root；or in solid form（10～1 000，preferably 200 g/hectare）e. g. pulverized product or granules. The plant health product is in liquid or powder form，or granules. Preferred Process：The extracts are obtained by a process comprising washing，crushing，extracting（solid-liquid separation）and optionally fractionating and concentrating. The oligosaccharides（0. 1～100（preferably 1）g/L）derived from（I）are obtained by acid or enzymatic hydrolysis for the contribution to the plants in the form of liquid. The application of（I）to the plants is carried out by leaf or root.

4 主要国家发展阶段

美国、法国以及日本对绿潮的研究开始较早，并进行了研究涉及生物学、绿潮监测、应急处理以及二次加工利用等。在 2008 年青岛奥帆赛之前，在黄海海域爆发了浒苔，引起了国内外的广泛关注。之后，中国，特别是青岛的海洋机构对浒苔进行了大量的研究，并取得了很大的成绩，包括浒苔的基础生物学、浒苔的实时监测以及浒苔二次加工产业，实现了对浒苔的控制以及利用。

5 结论

（1）中国为领先国家，已经在浒苔的起源、基础生物学、检测以及管理、二次加工利用领域都取得了很多的成果。

（2）目前中国在论文的被引次数以及 PCT 专利方面仍存在落后现象。

（3）绿潮监测与应急处理技术创新资源主要集中在青岛的研究单位以及国家监管部门，如中国海洋大学、中国科学院海洋研究所、国家海洋局北海分局等。

综上所述，目前领先国家为中国，与美国的水平较为接近，这与政府对绿潮的关注度有关。

第二十三章　生态环境遥感信息数据同化技术

1　技术概述

海洋生态系统模型没有类似流体力学的方程来刻画它们的基本特征,同时也有大量的未知信息无法获取,例如生物的死亡率等,并且生态模型由简单到复杂,采用何种生态模型一直存在较大争议。目前,随着海洋生态系统模型研究的发展,观测技术水平的提高,海洋生态数据可以大量获取,数据同化技术也在逐步能够被海洋生态系统模型研究所采用。海洋生态学家可以进行诸如比较各种数据同化方法、确定最佳采样方式方法和采样区域、改善生态系统模式中未解过程的参数化、提高各状态量模拟的准确性。

同化最基本的含义是指通过数值模型与观测数据相结合来提高所研究系统状态的模拟和预报能力,正在由三维(仅空间分布分析)向四维(空间分布加时间分布分析)发展,由单纯对观测数据本身进行的静态客观分析向观测数据结合动力约束的动态分析发展。目前发展的数据同化方法很多,如多项式内插法(Polynomial Interpolation Meth—ods)、逐步订正法(Successive Corrections)、Nudging 法、最优插值法(Optimal Interpolation Methods)、变分伴随法(Variational Adjoint Methods)、卡尔曼滤波法(Kalman Filter Methods)等。数据同化方法对复杂程度不同的生态模型所起到的作用不同,同时针对某种类型生态模型,采用何种数据同化方法使其达到最优化结果也很重要。在各种数据同化方法中,存在两类基本的数据同化途径:一类是建立在控制论(Control Theory)基础上的全局拟合(Global Fitting),如三维和四维的变分伴随为代表方法;另一类是建立在估计论(Estimation Theory)基础上的顺序同化(Sequential Assimilation),如 Kalman 滤波、Kalman 平滑和最优插值法(Optimal Interpolation Methods)。另外,还有一些辅助数据同化技术,通过直接对代价函数最小化实现对模型参数的估计。

2　论文产出分析

基于汤姆森路透科技集团的 Web of Science 科学引文索引扩展版 SCIE 论文数据库

（1994～2014 年），截止时间至 2014 年 7 月，采用专家辅助、主题词检索的方式共检索论文 145 篇。

2.1 主要国家、机构与科学家

表 23-1 给出了主要国家论文产出情况简表。由表 23-1 可见，美国的论文数量为 65 篇，篇均被引频次为 23.7，被引次数占世界论文总被引次数的 61.2，在论文产出方面保持绝对领先地位。中国相关论文为 16 篇，排名世界第四位；篇均被引频次为 4.9 次，在论文数量排名前 5 位的国家中排名最低。英国、法国和加拿大在该领域表现也活跃，拥有相当数量的高质量论文。

表 23-1　生态环境遥感信息数据同化技术主要国家论文产出情况简表

国家	论文数量世界排名	论文数量（篇）	论文数量比重（%）	篇均被引频次（次）	被引次数占比重（%）
美国	1	65	44.8	23.7	61.2
英国	2	30	20.7	18.3	21.8
法国	3	24	16.6	19.9	19.0
中国	4	16	11.0	4.9	3.1
加拿大	5	14	9.7	26.4	14.7

根据论文产出情况，针对主要机构和主要科学家，给出了创新资源分布情况。表 23-2 为论文数量世界排名前 3 位的主要机构列表，分别为美国航空航天局、英国爱丁堡大学、挪威南森环境与遥感中心、英国普利茅斯海洋实验室以及美国马里兰大学。中国的相关机构中，中科院排名靠前。

表 23-2　生态环境遥感信息数据同化技术主要机构论文产出情况简表

主要机构	论文数量世界排名	论文数量（篇）	论文被引次数	论文数量占世界的比重（%）	篇均被引频次（次）
美国航空航天局	1	15	513	10.3	20.4
英国爱丁堡大学	2	7	178	4.8	7.1
挪威南森环境与遥感中心	3	6	122	4.1	4.9
英国普里茅斯海洋实验室	3	6	53	4.1	2.1
美国马里兰大学	3	6	184	4.1	7.3

表 23-3 给出了论文数量排名前三位的主要科学家论文产出情况简表。P. Brasseur 与 J. M. Brankart 都工作于法国国家科学院，属于同一工作团队；M. Williams 工作于英国爱丁堡大学的。

表 23-3　生态环境遥感信息数据同化技术主要科学家论文产出情况简表

主要科学家	论文数量世界排名	论文数量（篇）	论文数量占世界的比重（%）	篇均被引频次（次）
P. Brasseur	1	6	4.1	12.5
M. Williams	2	6	4.1	27.7
J. M. Brankart	3	5	3.4	12.2

2.2　发文趋势

为进一步分析中国与美国论文产出情况的对比,图 23-1 给出了生态环境遥感信息数据同化技术发文整体趋势以及中国与美国在相关领域发表论文的年度变化情况。从图 23-1 可以看出,发文量整体呈增加趋势,美国的发文数量相对较多,中国近年来在该领域发文数量增加。

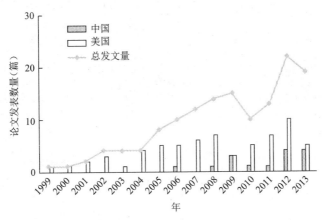

图 23-1　生态环境遥感信息数据同化技术发文趋势

2.3　研究起源

图 23-2 为海洋生态遥感数据同化高被引论文引用时间轴,分析的数据为 145 篇论文的参考文献。其中,圆圈的大小代表被引用次数。对 6 615 篇参考文献中被引频次的最高值为 25 次。进一步分析显示,被引频次较高的参考文献仍然集中在美国,此外,挪威在该项领域的研究也开始的较早。

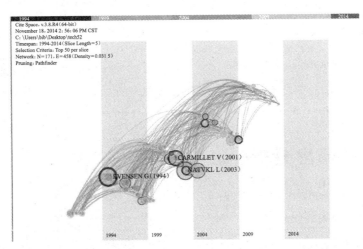

图 23-2　生态遥感数据同化技术高被引论文引用时间轴

2.4　研究热点

借助 CiteSpace 软件,对论文的总体趋势进行了分析。图 23-3 为海洋生态遥感数据同化技术研究热点时间轴分布。时间的分布选择为 1994～2014 年,每 5 年设置一个时间段;研究热点是每个时间段出现频次排名前 50 位最高的词组。图 23-3 中,方块的大小代表被引用次数,右侧文字为经聚类分析结果。从图 23-3 可以看出,论文研究热点主要集中在生物地球化学模型算法以及有效辐射量参数化等研究。

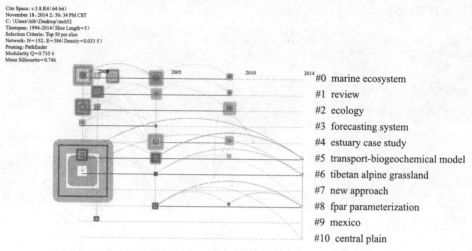

图 23-3　海洋生态遥感数据同化技术研发热点时间轴分布

针对 145 篇论文,表 23-4 给出了高被引论文简表。

表 23-4　生态环境遥感信息数据同化技术高被引论文简表

作者	题目	来源	机构	被引次数
L. J. Natvik、G. Evensen	*Assimilation of Ocean Colour Data into a Biochemical Model of the North Atlantic:Part 1. Data assimilation experiments*	*Journal of Marine Systems*,2003(40-41)	挪威南森环境与遥感中心	56
V. Carmillet、J. M. Brankart、P. Brasseur 等	*A Singular Evolutive Extended Kalman Filter to Assimilate Ocean Color Data in a Coupled Physical-Biochemical Model of the North Atlantic Ocean*	*Ocean Modelling*,2001,3(3-4)	法国国家科学院、挪威南森环境与遥感中心	43

3　专利产出分析

基于 Thomson Innovation(TI)数据库,截止时间至 2014 年 7 月,采用专家辅助、主题词检索的方式,未检索到相关专利。

4　主要国家发展阶段

和国外相比,国内的数据同化研究起步较晚,国外的研究起步早,发展快。无论在利用常规观测资料方面,还是在利用卫星遥感资料方面,国外都已经做了大量的研究工作。

4.1 变分伴随法(Variational Adjoint Methods)

Lawson 等(美国田纳西州立大学,1995)最先将这种伴随同化方法引入到一个简单的捕食—被捕食海洋生态模型中,对模型参数和初始场进行了反演。Gunson 等通过构建切线性模式的伴随模式,将伴随方法应用到复杂的三维物理与生物耦合模型,采用卫星海洋水色数据反演模型参数,反演出复杂模型参数。Friedrichs 等(美国欧道明大学,2002)将未知参数减少到 6 个,从而更好地指导生态模型的重新建立。Hemmings 等(英国南安普顿海洋中心,2002)采用简单变分方法同化了 SeaWiFS 海色卫星提供的叶绿素浓度,对于变量间的约束也被代价函数充分的体现。

4.2 卡尔曼滤波法(Kalman Filter Methods)

Triantafylou 等(希腊,2003)采用奇异演化内插卡尔曼滤波方对克里特海的 23 个调查站进行了数据同化,生态模型是 POM 的三维物理模型和 ERSEM 复杂生态模型的耦合模型。Eknes 等(挪威南森环境与遥感中心,2002)将生态模型扩展到一维,发现这种集合 Kalman 滤波能够刻画非线性误差随时间的演变并能够为预测状态提供可信的误差估计;Natvik(挪威南森环境与遥感中心,2003)进一步将该技术应用到三维物理-生物-化学耦合的复杂海洋生态系统模型中,物理模型采用 MICOM,生物模型考虑 11 个变量间的相互作用,数据采用 SeaWiFS 的叶绿素数据,发现耦合模型本身并不能准确反应浮游植物水平分布,只有采用集合 Kalman 滤波后的结果才与实际相符。

4.3 直接最小化方法(Direct Minimization Method)

Matear 采用模拟退火法对太平洋亚北极区 Station P 数据和生态模型拟合。Hurtt 等(美国普林斯顿大学,1996)将 Fasham 含有 7 个变量的生态模型简化为含有 4 个变量(营养盐、浮游植物、氨、营养盐再循环)、11 个参数的生态模型,采用模拟退火法研究两种生态模型的反演效果。

5 结论

(1)美国、英国、挪威为领先国家,在海洋生态遥感数据同化技术领域做了大量基础研究与应用。

(2)中国海洋生态遥感数据同化技术处于发展时期,2006 年之后,仍然与美国存在较大的差距。总体来说,中国在论文数量、被引频次均较为滞后。

(3)美国为生态环境遥感信息数据同化技术的起源国家。此外,挪威也是从事该项技术研究较早的国家。

(4)海洋生态遥感数据同化技术创新资源主要集中大学与研究所,如美国航空航天局、英国爱丁堡大学、挪威南森环境与遥感中心、英国普利茅斯海洋实验室以及美国马里兰大学等。

综上所述,目前,领先国家为美国。如果美国技术水平为100分的话,中国技术水平为24.7分,与国际领先水平相差很大,且差距缩小趋势相当缓慢,目前,中国大致相当于美国1994年水平。

第二十四章　海洋能分布评价

1　技术概述

海洋能是重要的可再生能源与新能源。海洋能资源分布模拟是海洋能开发利用的关键环节,它是制定规划,选址及预测的重要基础。目前,海洋能分布模拟方法主要是对波浪能、风能、潮流能分别运用不同的数值模型进行模拟,可以依据模拟地区实际情况,选取具有不同的控制方程与分辨率的模型。为了提高模拟精度,数值模型正朝着将多个模型相互耦合考虑更多的因素与提高计算效率方向发展。目前,国外已经有大气－波浪耦合模型、波浪－潮流耦合模型和大气－波浪－潮流耦合模型,以及利用 GPU 并行计算技术的水动力数值模型的研究与开发。因此,我国也应加速大气－波浪－潮流耦合模型与高性能计算开发研究,为今后海洋能等新能源开发做好准备。表 24-1 显示了海洋能分布模型分类。

表 24-1　海洋能分布模型分类

	一级分类	二级分类
海洋能分布模型	波浪能模型	水平二维模型
		垂向二维模型
		三维模型
	海上风能模型	中尺度模型
		小尺度模型
	潮汐、潮流能模型	水平二维模型
		三维模型

2　论文产出分析

基于汤姆森路透科技集团的 Web of Science 科学引文索引扩展版 SCIE 论文数据库(1999～2014 年),截止时间至 2014 年 7 月,采用专家辅助、主题词检索的方式共检索到相关论文 40 篇。

2.1 主要国家、机构与作者

表 24-2 给出了主要国家论文产出情况简表。由表 24-2 可见,中国(包括台湾)相关论文 5 篇,排名世界第二位,篇均被引频次为 3 次,低于美国、加拿大、法国、西班牙。美国相关论文 13 篇,篇均被引频次为 9.54 次,排名第一位。中国、美国的论文总数占据世界论文总数的 45%,接近一半,是主要的论文发表国。加拿大、法国、西班牙等国也各自发表了 3 篇论文,且保持了较高的篇均被引频次。

表 24-2 主要国家论文产出情况简表

国家	论文数量世界排名(位)	论文数量(篇)	论文数量占世界的比重(%)	篇均被引频次(次)	被引次数占世界的比重(%)
美国	1	13	32.5	9.54	0.13
中国	2	5	12.5	3.00	0.02
加拿大	3	3	7.5	29.33	0.09
法国	4	3	7.5	129	0.42
西班牙	5	3	7.5	13.33	0.04

根据论文产出情况,主要研究机构有葡萄牙能源和地质总局、美国阿贡国家实验室、加拿大达尔豪斯大学、加拿大阿卡迪亚大学、中国台湾"原子能委员会"核能研究所等。主要科学家有葡萄牙的 M. T. Pontes,意大利的 L. Liberti 和 G. Sannino,美国的 C. Stidham 和 B. Romanowicz,中国台湾的方新发,法国的 J. P. Vilotte 等。

2.2 发文趋势

图 24-1 显示了海洋能分布评价领域相关论文发表趋势。该领域的论文数量还较少,发展缓慢。美国研究得较早,但每年的论文数量变化不大,在 3 篇以下。中国自 2009 年起开始发表相关论文,至今发表 5 篇。

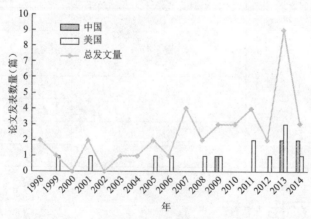

图 24-1 海洋能分布评价论文发表趋势

2.3 研究起源

经通读 40 篇相关论文,海洋能分布评价技术主要研究热点为波能资源评估、潮流能、潮汐能、风能资源评估,评估地点为葡萄牙、挪威、爱尔兰、欧洲其他国家、芬迪湾、马来西亚。J. Dudhia(1989)的论文被引次数为 3 次,作者所在单位是美国宾州州立大学,论文内容是利用中尺度对流的二维模型对冬季季风实验数值进行模拟研究。据此认为美国是研究起源国家。

2.4 研究热点

表 24-3 给出了高被引论文简表,论文被引次数都在 42 次以上。M. T. Pontes 有两篇论文发表在 *Journal of Offshore Mechanics and Arctic Engineering-Transactions of the Asme* 上,被引次数均较高。

表 24-3 海洋能分布评价技术高被引论文简表

作者	题目	来源	机构	被引次数
R. H. Karsten、J. M. McMillan、M. J. Lickley 等	*Assessment of Tidal Current Energy in the Minas Passage, Bay of Fundy*	*Proceeding of Instition of Mechanical Engineer Part A: Journal of Power and Energy*, 2008, 222(5)	加拿大阿卡迪亚大学、加拿大达尔豪斯大学、美国麻省理工学院等	48
M. T. Pontes	*Assessing the European wave energy resource*	*Journal of Offshore Mechanics and Arctic Engineering*, 1998, 120(4)	巴西圣保罗联邦大学	45
M. T. Pontes、R. Aguiar、H. O. Pires	*A Nearshore Wave Energy Atlas for Portugal*	*Journal of Offshore Mechanics and Arctic Engineering*, 2005, 127(3)	巴西圣保罗联邦大学、葡萄牙能源和地质总局	42

3 主要国家发展阶段

在海洋能分布评价技术方面,美国、加拿大、欧洲国家走在了世界前列。目前,已处于产业化阶段。

3.1 美国

美国国家大气研究中心(NCAR),从 20 世纪 70 年代中期研制中尺度数值模式,1990 年代起,被美国大学和科研单位广泛应用于对重要天气过程的中尺度数值模拟以及对环境科学的研究。目前,也广泛应用于风能蕴藏量的评估。2007 年,美国金科夫市对近海海洋能资源进行了评估。

3.2 中国

我国 1989 年完成了中国沿海农村海洋能资源区划。自 2005 年开始,由国家海洋技术中心等单位承担了国家海洋局组织的"中国近海海洋综合调查"("908")专项中海洋能资源调查和评价两个专题。2010 年,国家海洋标准计量中心承担了国家首批可再生能源专项"海洋能勘查及评价方法的标准制定",2013 年通过验收。

4　结论

（1）美国、加拿大、法国、葡萄牙、西班牙为领先国家，掌握核心技术，研究了海洋能分布评价的理论模型并在实际中应用。

（2）中国自 2009 年之后在财政部可再生能源专项的支持下，进行了理论研究，与世界先进国家的差距在不断缩小。

（3）美国为海洋能分布评价技术的起源国家。代表人物为美国宾州州立大学 J. Dudhia 教授。

（4）海洋能分布评价技术创新资源主要集中在葡萄牙能源和地质总局、美国阿贡国家实验室、加拿大达尔豪斯大学、加拿大阿卡迪亚大学、中国台湾"原子能委员会"核能研究所等。

第二十五章 海上风能发电技术

1 技术概述

海洋风能发电技术是清洁能源发展的代表技术,具有较好的发展前景。海洋风能发电技术最早出现在瑞典和丹麦,随后欧美等主要发达国家开始大规模发展海上风电。在21世纪初,世界海上风电已经进入了兆瓦级时代,最大单机容量已达到了6 MW。我国海上风电虽然发展起步较晚,但近海风能资源十分丰富,具有极大的发展利用前景。海上风能发电的核心技术主要包括风场规划、风机设计、风场施工及风场监测、维护等环节。在未来技术发展中,将把增大单机容量和塔架高度以提高捕风和发电效率、采用新材料以降低成本费用、向深海发展等目标作为技术研究的重点。随着海上风能发电开发技术上的日趋成熟,海上风电场的建设也正在向大型化和规模化发展。表 25-1 给出了海洋风能技术技术分解表。

表 25-1 海上风能技术技术分解表

	一级分类	二级分类	三级分类	四级分类
海洋风能发电	风场规划	风场评估		
		风场设计		
	风机设计	发电机设计		
		支撑结构设计	支撑结构设计	荷载设计
				疲劳分析
			基础设计	
	风场施工	上部结构施工		
		基础施工		
	风场监测维护	风场监测	运行因素监测	
			气候环境监测	
			振动监测	
			功率监测	
		风场维护		
		风场管理		

2 论文产出分析

论文检索式:TS =("offshore wind power" OR "offshore wind turbine" OR "wind farm" OR "wind turbine")。

2.1 主要国家、机构与作者

表 25-2 给出了主要国家论文产出情况简表。从论文数量方面看,美国为 1 160 篇, 排名世界第一;英国为 744 篇,排名第二;中国为 617 篇,排名第三;西班牙、丹麦分别位 于第四、第五位。以上五个国家的论文总数占该领域世界论文总数的 51.8%,是论文产 出的主要国家。从篇均被引频次方面看,中国论文为 4 次,低于美国、英国、西班牙、丹麦, 论文被引频次显示了论文的质量及影响力。另外,德国、加拿大等国也发表了相当数量 的论文,且篇均被引频次高于中国。

表 25-2 主要国家论文产出情况简表

国家	论文数量世界排名(位)	论文数量(篇)	论文数量占世界的比重(%)	篇均被引频次(次)	被引次数占世界的比重(%)
美国	1	1 160	18	10.0	20.8
英国	2	744	11.6	12.3	16.5
中国	3	617	9.6	4.4	4.9
西班牙	4	421	6.5	12.7	9.6
丹麦	5	395	6.1	13.9	9.9

根据论文产出情况,针对主要机构和主要科学家,给出了创新资源分布情况。表 25-3 为论文数量世界排名前 6 位的主要机构列表,分别为丹麦奥尔堡大学、丹麦技术大 学、荷兰代尔夫特理工大学、丹麦里索国家实验室、中国清华大学以及美国可再生能源实 验室。丹麦的机构占三席,在篇均被引频次方面也遥遥领先,显示了强大的技术优势。

表 25-3 主要机构论文产出情况简表

主要机构	论文数量世界排名	论文数量(篇)	论文数量占世界的比重(%)	篇均被引频次(次)
丹麦科技大学	1	125	1.9	11.4
丹麦奥尔堡大学	1	125	1.9	15.1
荷兰代尔夫特理工大学	3	83	1.3	13.0
丹麦里索国家实验室	4	63	1	21.8
中国清华大学	5	61	0.9	3.9
美国可再生能源实验室	6	56	0.9	9.6

表 25-4 给出了论文数量排名前 3 位的主要科学家论文产出情况简表,排名第一的 陈哲教授(Chen Zhe)任职于丹麦奥尔堡大学能源技术系,是风力发电、电力系统、电力电 子与控制、电机等领域的国际著名学者,是中国科学院电工研究所客座教授、中丹教育与

研究中心风能领域首席专家。N. Jenkin 任职于英国曼彻斯特理工大学。A. Kusiak 任职于美国艾奥瓦大学智能系统实验室。

表 25-4　主要科学家论文产出情况简表

主要科学家	论文数量世界排名	论文数量（篇）	论文数量占世界的比重（%）	篇均被引频次（次）
陈哲	1	38	0.6	15.4
N. Jenkins	2	30	0.5	31.2
A. Kusiak	3	28	0.4	11.3

2.2 发文趋势

图 25-1 显示了海上风能技术论文发表趋势。从总体趋势图来看，海上风能技术处在高速发展期。美国自 1998 年以来，论文数量缓慢上升，自 2008 年以来呈现快速上升趋势；中国起步虽晚，但自 2009 年以来论文总数上升较快，与美国的差距不断缩小。

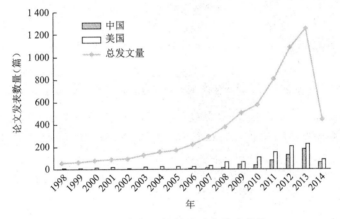

图 25-1　海上风能技术论文发表趋势

2.3 研究起源

图 25-2 为海洋风能技术各阶段高被引文献发展趋势。以 5 年为一个时间段，圆圈的大小代表文献的被引用次数。其中对被引频次大于 100 的文献进行了标引。由图 25-2 可以看出，加拿大 Powertech Labs Inc 公司副总裁 P. Kundur 的专著 *Power system stability and control*（《电力系统稳定与控制》）是 1994 年出版的一部高被引著作，被引用 168 次。论文作者 R. Pena（1996）工作于英国诺丁汉大学，他的一篇论文被引次数最高达 154 次，内容为使用 PWM 转换器的双馈感应发电机在变速风力发电中的应用。以上著作和论文是这个时期的重要文献。专著《风能手册》（2001）的作者 T. Burton 属于英国风能集团（WEG），被引 187 次，专著《风力发电系统》（2005）的作者 T. Ackermann 是德国风能和可再生能源咨询公司首席执行官。我们认为英国是近代海上风能技术起源国家。

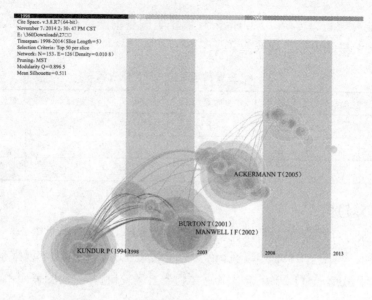

图 25-2　风能技术高被引论文引用时间轴

2.4　研究热点

借助 CiteSpace 软件，对论文的总体趋势进行了分析。图 25-3 为海洋风能技术研究热点时间轴分布。时间的分布选择为 1998～2014 年，每 5 年设置一个时间段；研究热点是每个时间段出现频次排名前 50 位最高的词组。图 25-3 中，方块的大小代表词组的出现频次，为聚类分析结果。从图 25-3 可以看出，近期活跃的研究热点为聚类 #0、#3、#4、#5，分别是风电场的规划设计施工、电力特性、风能转换系统、异步发电机。

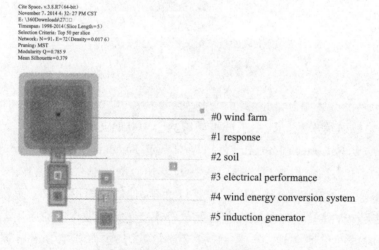

图 25-3　海洋风能技术研发热点时间轴分布

表 25-5 给出了高被引论文简表，论文被引次数都在 180 次以上。值得注意的是 J. M. Carrso、L. G. Franquelo、J. T. Bialasiewicz 等 发 表 在 *IEEE Transactions on Industria Electronics* 的论文被引次数最高。

表25-5 海洋风能技术高被引论文简表

作者	题目	来源	机构	被引次数
J. M. Carrasco、L. G. Franquelo、J. T. Bialasiewicz 等	*Power-Electronic Systems for the Grid Integration of Renewable Energy Sources：A Survey*	*IEEE Transactions on Industrial Electronics*，2006，53（4）	西班牙塞维利亚大学、美国科罗拉多大学	702
J. B. Ekanayake、L. Hddsworth、Wu Xue Guan 等	*Dynamic Modeling of Doubly Fed Induction Generator Wind Turbines*	*IEEE Transactions on Power Systems*，2003，18（2）	斯里兰卡佩拉德尼亚大学	198
Chen Zhe、J. M. Guerrero、F. Blaabjery	*A Review of the State of the Art of Power Electronics for Wind Turbines*	*IEEE Transactions on Power Electronics*，2009，24（8）	丹麦奥尔堡大学	189

3 专利产出分析

基于 Thomson Innovation（TI）数据库，截止时间至 2014 年 7 月，采用专家辅助、主题词检索的方式共检索同族专利 4 550 项。专利分析主要采用专利族数量统计以及 PCT 专利数量统计。其中，PCT 是指《专利合作条约》（*Patent Cooperation Treaty*）的英文缩写，是有关专利的国际条约。

3.1 主要国家、机构和发明人

表25-6 给出了主要国家专利产出情况简表。由表25-6 可见，美国专利数量排名第一位，占专利总数的 28.1%；PCT 专利数量为 506，占 PCT 总量的 34.4%，排名第一；显示了绝对实力。中国专利数量排名第二，占世界专利总数的 14.5%，但 PCT 专利只有 17 件，仅占全部 PCT 专利的 1.2%。德国、英国、日本、丹麦的专利数量分别排名第三、四、五、六位，其 PCT 专利数量及占比均低于美国，但高于中国。

表25-6 专利优先权国专利产出情况对比

优先权国	专利数量世界排名	专利族数量（项）	专利数量占世界比重（%）	PCT 专利数量（项）	PCT 专利数量占世界比重（%）
美国	1	1280	28.1	506	34.4
中国	2	660	14.5	17	1.2
德国	3	540	11.9	176	12.0
英国	4	295	6.5	154	10.5
日本	5	223	4.9	37	2.5
丹麦	6	175	3.8	138	9.4

表25-7 给出了主要机构专利族数量、专利布局、主要发明人、专利申请持续时间以及近 3 年来专利申请所占比重。由表25-7 可见，美国通用电气公司拥有相关专利 277 项，排名第一位，专利布局广泛，近 3 年专利产出量占 8%，较为活跃。排名第二位的丹麦维斯塔斯公司拥有相关专利 220 项，专利布局广泛，近 3 年专利产出量占 7%，较活跃。德

国西门子公司拥有专利 208 项,排第三位,专利布局广泛,近三来专利产出占 17%,非常活跃。

表 25-7　主要机构专利产出情况

主要机构	专利数量世界排名	专利族数量(项)	专利优先布局	主要发明人	专利申请持续时间	近三年申请专利占比
美国通用电气公司	1	277	美国(254) 欧洲(5) 法国(4) WO(4)	Andreas Kirchner(10) Ralph Teichmann(8) Robert William Delmerico(8)	2000～2012 年	8%
丹麦维斯塔斯公司	2	220	美国(144) 丹麦(113) 英国(47)	Mark Hancock(11) Ib Svend Olesen(11) Steve Appleton(7)	1998～2012 年	7%
德国西门子公司	3	208	欧洲(153) 德国(23) 美国(19)	Shigeru Nanbara(7) Makoto Tanaka(6) Masashi Murata(6)	1980～2013 年	17%

3.2　技术发展趋势分析

图 25-4 给出了全球及中美专利年度变化趋势,总体呈现急剧增长趋势(近 3 年专利数据还没有全部公开),说明全球海上风电产业正处在高速发展阶段。美国自 1998 年以来缓慢上升,2004 年开始快速发展;中国自 2006 年以来发展速度加快,与美国的差距逐步缩小。

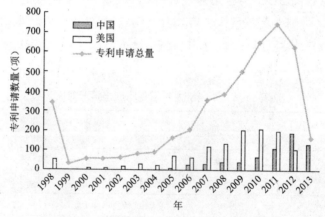

图 25-4　海上风能技术专利申请量变化趋势

3.3　重要专利

依据 Innography 专利系统中的专利强度指标,选择专利强度较高的专利作为重要专利,详见表 25-8,分别是美国通用电气公司的专利和丹麦维斯塔斯公司的专利。其中,专利强度指标参考了 10 余个与专利价值相关的指标,包括专利权利要求数量、引用先前技术文献数量、专利被引用次数、专利及专利申请案的家族、专利申请时程、专利年龄、专利诉讼等。

表 25-8　海上风能技术部分重要专利详细信息

	公开号 EP1775462 B1
专利基本 信息	标　题：*Corrosion Protection for Wind Turbine Unit in Marine Environment*，*Has Impressed Current Anode Electrochemically Coupled to Water-Immersed Support Structure or Foundation of Wind Turbine Unit* 　　优先权号：US2005250724A 2005-10-14 　　申请人：美国通用电气公司 　　发明（设计）人：Douglas Alan Brown、Rebecca E. Hefner 　　摘要：An impressed current anode（322），powered by a controlled current source，is electrochemically connected to the support structure or foundation（402）of a wind turbine unit（100），while the structure is immersed in water（406）. The controlled current source utilizes electrical current from the wind turbine unit or from another nearby unit，and may include an uninterrupted power supply back-up battery pack used for occasions in which the unit does not operate. For providing corrosion protection to support structure or foundation of wind turbine unit installed in marine environment，including windy offshore sites. The corrosion protection utilizing impressed current anodes adapts to either fresh and/or salt water，as well as standard designs of wind turbine units for wide range of environmental conditions e. g. salinity，water temperature and depth，current speed，thereby eliminating re-engineering costs. The corrosion protection is also lightweight so as not to design or construct stronger support structures or foundations for wind turbine units，and is more practical to install even in e. g. windy offshore sites with short installation and construction seasons. Minimizes risk of initial corrosion of support structures. The anodes do not or minimally release hazardous minor metals，and require small power consumption for increased efficiency. Figure is a schematic of a marine environment scattered with wind turbine units having improved corrosion protection. 100Wind turbine unit322Impressed current anode352Reference electrodes402Support structure or foundation406Water 　　权利要求数：2，同族专利数：5
	公开号 WO2007010329A1
专利基本 信息	标题：*Aerodynamic Profile for Wind Turbine Blade*，*Has Suction and Pressure Sides Connected at Respective Leading and Trailing Edges to form Outer Surface*，*Where Leading Edge is Bluntness and Suction Side is Made to Be Flat* 　　优先权号：WO2005IB52355A 2005-07-15 　　申请人：丹麦维斯塔斯公司 　　发明人：Kristian Balschmidt Godsk、Thomas S. Bjertrup Nielsen 　　摘　要：The profile has a suction side and a pressure side that are connected at a leading edge and a trailing edge，respectively to form a continuous outer surface，where the leading edge is bluntness and the suction side is made to be flat back to the profile. A chamber line is provided between the leading edge and the trailing edge and is deviated from a chord line. A slope of the suction side is provided between two linear interpolations. 　　同族专利数：6

4　主要国家发展阶段

在海洋风能技术方面，美国、丹麦、德国、英国等走在了世界前列。目前，海洋风能技术的研究已进入产业化阶段。

4.1　美国

美国是开展海上风力发电技术较早的国家，目前为止，开发最快的项目是 468 MW 的 Cape Wind 风电项目和 30 MW 的布洛克岛项目。这两个项目都已经充分完成了前期工作。2011 年 3 月,美国能源部和内政部共同发布了《国家海上风电战略:创建美国海上风电产业》,计划到 2020 年海上风电容量将达到 10 GW,到 2030 年达到 54 GW。美国通用电气公司旗下风能公司,2002 年,进入风电领域,2003 年进入中国风能市场,是全球最大的风机制造商之一。目前,已在世界多个国家开发风电场,美国的海洋风能技术进入产业化阶段。

4.2 丹麦

丹麦是当代世界海上风电发展最快最好的国家之一,1991 年,建成了全球第一个海上风电场。截至 2013 年,累计装机容量 1.27 GW。丹麦风能发展的成功,离不开政府强有力的政策和风能开发模式的创新。政府对风电生产的补贴始于 1981 年,早期除资助 30%的风机安装费外,还可得到碳税补贴。

丹麦的国家可再生能源实验室(RISO)配合了全国风电产业的技术研发工作。丹麦维斯塔斯公司是全球风能技术的领导者,核心业务包括研发、制造、销售、维护风力发电系统,自 1986 年起,进军中国风能行业。丹麦的海洋风能技术进入产业化阶段。

4.3 德国

德国海上风电开发起步比较晚,2010 年,建成投运了第一个装有 12 台 5 MW 风电机组的海上风电场 Alpha Ventus,工程历时超过 10 年。截至 2013 年底,德国累计海上风电装机容量排 520 MW。为了扶持海上风电,德国政府为海上风电提供了比陆上风电有利得多的补贴政策。德国政府对首批 10 个海上风电站的建设予以资助。德国复兴信贷银行在 2011 年设立了 50 亿欧元的海上风电专项贷款额度。根据政府规划,德国海上风电未来将占到整个风力发电的 25%。

德国西门子公司是全球排名前列的海上风电涡轮生产商、电网接入和海上风电服务商,其在 2004 年收购了丹麦 Bonus 能源公司。目前,已经安装了 1 100 多台海上风机,总装机容量达 3.4 GW,其中超过 2/3 的风机位于英国。

德国的海洋风能技术进入产业化阶段。

4.3 英国

英国于 2000 年建立了第一座海上风电厂。目前,拥有全球最大的海上风力装机容量。截至 2013 年底,英国以 368 万千瓦累计海上风电装机容量排名第一,占到了全球 53%。2013 年 8 月,英国政府发布了最新的海上风电产业发展战略《海上风电产业战略-产业和政府行动》。到 2030 年,英国海上风电产业的发展预计可以增加净出口额高达 70 亿～180 亿英镑。

英国可再生能源公司 E. ON UK Renewables、RWE npower 等是其主要开发商。英国的海洋风能技术进入产业化阶段。

4.4 中国

中国海上风电产业尚处于发展初期,目前,已投产的装机容量只有 400 MW 左右,不论是在技术方面,还是在政策和管理方面,都与发达国家存在很大差距。2014 年 6 月,

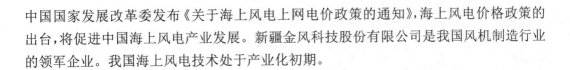

中国国家发展改革委发布《关于海上风电上网电价政策的通知》，海上风电价格政策的出台，将促进中国海上风电产业发展。新疆金风科技股份有限公司是我国风机制造行业的领军企业。我国海上风电技术处于产业化初期。

5　结论

（1）美国、丹麦、英国、德国为领先国家，掌握核心技术，欧洲已实现规模产业化。

（2）中国海洋风能技术处于高速发展时期。2011年之后，与世界先进国家的差距在不断缩小。目前，中国在论文与专利数量方面排名靠前，论文篇均被引频次也逐步提高，但在 PCT 专利方面，较为滞后。

（3）英国为海洋风能技术的起源国家，代表人物为英国诺丁汉大学的 R. Pena 教授。

（4）海洋风能技术创新资源主要集中在丹麦奥尔堡大学、丹麦技术大学、荷兰代尔夫特理工大学、丹麦里索国家实验室、美国可再生能源实验室、美国通用电气公司、丹麦维斯塔斯公司、德国西门子公司等机构，国内的创新资源主要集中在清华大学、新疆金风科技股份有限公司等。

综上所述，目前领先国家为美国。中国与国际领先水平差距较大，但自2006年以来，差距在不断缩小。

第二十六章　盐差能发电技术

1　技术概述

　　盐差能是一种新型的可再生的海洋能,主要存在于河流入海口处。海洋-河口盐度差发电是一种在大江大河的入海口处海水和淡水的混合时,由于海水与淡水含盐浓度的不同,含盐浓度高的海水(一般海水含盐度为 3.5%)以较大的渗透压力向淡水扩散,而淡水也以很小压力向海水扩散,利用这种渗透压力差所产生的能量,即海水盐差能驱动相应的发电设备而产生电能的发电技术。如果用很有效的装置来提取世界上所有河流的这种能量,那么可以获得约 2.6 TW 的电能。从全球情况来看,海洋-河口盐度差发电技术的研究都还处于不成熟的规模较小的实验室研究阶段,离示范应用还有较长距离。因此,为了缓解全球能源危机,我国应加速海洋-河口盐度差发电技术的理论基础与产业化研究,尤其是与之配套的半渗透膜工艺水平的提高,为实现其商业化打下坚实基础。

　　目前提取盐差能主要有 3 种方法:渗透压能法(PRO)是利用淡水与盐水之间的渗透压力差为动力,推动水轮机发电;反电渗析法(RED)是用阴阳离子渗透膜将浓、淡盐水隔开,利用阴阳离子的定向渗透在整个溶液中产生的电流;蒸汽压能法(VPD)是利用淡水与盐水之间蒸汽压差为动力,推动风扇发电。目前渗透压能法和反电渗析法有很好的发展前景,面临的主要问题是设备投资成本高,装置能效低。蒸汽压能法装置太过庞大、昂贵,该方法还停留在研究阶段。技术分解如表 26-1 所示。

表 26-1　盐差能发电技术分解图

	一级分类	二级分类	三级分类
盐差能发电技术	渗透压能法	水压塔渗透压系统	海水泵
			半渗透膜
		强力渗透压系统	水轮发电机组
			半透膜渗流器
		压力延滞渗透系统	压力泵
			半透膜

	一级分类	二级分类	三级分类
盐差能发电技术	蒸汽压能法	树脂玻璃	
		PVC 管	
		热交换器(铜片)	
		汽轮机	
	反电渗析法	阴阳离子膜	离子渗析膜
		阴阳电极	
		隔板	
		外壳	

2 论文产出分析

基于汤姆森路透科技集团的 Web of Science 科学引文索引扩展版 SCIE 论文数据库(1994～2014),截止时间至 2014 年 7 月,采用专家辅助、主题词检索的方式共检索论文242 篇。

2.1 主要国家、机构与作者

表 26-2 显示了主要国家论文产出情况,由表 26-2 可见,美国相关论文 68 篇,篇均被引频次为 23.7 次,均位于世界第一位。新加坡相关论文 43 篇,排名世界第二位,篇均被引频次为 16.3 次,排名第三位。荷兰发表的论文数量为 35 篇,占第三位,篇均被引频次排名第二,为 20.1 次。美国、新加坡、荷兰三国的论文总数占据世界论文总数的45.9%,接近一半,是主要的论文发表国。中国的论文数量排名世界第六位,篇均被引频次低于表中其他国家。

表 26-2　主要国家论文产出情况简表

国家	论文数量世界排名(位)	论文数量(篇)	论文数量占世界的比重(%)	篇均被引频次(次)	被引次数占世界的比重(%)
美国	1	68	28.1	23.7	40.9
新加坡	2	43	17.8	16.3	17.8
荷兰	3	35	14.5	20.1	17.9
韩国	4	26	10.7	4.8	3.2
澳大利亚	5	16	6.6	10.4	4.2
中国	6	14	5.8	7.1	2.5

2.2 发文趋势

图 26-1 显示了盐差能发电技术相关论文发表趋势,全球论文产出呈现快速增长趋势,美国起步较早,发展速度不断加快,中国起步较晚,近年来发展速度加快。

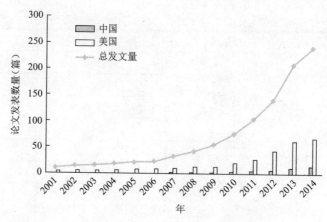

图 26-1 盐度差发电技术论文发表趋势

　　根据论文产出情况,针对主要机构和主要科学家,给出了创新资源分布情况。表 26-3 为论文数量世界排名前 5 位的主要机构列表,分别为新加坡国立大学、美国耶鲁大学、荷兰可持续水利技术中心、荷兰屯特大学和新加坡南洋理工大学。新加坡与荷兰的机构各占两席,对盐差能发电技术的研究比较集中。值得注意的是在篇均被引频次方面,美国耶鲁大学为 43.3 次,保持绝对领先。

表 26-3　主要机构论文产出情况简表

主要机构	论文数量世界排名	论文数量(篇)	论文数量占世界的比重(%)	篇均被引频次(次)
新加坡国立大学	1	27	11.2	17.8
美国耶鲁大学	2	19	7.9	43.3
荷兰可持续水利技术中心	2	19	7.9	22.8
荷兰屯特大学	2	19	7.9	21.4
新加坡南洋理工大学	5	16	6.6	13.7

　　表 26-4 给出了论文数量排名前三位的主要科学家论文产出情况简表,Chung TS 工作于新加坡国立大学,Saakes M 工作于荷兰可持续水利技术中心,Elimelech M 工作于美国耶鲁大学,主要科学家与主要机构存在很好的对应关系。Elimelech M 教授的篇均被引频次为 45.4 次,处于绝对领先地位。

表 26-4　主要科学家论文产出情况简表

主要科学家	论文数量世界排名	论文数量(篇)	论文数量占世界的比重(%)	篇均被引频次(次)
T. S. Chung	1	28	11.6	17.2
M. Saakes	2	19	7.9	18.1
M. Elimelech	3	18	7.4	45.4

2.3　研究起源

　　图 26-3 为盐差能发电技术高被引论文发展趋势,圆圈的大小代表被引用次数,其中

对被引频次大于 30 的论文进行了标引。由图 26-2 可以看出，Lee KL（1981）是最早的一篇高被引论文，主要是关于压力延迟发电渗透膜理论研究。Lee KL 工作于美国本德研究所，据此认为盐差能发电技术技术起源为美国。

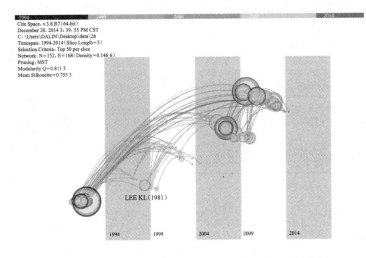

图 26-2 盐差能发电技术高被引论文引用时间轴

2.4 研究热点

借助 CiteSpace 软件，对论文的总体趋势进行了分析。图 26-3 为盐差能发电技术研究热点时间轴分布。时间的分布选择为 1994 至 2014 年，每 5 年设置一个时间段，研究热点是每个时间段出现频次排名前 50 位最高的词组，图 26-3 中方块的大小代表被引用次数，右边文字为经聚类分析结果。从图 26-3 可以看出，近期活跃的研究热点为聚类 #0，提取盐差能的工艺过程；聚类 #1，半透膜双亲聚合物；聚类 #3，渗透压发电；聚类 #4，河口海河混合水。

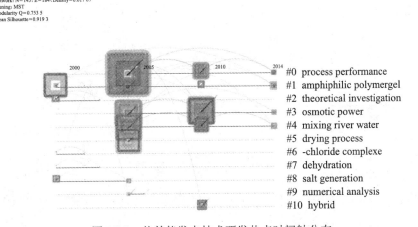

图 26-3 盐差能发电技术研发热点时间轴分布

表 26-5 给出了高被引论文简表,论文被引次数都在 100 次以上。值得注意的是韩国技术科学院发表在《自然》杂志上的论文被引次数最高。

表 26-5 盐差能发电技术高被引论文简表

作者	题目	期刊	机构	被引次数
McCutcheon JR、Elimelech M	*Influence of Concentrative and Dilutive Internal Concentration Polarization on Flux Behavior in Forward Osmosis*	*Journal of Membrane Science*	美国耶鲁大学	202
Djilali N、Lu DM	*Influence of Heat Transfer on Gas and Water Transport in Fuel Cells*	*International Journal of Thermal Sciences*	澳大利亚维多利亚大学	135
Mi B、Elimelech M	*Chemical and Physical Aspects of Organic Fouling of Forward Osmosis Membranes*	*Journal of Membrane Science*	美国耶鲁大学	134

3 专利产出分析

基于 Thomson Innovation(TI)数据库,截止时间至 2014 年 7 月,采用专家辅助、主题词检索的方式共检索同族专利 147 项。专利分析主要采用专利族数量统计以及 PCT 专利数量统计,其中 PCT 专利是指《专利合作条约》(*Patent Cooperation Treaty*)的英文缩写,是有关专利的国际条约。

3.1 主要国家、机构与发明人

表 26-6 给出了主要国家专利产出情况简表,由表 26-6 可见,中国专利数量排名第一位,且占世界专利总数的 22.3%,PCT 专利数为 2 项。美国、日本、德国、韩国专利数量分别排名第 2、3、4、5 位,其中美国 PCT 专利数 22 项,占世界比重的 38.6%。

表 26-6 专利优先权国专利产出情况对比

优先权国	专利数量世界排名	专利族数量(项)	专利数量占世界比重(%)	PCT 专利数量(项)	PCT 专利数量占世界比重(%)
中国	1	45	22.3	2.0	3.5
美国	2	42	20.8	22.0	38.6
日本	3	28	13.9	3.0	5.3
德国	4	13	6.4	3.0	5.3
韩国	5	12	5.9	0.0	0.0

表 26-7 给出了主要机构专利族数量、专利布局、主要发明人、专利申请持续时间,以及近三年来专利申请所占比重,由表 26-7 可见,广东海洋大学相关专利 7 项,排名第一位,且都是在 2010 年完成的。排名第二位的日本三菱重工业株式会社自 2002 年开始申请专利。美国通用电气公司在 2006～2009 年间申请专利。以上机构近三年都没有专利产出。

表 26-7　主要机构专利产出情况

主要机构	专利数量世界排名	专利族数量(项)	专利布局	主要发明人	专利申请持续时间	近三年申请专利占比
广东海洋大学	1	7	中国(7)	ZHENG Zhang-jing(7)； XU Qing(7)； LING Chang-ming(7)； LI Jun(7)； DENG Chao-hui(7)	2010～2010 年	0%
日本三菱重工业株式会社	2	5	日本(5)	NAGAI MASAHIKO(4)； KATO YOSHIKI(2)； NAKAMICHI KENJI(2)； ANDO YOSHIMASA(2)	2002～2010 年	0%
美国通用电气公司	3	3	美国(3)	Moe Neil Edwin(2)	2006～2009 年	0%

3.2　技术发展趋势分析

图 26-4 给出了专利年度变化趋势,总体呈现增长趋势,显示技术处于高速发展期。

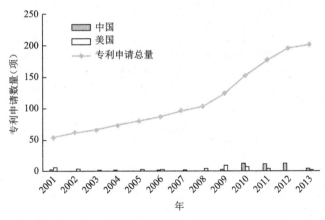

图 26-4　盐差能发电技术专利申请量变化趋势

3.3　重要专利

依据 Innography 专利系统中的专利强度指标,选择专利强度较高的专利作为重要专利,详见表 26-8。其中,专利强度指标参考了十余个与专利价值相关的指标,包括:专利权利要求数量、引用先前技术文献数量、专利被引用次数、专利及专利申请案的家族、专利申请时程、专利年龄、专利诉讼等。

表 26-8　盐差能发电技术部分重要专利详细信息

	公开号 WO2008060435A3
专利基本信息	标题:*Electrical Power Generating Method, Involves Processing Volume Through Distillation Column at Suitable Temperature and Pressure to Separate Solutes for Producing New Draw Solution and Working Fluid Streams*(一种通过蒸馏塔在合适的温度和压力下生成电力的方法) 优先权号:US2006858245P

	公开号 WO2008060435A3
专利基本 信息	优先权日：2006-11-09 申请人：美国耶鲁大学，耶鲁大学合作研究办公室 发明（设计）人：ELIMELECH Menachem；MC CUTCHEON Jeffrey；MC GINNIS Robert L 摘要：The method involves causing a portion of a dilute working fluid to flow through a semipermeable membrane into a pressurized draw solution. Flow of expanded volume of the solution is induced. The volume is processed through a distillation column at a suitable temperature and pressure to separate solutes from the solution for producing new draw solution and working fluid streams for reuse. The solution is formulated by mixing ammonium bicarbonate salt with ammonium hydroxide to form a complex solution of ammonium salts comprising ammonium bicarbonate, ammonium carbonate and ammonium carbonate. Method for generating electrical power from an energy source such as heat from reject stream of an existing power plant, unproductive low temperature geothermal heat source, low-concentration solar thermal energy, biomass heat, and ocean thermal energy conversion, by using an ammonia-carbon dioxide osmotic heat engine. The method utilizes the ammonia-carbon dioxide osmotic heat engine, and allows power production from diverse energy sources such as heat from reject streams of existing power plants, unproductive low temperature geothermal heat sources, low-concentration solar thermal energy, biomass heat, and ocean thermal energy conversion, thus effectively producing power that is renewable and carbon-free. The osmotic heat engine has a draw solute that is fully compatible with all system components, highly soluble and completely removable and provides for a large osmotic pressure gradient, and mitigates the environmental impacts of a pressure-retarded osmosis（PRO）process. The method allows for the utilization of a variety of heat sources that have typically little utility and very low to no cost. The drawing shows a schematic view of a pressure-retarded osmosis process in the presence of internal combustion polarization on the feed side of a membrane and an external concentration polarization on the draw solution side of the membrane. ECPExternal concentration polarizationICPInternal concentration polarization. 同族专利数：19

	公开号 US20050016924A1
专利基本 信息	标　题：*Energy, e. g. Electricity, Producing System Includes Semi-Permeable Barrier Separating Solvent Chamber from Pressure Chamber and Impermeable to Solute Molecules, which Effuse Across Barrier into Solute Solution of Closed Pressure Chamber*（采用半渗透膜的电力生产系统） 优先权号：US2003626209A 优先权日：2003-07-24 申请人：美国 EFFUSION DYNAMICS LLC 发明（设计）人：DeVoe Irving W 摘要：Energy producing system includes a semi-permeable barrier separating a solvent chamber from a pressure chamber. The barrier is permeable to solvent molecules and impermeable to solute molecules. The solvent molecules effuse across the semi-permeable barrier into the solute solution of the closed pressure chamber to increase the pressure of the chamber to generate energy in the form of hydrostatic pressure. A mechanical device（70）connected to the system may include an alternator, gear, flywheel, hydraulic motor, etc. Energy producing system（10）comprises a solvent chamber（20）for holding a solvent solution, a pressure chamber（30）for holding a solute solution, and a semi-permeable barrier（40）separating the solvent chamber from the pressure chamber. The barrier is permeable to solvent molecules and impermeable to solute molecules. The solvent molecules effuse across the semi-permeable barrier into the solute solution of the closed pressure chamber to increase the pressure of the pressure chamber thus generating energy in the form of hydrostatic pressure. 同族专利数：12

4 主要国家发展阶段

盐差能的研究以美国、以色列为先，中国、瑞典和日本等也开展了一些研究。但总体上，盐差能研究还处于实验室试验水平，离示范应用还有较长的路程。

4.1 美国

1978 年以色列科学家西德尼·洛布和美国太阳能公司在沃伦市维吉尼亚州做了大量的试验，当时估算采用压力延滞渗透式的装置，发电成本高达 0.3～0.4 美元/千瓦时。

4.2 荷兰

Wetsus 研究所于 2006 年开始对海水反电渗析发电进行研究，通过对几种不同浓度的溶液分别进行试验，试验发现装置发电的有效膜面积是总膜面积的 80%，膜的寿命为 10 年，反电渗析发电的最大能量密度（单位面积膜产生的功率）为 460 mW/m^2，装置投资为 6.79 美元/千瓦。荷兰特文特大学纳米研究所日前宣布，该机构在荷兰北部参与建设的荷兰首家盐差能试验电厂已于 11 月底发电。

4.3 挪威

挪威一家能源公司从 1997 年开始研究盐差能利用装置，2003 年建成了世界上第一个专门研究盐差能的实验室，2008 年设计并建设了一座功率为 2 千瓦～4 千瓦的盐差能发电站。

4.4 韩国

2012 年，韩国在世界上率先开发了能发电且能将海水转化为淡水的中小型核反应堆。"智能"核反应堆自 1997 年起开始研制，时隔 15 年终于获得了成功，研究费高达 3 100 亿韩元。

4.5 新加坡

西拉雅能源海水淡化厂是全球第一个采用直径 40 厘米反渗透薄膜的海水淡化厂，而一般海水淡化厂只用 20 厘米的膜。这种薄膜除能增加产水量外，还能减少三成用电量。这个海水淡化厂共有 240 个薄膜筒，各 1 米多长，两端装有综合流量分配器，海水穿过薄膜时会更加顺畅，而且薄膜里的电磁场装置能防止杂质形成。

5 结论

（1）盐差能发电技术的核心技术掌握在美国、荷兰、日本等发达国家手中，但是现在都还没能进行商业化的生产。

（2）中国的盐差能发电技术目前发展比较缓慢，论文数量排名世界第六位，篇均被引频次也特别低。但是中国的专利数量世界第一位，与发达国家之间的差距正在逐渐缩小。

（3）盐差能发电技术起源于美国，代表人物是美国本德研究所的 Lee KL 教授。

（4）盐差能发电技术的研究主要集中在新加坡国立大学、美国耶鲁大学、荷兰可持续水利技术中心、荷兰屯特大学和新加坡南洋理工大学。

第二十七章　水下长距离数字声通信技术

1　技术概述

　　水下通信非常困难，主要是由于通道的多径效应、时变效应、可用频宽窄、信号衰减严重，特别是在长距离传输中。水下通信相比有线通信来说速率非常低，因为水下通信采用的是声波而非无线电波。常见的水声通信方法是采用扩频通信技术，如 CDMA 等。目前水声通信技术发展的已经较为成熟，国外很多机构都已研制出水声通信 Modem，通信方式主要有：OFDM、扩频以及其他的一些调制方式。此外，水声通信技术已发展到网络化的阶段，将无线电中的网络技术（Ad Hoc）应用到水声通信网络中，可以在海洋里实现全方位、立体化通信（可以与 AUV、UUV 等无人设备结合使用），但只有少数国家试验成功。由于水声通信技术的敏感性以及巨大应用价值，国外长期将之列为禁止出口中国的高技术产品，目前仍严格控制。

2　论文产出分析

　　基于汤姆森路透科技集团的 Web of Science 科学引文索引扩展版 SCIE 论文数据库（1994～2014 年），截止时间至 2014 年 7 月，采用专家辅助、主题词检索的方式共检索论文 705 篇。

2.1　主要国家、机构与作者

　　表 27-1 给出了主要国家论文产出情况简表。由表 27-1 可见，美国的论文数量为 332 篇，篇均被引频次为 15.4，被引次数占世界论文总被引次数的 68.7，在论文产出方面保持绝对领先地位。中国相关论文为 80 篇，排名世界第二位，篇均被引频次为 2.3 次，在论文数量排名前 5 位的国家中排名最低。英国、日本和韩国在该领域表现也活跃，拥有相当数量的高质量论文。

表27-1 水下长距离数字声通信技术主要国家论文产出情况简表

国家	论文数量世界排名	论文数量（篇）	论文数量比重（%）	篇均被引频次（次）	被引次数比重（%）
美国	1	332	47.1	15.4	68.7
中国	2	80	11.3	2.3	2.5
英国	3	45	6.4	7.5	4.5
日本	4	36	5.1	5.8	2.8
韩国	5	34	4.8	2.9	1.3

根据论文产出情况，针对主要机构和主要科学家，给出了创新资源分布情况。表27-2为论文数量世界排名前6位的主要机构列表，分别为美国伍兹霍尔海洋研究所、美国加利福尼亚大学圣迭戈分校斯克里普斯海洋研究所、美国海军、美国田纳西大学、美国东北大学与美国麻省理工学院。中国的机构主要有哈尔滨工程大学、中国科学院声学研究所、厦门大学等。

表27-2 水下长距离数字声通信技术主要机构论文产出情况简表

主要机构	论文数量世界排名	论文数量（篇）	论文被引次数	论文数量比重（%）	篇均被引频次（次）
美国伍兹霍尔海洋研究所	1	46	1125	6.5	24.5
美国加利福尼亚大学圣迭戈分校斯克里普斯海洋研究所	2	37	660	5.2	17.8
美国海军	3	34	448	4.8	13.2
美国田纳西大学	4	31	622	4.4	20.1
美国东北大学	5	28	822	4.0	29.4
美国麻省理工学院	6	27	665	3.8	24.6

表27-3给出了论文数量排名前5位的主要科学家论文产出情况简表。M. Stojanovic工作于美国伍兹霍尔海洋研究所；Song H. C. 和 W. S. Hodgkiss 工作于美国加利福尼亚大学圣迭戈分校斯克里普斯海洋研究所；Yang T. C. 工作在美国海军实验室；Zhou S. L. 在美国田纳西大学工作。

M. Stojanovic 是美国东北大学电气与计算机工程系教授、伍兹霍尔海洋研究所客座研究员（WHOI）、麻省理工学院水下机器人实验室的访问科学家，主要研究领域是数字通信、信号处理和通信网络，重点是随时间变化的信道通信系统的设计和性能分析，与之相关的无线移动应用程序，特别是水下声学通信信道。M. Stojanovic 是 IEEE 和美国声学学会的活跃会员，担任 IEEE 海洋工程和 IEEE 信号处理杂志的副主编、IEEE 海洋工程学会水下通信技术委员会主席，同时也是 IEEE 通信咨询委员会成员、Elsevier 物理通信杂志编委以及 IEEE 通信和网络信号处理技术委员会成员。Song H. C. 毕业于美国麻省理工学院，是美国加利福尼亚大学圣迭戈分校斯克里普斯海洋研究所海洋物理实验室的研究员，主要研究方向为声纳阵列处理、水声通信等。

表 27-3　水下长距离数字声通信技术主要科学家论文产出情况简表

主要科学家	论文数量世界排名	论文数量(篇)	论文数量比重(%)	篇均被引频次(次)
M. Stojanovic	1	34	4.8	39.8
Song H. C.	2	25	3.5	17.3
Yang T. C.	3	22	3.1	15.2
Zhou S. L.	4	22	3.1	26.5
W. S. Hodgkiss	5	20	2.8	22.0

2.2 发文趋势

图 27-1 给出了水下长距离数字声通信技术论文发表趋势图。发文总体呈现上升趋势,2007 年之后出现了快速增长。美国始终处于领先地位,其论文数量一直占据了发文总量的近半数。中国在 1997 年发表了第一篇论文之后,一直进展缓慢,2006 年后才陆续有文章发表,2012 年后出现了数量上的飞跃。

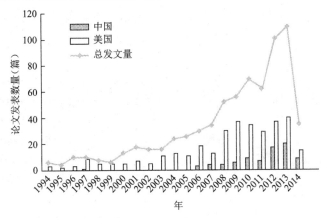

图 27-1　水下长距离数字声通讯技术论文发表趋势

2.3　研究起源

借助 CiteSpace 软件,对高被引论文引用时间轴进行了分析。

图 27-2 为水下长距离数字声通信技术高被引论文引用时间轴,分析的数据为 705 篇论文的参考文献,共 12 857 篇。其中,圆圈的大小代表被引用次数,上方的色标条代表时间段。进一步分析显示,被引频次较高的参考文献仍然集中在美国。

2.4　研究热点

图 27-3 为水下长距离数字声通信技术研究热点时间轴分布。时间的分布选择为 1994～2014 年,每 5 年设置一个时间段;研究热点是每个时间段出现频次排名前 50 位最高的词组。图 27-3 中,方块的大小代表被引用次数,右侧文字为经聚类分析结果。从图 27-3 可以看出,论文研究热点主要集中在水下声学网络。

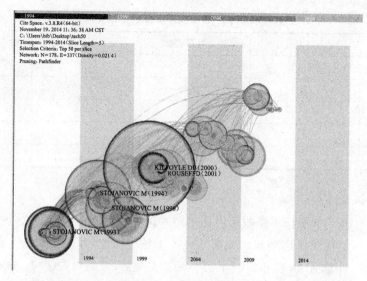

图 27-2　水下长距离数字声通信技术高被引论文引用时间轴

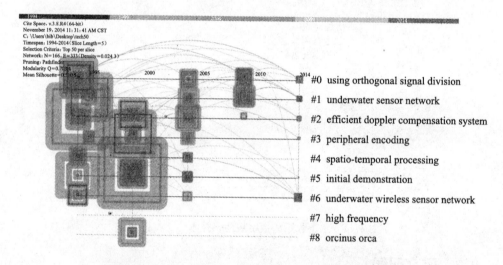

图 27-3　水下长距离数字声通信技术研发热点时间轴分布

　　针对 705 篇论文,表 27-4 给出了高被引论文简表。其中论文 *Underwater Acoustic Networks* 综述现有的网络技术及水声信道的适用性,提出了一个浅水水声网络的例子,概述了部分未来的研究方向,被引次数为 227 次。论文 *Phase-Coherent Digital Communications for Underwater Acoustic Channels* 被引 203 次。

表 27-4　水下长距离数字通信技术高被引论文简表

作者	题目	来源	机构	被引次数
E. M. Sozer、M. Stojanovic、J. G. Proakis	*Underwater Acoustic Networks*	*IEEE Journal of Oceanic Engineering*, 2000, 25(1)	美国东北大学	228
M. Stojanovic、J. A. Catipovic、J. G. Proakis	*Phase-Coherent Digital Communications for Underwater Acoustic Channels*	*IEEE Journal of Oceanic Engineering*, 1994, 19(1)	美国东北大学、美国伍兹霍尔海洋研究所	203

3　专利产出分析

基于 Thomson Innovation（TI）数据库，截止时间至 2014 年 7 月，采用专家辅助、主题词检索的方式共检索同族专利 480 项。专利分析主要采用专利族数量统计以及 PCT 专利数量统计。其中，PCT 专利是指《专利合作条约》（*Patent Cooperation Treaty*）的英文缩写，是有关专利的国际条约。

3.1　主要国家与机构

表 27-5 给出了主要国家专利产出情况简表。由表 27-5 可见，中国专利数量排名第一位，占世界专利总数的 50.4%，但 PCT 专利数为 3 项。美国专利数量排名第二位，PCT 专利数量为 17。日本和韩国分别排名第三、四位。

表 27-5　水下长距离数字声通信技术专利优先权国专利产出情况对比

主要国家	专利数量世界排名	专利族数量（项）	专利数量比重（%）	PCT 专利数量（项）	PCT 专利比重（%）
中国	1	242	50.4	3	7.9
美国	2	84	17.5	17	44.7
日本	3	37	7.7	0	0.0
韩国	4	26	5.4	0	0.0

表 27-6 给出了主要机构专利族数量、主要发明人、专利申请持续时间。由表 27-6 可见，目前，在专利数量上比较占优的机构包括美国海军、韩国海洋水产开发研究院以及中国科学院声学研究所。韩国和中国是近年来才开始申请，而美国海军已有相当长的历史。在 PCT 专利中排名靠前的机构有：美国伍兹霍尔海洋研究所、麻省理工学院、美国西北大学、阿特拉斯公司等。日本的主要申请机构为日本海洋科学技术中心。

中国科学院声学研究所从"七五"时期开始，在国家"863"计划的支持下，持续不断地进行着水声通信核心技术的研发，并取得了一系列进展：基于多频移键控技术的非相干水声通信机样机、基于多相移键控技术的相干水声通信机关键技术研究、中程高速水声通信机工程样机、负责"蛟龙"号载人潜水器声学系统的研制、4 500 m 载人深潜器核心设备国产化研究。2015 年 3 月，由中国科学院声学研究所牵头的"863"计划海洋技术领域"水声通信网络节点及组网关键技术"重点项目通过验收，项目组研制了基于 MPSK、MFSK、OFDM 不同制式的水声通信节点，制定了水声通信网技术规范，构建了涵盖 13 个水声通信节点的水声通信网络。该技术在海洋科学考察、环境监测、资源调查、海洋工程、国防建设等方面具有广泛的应用前景。中国科学院声学研究所海洋声学技术实验室主任朱敏，主要研究领域包括水声通信及组网技术、声学多普勒测速技术、声学探测技术和水下载体声学系统集成，其主要工作及成果包括"十一五""863"重点项目"水声通信网络节点技术及组网关键技术"、"十一五""863"探索课题"深海长距离水声信息传输技术研究"负责人，主要研究水声通信技术和水声通信网技术，"十五""863"重大专项"7 000 m 载人潜水器"副总设计师，声学系统负责人，负责载人潜水器声学系统的总体设计和实现。

表 27-6　水下长距离数字声通信技术主要机构专利产出情况

专利权人	专利数量	发明人	专利申请持续时间
美国海军	23	Zhang Hongtao（10） Wang Zhongkang（7） Yue Zhijie（7）	1974～2013 年
韩国海洋水产开发研究院	11	Lim Yong Kon（10） Park Jong Won（8） Kim Seung Geun（7）	2007～2012 年
中国科学院声学研究所	11	朱敏（4） 马力（4） 黄建纯（3） 陈庚（3） 郭中源（3） 陈岩（3） 贾宁（3）	2005～2014 年

3.2　技术发展趋势分析

图 27-4 给出了水下长距离数字声通信相关领域的专利申请趋势图。1995～2002 年间，专利申请总量一直处于低谷，维持在 10 项之内。2003 年之后，随着中国专利的增加，呈现了急剧增长的趋势。2003 年，中国申请了第一项专利，但随后增长势头强劲，目前在数量上已远超美国，占申请总量的 2/3 强。

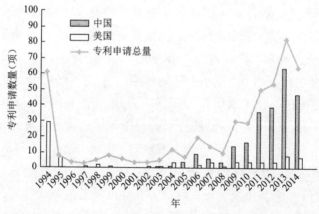

图 27-4　水下长距离数字声通讯技术专利申请量变化趋势

3.3　重要专利

依据 Innography 专利系统中的专利强度指标，选择专利强度较高的专利作为重要专利，详见表 27-7。其中，专利强度指标参考了 10 余个与专利价值相关的指标，包括专利权利要求数量、引用先前技术文献数量、专利被引用次数、专利及专利申请案的家族、专利申请时程、专利年龄、专利诉讼等。

表 27-7 水下长距离数字通信技术部分重要专利详细信息

公开号 US5301167A (AU199457440A US5301167A WO1995016312A1)	
专利基本信息	标题: *Phase-Coherent Underwater Acoustic Telemetry System Optimises Digital Signal Communicaton by Phase Coherent* 申请人: 美国西北大学、美国伍兹霍尔海洋研究所 发明(设计)人: John G. Proakis、Milica Stojanovic 摘要: The system utilises phase coherent modulation and demodulation, in which high data rates are achieved through the use of rapid Doppler removal. Also utilised are a specialised sample timing control technique and decision feedback equalisation including feedforward and feedback equalisers. The combined use of these techniques drammatically increases data rates by one and sometimes two orders of magnitude over traditional FSK systems by successfully combating fading and multipath problems associated with a rapidly changing underwater acoustic channel. These produce intersymbol interference and make timing optimisation for the sampling of incoming data impossible. USEIn harsh marine environments, e. g. for military surveillance, pollution monitoring, production oil-field control, etc. .
公开号 US20040090865A1 (AU2002251216A1 AU2002251216A8 DE60238831D1 EP1378079A2 EP1378079B1 JP04087253B2 JP04205952B2 JP2004531939A US20040090865A1 US20040105344A1 US7006407B2 WO2002082696A2 WO2002082696A3)	
专利基本信息	标 题: *Digital Underwater Transmission Device e. g. for Underwater Telemetry Has Base Code Sequences, Bi-Phase Modulation, Redundancy Coding, Continuous Doppler Measurement, Manual and Voice Inputs and Display* 申请人: 阿特拉斯电子(英国)有限公司 发明(设计)人: Jonathan James Davies、Samuel William Downer、Shaun Michael Dunn 等 摘 要: An information sequence is divided into symbols of n bits. Each symbol is replaced with a corresponding base code sequence of length m bits and the result is passed to an acoustic transducer after bi-phase modulation onto a carrier. The base sequence is cyclically extended before modulation and Reed Solomon redundancy coding is initially applied to the information sequence. The modulator's output is prefaced with a pair of chirp waveforms. An initial Doppler measurement is used to compensate the first known code sequence. The measured Doppler is continuously updated by measuring residual Doppler from preceding sequence pairs. Preferred values for n are 2 or more, and preferred values for m are at least 256. The value of m/n is 64. The transmission device can include a manual input and display, measurement and voice input. An independent claim is also included for a method of transmitting a sequence of digital bits through water. The device is used for underwater communications, e. g. between underwater vehicles and divers, or telemetry apparatus. The extended code sequences allow for some time spread between the expected timing of the sequences in the received signal and the reference sequences in the correlators. Continuously updating the Doppler information allows the adjustment of relative timing between sequences, so the data rate is improved without using more sequences. The use of code signals means that the signal is effectively broadband, reducing the problem of signal fading. Communication is more resilient against background noise, multi-path propagation and acoustic Doppler. The self-luminous display does not require a separate light source. The drawing shows a schematic of the transmit side of a transceiver. Processor Information sequence Reed Solomon redundancy coding Symbolm-sequence encoder Modulator Chirp waveforms Generator.

4 主要国家发展阶段

根据评价指标体系计算得到国家的文献评估指数,表 27-10 给出了美国和中国文献评估指标比重。其中,美国最高,中国与美国相差很大。目前,在水下长距离数字通信技

215

术中,美国技术研发早,产品成熟,中国目前也有相应的产品,但与国外相比,仍处于重视阶段。此外,中国在论文数量比重、被引次数比重、PCT 专利数量比重指标上与美国存在相当大的差距。

表 27-8　水下长距离数字声通信技术主要国家文献评估指标比重

主要国家	论文数量 比重(%)	被引次数 比重(%)	专利数量比重 (%)	PCT 专利数量比重 (%)
美国	47.1	68.7	17.5	44.7
中国	11.3	2.5	50.4	4.9

美国近年来水声通信的研究进展非常迅速,大多数水声通信系统开始转向使用数字通信方式,其基本构建形式是采用水声调制解调器实现各种形式的水声信息传输。目前,能够比较成功提供水声调制解调器的有美国 Benthos、Link Quest Inc 等公司。英国拉夫堡大学、美国东北大学、美国麻省理工学院、美国伍兹霍尔海洋研究所、美国华盛顿大学、日本冲电气工业株式会社等相继对水声通信技术展开了研究,已实现的较有代表性的成果见表 27-9 与表 27-10。

此外,国外很多国家已开始利用水声调制解调器初步组建水下通信网络。美国海军实验性远程声呐和海洋网络计划组建的 Seaweb2000 的水声网络,利用了 17 个水下节点。实际上,这个计划在 1998 年就已经开始实施了,主要的合作公司是 Benthos。2002 年 1 至 6 月,美国在 Seaweb2001 基础上又实施了 FRONT-4 计划。

商用水声通信设备如表 27-9 所示。有代表性的水声通信研究样机如表 27-10 所示。

表 27-9　商用水声通信设备

开发商	应用领域	适合信道	调制方式	码间干扰补偿方式	载波速率	数据速率
日本冲电气工业株式会社	水下机器人通信和遥控	60 m 浅水信道	16-QAM	线性均衡 (LMS 算法)	1 MHz	500 kbps
日本海洋科学技术中心	图像数据传输	60 m 浅水信道	16-QAM	线性均衡 (LMS 算法)	20 kHz	16 kbps
法国海洋开发研究院、法国 Orca 交互式视频设备有限公司	图像数据传输	垂直距离2 000 m	2-DPSK	无	53 kHz	19.2 kbps
法国国立布列塔尼高等电信学院、法国海洋开发研究院	数字语音通信	测试水池	4-DPSK	判断反馈均衡 (LMS 算法)	未见报道	6 kbps
美国 Micritor 公司	水声遥测数据	浅海信道1 000 m	2-DPSK	直接序列扩频	30 kHz/100 kHz	600 bps

表 27-10 有代表性的水声通信研究样机

研究机构	测试环境	调试方式	换能器阵列的使用	均衡器	载波速率	数据速率
英国伯明翰大学	0.5~1.5 n mile 浅海信道	DPSK 2-DPSK	发射端和接收端使用固定的阵列	无	50 kHz	10 kbps 20 kbps
英国纽卡斯尔大学	0.5 n mile 浅海信道	4-DPSK	接收端采用	判决反馈均衡（LMS）	50 kHz	10 kbs
美国东北大学、美国伍兹霍尔海洋研究所	深海远距离（100 n mile）浅海远距离（50 n mile）浅海中等距离（1 n mile）	M-PSK 8-QAM M=4,8,16	接收端采用	多通道判决反馈均衡（RLS）	1 kHz 1 kHz 15 kHz	1 kbps 2 kbps 40 kbps

欧盟（主要是英国、法国、荷兰、意大利等）所实施的相关技术有 Roblink（Long Range Shallow Water Robust Acoustic Commnication Links）、LOTUS（Long Range Telemetry in Ultra-Shallow Channels）、SWAN（Shallow Water Acoustic Networks）、ACME（Acoustic Communication Network for the Monitoring of the Underwater Envionment）等。这些水声网络具有民用和军用双重功能。

在我国国内，水声遥测和通信的研究起步较晚，今年来取得了较大的发展。国内厦门大学、西北工业大学、哈尔滨工程大学、中国科学院声学研究所、中船总公司等，进行水声通信、水下探测精确定位和目标识别等方面的研究，均有较好的研究基础且近年都各有见长。例如：中国科学院声学所近期完成了一种远距离低速率水声数字通信试验，传输距离可达 30~100 km；厦门大学 2003 年研制成水声语音通信机，在水深 8~20 m 的浅海水平声信道中，通信距离达 12 km。

5 结论

（1）美国为领先国家，掌握核心技术，拥有成熟产品，占据市场份额。

（2）中国水下长距离数字通信技术处于发展时期，2006 年之后，与美国的差距缩小。目前，中国在论文数量、被引频次、PCT 专利数量方面均较为滞后。

（3）美国为水下长距离数字声通信技术的起源国家。主要的研究机构为美国 Bethos 公司、美国伍兹霍尔海洋研究所、美国加利福尼亚大学圣迭戈分校斯克里普斯海洋研究所等。

（4）水下长距离数字声通信技术创新资源主要集中在海洋仪器公司、军工企业以及海洋研究所和大学，如美国 Bethos、Altas、Link Quest Inc 等公司，英国拉夫堡理工大学、美国东北大学、麻省理工学院。国内的创新资源主要集中中国科学院声学研究所和厦门大学。

综上所述,目前,领先国家为美国。中国技术与国际领先水平相差很大。但 2006 年后,差距逐渐缩小,目前中国大致相当于美国 1990 年水平。

第二十八章　蓝绿激光通信技术

1　技术概述

蓝绿光通信是激光通信的一种,采用光波波长为 450～570 nm 的蓝绿光束,介于蓝光和绿光之间。由于海水对蓝绿波段的可见光吸收损耗极小,因此,蓝绿光通过海水时,不仅穿透能力强,而且方向性极好,是在深海中传输信息的通信重要方式之一,另外还应用于探雷、测深等领域。

2　论文产出分析

基于汤姆森路透科技集团的 Web of Science 科学引文索引扩展版 SCIE 论文数据库(1994～2014 年),截止时间至 2014 年 7 月,采用专家辅助、主题词检索的方式共检索论文 310 篇。

2.1　主要国家、机构与科学家

表 28-1 给出了主要国家论文产出情况简表。由表 28-1 可见,美国相关论文 103 篇,论文数量远超过其他国家;篇均被引频次为 38.6 次,均排名世界第一位。中国相关论文 25 篇,篇均被引频次为 11.2 次,排名第四位。排名前 5 位国家论文总数占据世界论文总数的 72.3%,是主要的论文发表国。

表 28-1　蓝绿激光通信技术主要国家论文产出情况简表

国家	论文数量世界排名(位)	论文数量(篇)	论文数量占世界的比重(%)	篇均被引频次(次)	被引次数占世界的比重(%)
美国	1	103	33.2	38.6	58.3
日本	2	49	15.8	32.4	23.3
德国	3	29	9.4	12.8	5.4
中国	4	25	8.1	11.2	4.1
法国	5	18	5.8	9.1	2.4

根据论文产出情况,针对主要机构和主要科学家,给出了创新资源分布情况。表28-2为论文数量世界排名前5位的主要机构列表,分别为美国布朗大学、美国普渡大学、日本索尼株式会社、德国维尔茨堡大学和中国科学院。美国针对蓝绿激光通信技术的研究,比较集中。值得注意的是排名前5位的机构中只有日本索尼株式会社一家企业,且其在篇均被引频次方面,保持绝对领先,达到79.8次。

表28-2　蓝绿激光通信技术主要机构论文产出情况简表

主要机构	论文数量世界排名	论文数量(篇)	论文数量占世界的比重(%)	篇均被引频次(次)
美国布朗大学	1	42	13.5	33.9
美国普渡大学	2	25	8.1	50.0
日本索尼株式会社	3	10	3.2	79.8
德国维尔茨堡大学	4	10	3.2	12.1
中国科学院	5	7	2.3	21.3

表28-3给出了论文数量排名前3位的主要科学家论文产出情况简表。A. V. Nurmikko和R. L. Gunshor均工作于美国布朗大学,D. C. Grillo工作于美国普渡大学,主要科学家与主要机构存在很好的对应关系。

表28-3　蓝绿激光通信技术主要科学家论文产出情况简表

主要科学家	论文数量世界排名	论文数量(篇)	论文数量占世界的比重(%)	篇均被引频次(次)
A. V. Nurmikko	1	39	12.6	36.4
R. L. Gunshor	2	37	11.9	36.4
D. C. Grillo	3	24	7.7	49.0

2.2　发文趋势

为进一步分析中国与美国论文产出情况的对比,图28-1给出了中国与美国蓝绿激光通信技术论文发表趋势图。从总体情况及趋势上看,蓝绿激光通信技术仍处在发展期。美国的相关研究起步早,1995年论文数量达到最多。中国研究起步晚,与美国还有较大差距,但在2011年发表数量超过美国。

2.3　研究起源

图28-2为蓝绿激光通信技术高被引论文引用时间轴。圆圈的大小代表被引用次数;其中,对被引频次大于30的论文进行了标引。由图28-2可以看出,M. A. Haase(1991)发表的论文是最早的一篇高被引论文,主要是关于激光二极管研究。随后是J. M. Gaines(1993)发表关于蓝绿激光器的相关论文,被引频次达到42次。J. M. Gaines工作于美国3M公司,可以认为蓝绿激光通信技术起源为美国。

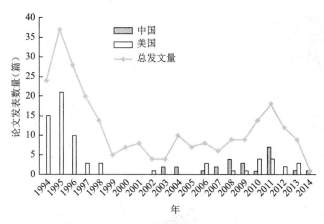

图 28-1 蓝绿激光通信技术论文发表趋势

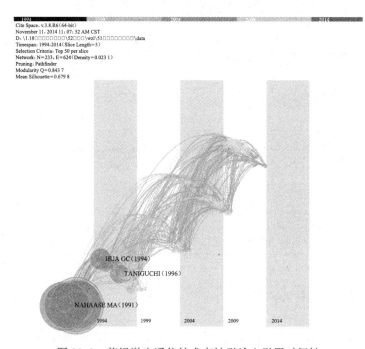

图 28-2 蓝绿激光通信技术高被引论文引用时间轴

2.4 研究热点

借助 CiteSpace 软件,对论文的总体趋势进行了分析。图 28-3 为蓝绿激光通信技术研究热点时间轴分布。时间的分布选择为 1994～2014 年,每 5 年设置一个时间段;研究热点是每个时间段出现频次排名前 50 位最高的词组。图 28-3 中,方块的大小代表被引用次数,右侧文字为经聚类分析结果。从图 28-3 可以看出,近期活跃的研究热点为聚类 #1,光纤激光器;聚类 #2,激光器 GaN 材料衬底。

表 28-4 给出了 3 篇蓝绿激光通信技术的高被引论文,论文被引次数都在 100 次以上。值得注意的是 M. A. Hase、J. Qiu、J. M. Depuydt 等发表在 *Applied Physics Letters* 上的论文被引次数最高。

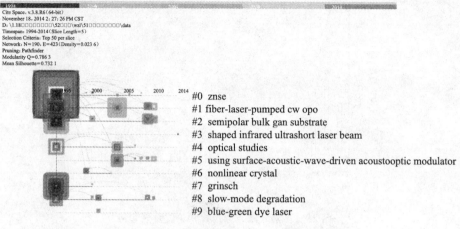

图 28-3　蓝绿激光通信技术研发热点时间轴分布

表 28-4　蓝绿激光通信技术高被引论文简表

作者	题目	来源	机构	被引次数
M. A. Haase、J. Qiu、J. M. Depuydt 等	*Blue-Green Laser-Diodes*	*Applied Physics Letters*, 1991, 59(11)	美国 3M 公司	1329
H. Jeon、J. Ding、A. V. Nurmikko	*Blue-Green Injection-Laser Diodes in (Zn, Cd) Se/ZnSe Quantum-Wells*	*Applied Physics Letters*, 1991, 59(27)	美国布朗大学、美国普渡大学	513
J. M. Gaines、R. R. Drenten、K. W. Haberem 等	*Blue-Green Injection-Lasers Containing Pseudomorphic Zn$_{1-x}$MgxSySe$_{1-y}$ Cladding Layers and Operating Up to 394K*	*Applied Physics Letters*, 1993, 62(20)	美国飞利浦北美公司	251

3　专利产出分析

基于 Thomson Innovation(TI)数据库,截止时间至 2014 年 7 月,采用专家辅助、主题词检索的方式共检索同族专利 147 项。专利分析主要采用专利族数量统计以及 PCT 专利数量统计。其中,PCT 专利是指《专利合作条约》(*Patent Cooperation Treaty*)的英文缩写,是有关专利的国际条约。

3.1　主要国家、机构与发明人

表 28-5 给出了主要国家专利产出情况简表,由表 28-5 可见,日本专利数量排名第一位,且占世界专利总数的 38.4%,PCT 专利数为 2。美国、韩国、中国与俄罗斯分别排名第二、三、四、五位。其中,美国 PCT 专利数 9 项,占世界比重的 56.3%。

表 28-6 给出了主要机构专利族数量、专利布局、主要发明人、专利申请持续时间,以及近 3 年来专利申请所占比重。由表 28-6 可见,韩国三星电子相关专利 16 项,排名第一位;美国海军申请专利较早,且一直持续至今;排名第三位的日本中国电力株式会社近期已不再从事该项技术的研发。

表 28-5　蓝绿激光通信技术专利优先权国专利产出情况对比

优先权国	专利数量世界排名	专利族数量（项）	专利数量占世界比重（%）	PCT 专利数量（项）	PCT 专利数量占世界比重（%）
日本	1	58	38.4	2	12.5
美国	2	36	23.8	9	56.3
韩国	3	23	15.2	0	0.0
中国	4	20	13.2	0	0.0
俄罗斯	5	4	2.6	0	0.0

表 28-6　主要机构专利产出情况

主要机构	专利数量世界排名	专利族数量（项）	专利申请持续时间	近三年申请专利占比
韩国三星电子	1	16	1997～2009 年	0%
美国海军	2	10	1977～2012 年	10%
日本中国电力株式会社	3	9	1995～1999 年	0%

3.2　技术发展趋势分析

图 28-4 给出了蓝绿激光通信技术专利申请量变化趋势。美国相关专利申请量总体不断减少。中国在 2002 年之前申请相关专利数量不多,之后出现快速增长,并一直超过美国。

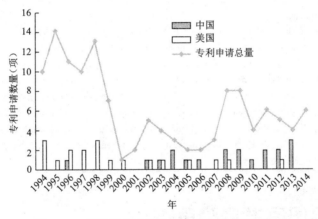

图 28-4　蓝绿激光通信技术专利申请量变化趋势

3.3　重要专利

依据 Innography 专利系统中的专利强度指标,选择专利强度较高的专利作为重要专利,详见表 28-7。其中,专利强度指标参考了 10 余个与专利价值相关的指标,包括专利权利要求数量、引用先前技术文献数量、专利被引用次数、专利及专利申请案的家族、专利申请时程、专利年龄、专利诉讼等。

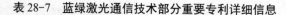

表 28-7　蓝绿激光通信技术部分重要专利详细信息

公开号 US5627849A	
专利基本信息	标题: *Low Amplitude Noise, Intracavity Doubled Laser* 公开(公告)号: US5627849A 公开(公告)日: 1997-05-06 申请号: US1996609186A 申请日: 1996-03-01 申请人: 美国 Thomas M. Baer 发明(设计)人: Thomas M. Baer 摘要: An amplitude-stable intracavity doubled laser comprises a pair of end mirrors defining a laser cavity having a length L. A laser medium having a gain region substantially smaller than the length L of the laser cavity is positioned within the laser cavity. A doubling crystal having a nonlinear conversion region substantially smaller than, the length L of the laser cavity is positioned within the laser cavity. A pump source is oriented to supply excitation energy to the laser medium. The laser medium and the doubling crystal located at positions within the laser cavity so as to cause the laser to lase in fewer than ten longitudinal modes and to output visible light with an amplitude noise of less than about 3% RMS on visible output from the laser. 权利要求数: 19
公开号 WO2008050257A2 (EP2006122827A)	
专利基本信息	标题: *Intracavity Frequency-Converted Solid-State Laser for the Visible Wavelength Region* 公开(公告)号: WO2008050257A2 公开(公告)日: 2008-05-02 申请号: WO2007IB54186A 申请日: 2007-10-15 申请人: 飞利浦(德国)知识产权与标准部、荷兰皇家飞利浦电子有限公司、Ulrich Weichmann、Holger Moench 发明(设计)人: Ulrich Weichmann、Holger Moench 摘要: The present invention provides an intracavity frequency-converted solid state laser for the visible wavelength region. The laser comprises a semiconductor laser with an extended laser cavity. A second laser cavity is formed inside of said extended laser cavity. The second laser cavity comprises a gain medium absorbing radiation of the semiconductor laser and emitting radiation at a higher wavelength in the visible wavelength region. The frequency converting gain medium is formed of a rare-earth doped solid state host material. The proposed laser can be manufactured in a highly integrated manner for generating radiation in the visible wavelength region, for example in the green, red or blue wavelength region. 权利要求数: 6

4　主要国家发展阶段

　　1963 年, Sullian S. A. 及 Dimtley S. Q. 等人在研究光波在海洋中的传播特性时, 发现海水对 $0.47 \sim 0.58~\mu m$ 波段内的蓝绿激光的衰减比对其他波段的衰减要小得多, 从而使激光水下探测成为可能。在蓝绿激光通信技术方面, 美国、日本等走在了世界前列。

4.1　美国

　　美国是开展海洋激光探测技术研究最早的国家。1968 年, 美国雪城大学建造了世界上第一个激光海洋深度测量系统, 初步建立了海洋激光探测技术的理论基础。1991 年,

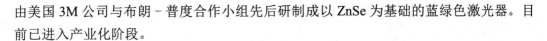

由美国 3M 公司与布朗－普度合作小组先后研制成以 ZnSe 为基础的蓝绿色激光器。目前已进入产业化阶段。

4.2　日本

目前,日本已进入产业化阶段。

4.3　中国

我国从 20 世纪 80 年代末期开展机载激光雷达的研制,以华中科技大学为主,研制成功机载激光雷达海洋探测系统。1996 年 5 月,在我国南海进行了海上机载试验,成功地获取了海底深度数据,具有扫描、高速数据存储和记录功能。目前,处于中试阶段。

5　结论

（1）美国、日本、德国为领先国家,掌握核心技术,实现了蓝绿激光通信技术并设计开发了相关激光器。

（2）中国蓝绿激光通信技术处于快速发展时期,2006 年之后,与世界先进国家的差距在不断缩小。目前,中国在论文数量与专利数量方面排名第四位,论文数量、篇均被引频次、PCT 专利等均较为滞后。

（3）美国为蓝绿激光通信技术的起源国家,代表人物为美国 3M 公司 J. M. Gaines。

（4）蓝绿激光通信技术创新资源主要集中在美国布朗大学、美国普渡大学、日本索尼株式会社等机构。国内的创新资源主要有中国科学院福建物质结构研究所等。

综上所述,目前,领先国家为美国。中国技术水平与国际领先水平差距较大,但差距在不断缩小。

第二十九章　深海网络信息传输与管理

1　技术概述

深海网络信息传输与管理技术是指将海底观测、探测仪器所获取的与海洋、海底等信息有关的数据，经过有线或者无线的传输方式，被陆地基站接收，进行数据收集、处理和存储、管理的一系列相关技术。针对深海以及大洋底层的科学考察是一项非常艰苦复杂的工作，因此，对作业工具的可靠性、可维修性、功能和功耗都有高标准的要求。在设置信息传输装置时，需要充分考虑环境的特殊性。由于对通讯距离和数据传输速率没有过高要求，所以可以把重点放在操作的方便性和低功耗这两个方面。为了能够有效整合各种海洋资源，充分利用各种网络资源，实现海洋信息的集成与共享，以便有效组织和充分利用海洋信息，使其能够更好地为海洋事业的各项工作服务，显得十分迫切。

2　论文产出分析

基于汤姆森路透科技集团的 Web of Science 科学引文索引扩展版 SCIE 论文数据库（1994～2014 年），截止时间至 2014 年 7 月，采用专家辅助、主题词检索的方式共检索论文 230 篇。

2.1　主要国家、机构与作者

表 29-1 给出了主要国家论文产出情况简表。由表 29-1 可见，美国相关论文 56 篇，排名世界第一位，篇均被引频次为 3.0 次，低于日本和法国。日本相关论文 23 篇，与中国并列第二位；篇均被引频次为 11.5 次，排名第二位。美国、日本、中国三国的论文总数占据世界论文总数的 44.3%，接近一半，是主要的论文发表国。法国和加拿大等国也发表了相当数量的论文，法国的篇均被引频次最高，为 13.3 次。

根据论文产出情况，针对主要机构和主要科学家，给出了创新资源分布情况。表 29-2 为论文数量世界排名前 5 位的主要机构列表，分别为加拿大维多利亚大学、法国海洋开发研究院、美国伍兹霍尔海洋研究所、中国科学院和意大利海洋研究所。加拿大维多利亚大学的论文数量最多,11篇,但是篇均被引频次仅为1.4,低于美国的伍兹霍尔海洋研究所和意大利海洋研究所。中国科学院的论文数量为5篇,与意大利海洋研究所相同,但是篇均被引频次为1.0,远远低于意大利海洋研究所。

表 29-1　深海网络信息传输与管理技术主要国家论文产出情况简表

国家	论文数量世界排名(位)	论文数量(篇)	论文数量占世界的比重(%)	篇均被引频次(次)	被引次数占世界的比重(%)
美国	1	56	24.3	3.0	12.8
日本	2	23	10.0	11.5	20.1
中国	3	23	10.0	1.2	2.1
加拿大	4	21	9.1	2.4	3.8
法国	5	17	7.4	13.3	17.2

表 29-2　深海网络信息传输与管理技术主要机构论文产出情况简表

主要机构	论文数量世界排名	论文数量(篇)	论文数量占世界的比重(%)	篇均被引频次(次)
加拿大维多利亚大学	1	11	4.8	1.4
法国海洋开发研究院	2	9	3.9	0.4
美国伍兹霍尔海洋研究所	2	9	3.9	11.2
中国科学院	4	5	2.2	1.0
意大利海洋研究所	4	5	2.2	23.8

表 29-3 给出了论文数量排名前三位的主要科学家论文产出情况简表,P. Favali 和 L. Beranzoli 工作于意大利国家地球物理与火山研究院,C. R. Barnes 工作于加拿大维多利亚大学。

表 29-3　深海网络信息传输与管理技术主要科学家论文产出情况简表

主要科学家	论文数量世界排名	论文数量(篇)	论文数量占世界的比重(%)	篇均被引频次(次)
P. Favali	1	8	3.5	0.3
C. R. Barnes	2	6	2.6	0.7
L. Beranzoli	2	6	2.6	0.3

2.2　发文趋势

图 29-1 给出了深海网络信息传输与管理技术论文发表趋势图。发文量总体呈现上升趋势。美国自 2000 年以来,发文量呈缓慢上升趋势,年均发文量在 10 篇左右。中国自 2005 年以后论文数量有所增加,目前仍存在上升趋势。

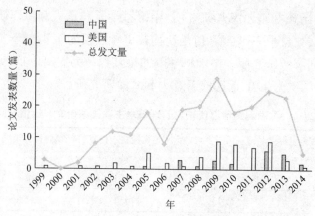

图 29-1　深海网络信息传输与管理技术论文发表趋势

2.3　研究起源

图 29-2 为深海网络信息传输与管理技术高被引论文发展趋势,圆圈的大小代表被引用次数,其中对被引频次大于 30 的论文进行了标引。由图 29-2 可以看出,深海网络信息传输与管理的论文被引次数相互之间被引用的关系比较复杂,没有被引次数很高的论文。较早一篇高被引的论文是 M. D. COLLINS,(1993)的一篇文章,M. D. COLLINS 在美国国家研究实验室工作,因此认为深海网络信息传输与管理技术起源于美国。

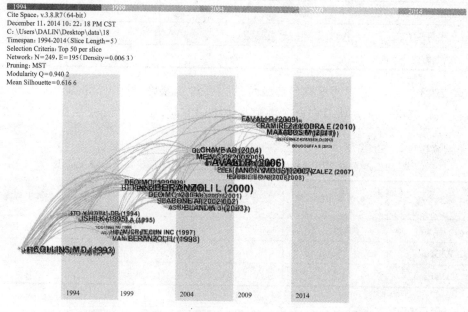

图 29-2　深海网络信息传输与管理高被引论文发展趋势

2.4　研究热点

借助 CiteSpace 软件,对论文的总体趋势进行了分析。图 29-3 为深海网络信息传输与管理技术研究热点时间轴分布。时间的分布选择为 1994 至 2014 年,每 5 年设置一个时间段,研究热点是每个时间段出现频次排名前 50 位最高的词组,图 29-3 中方块的大小代表被引用次数,右侧文字为聚类分析结果。从图 29-3 可以看出,近期活跃的研究热点为聚类 #0,深海信息传输与管理之间的配合关系。

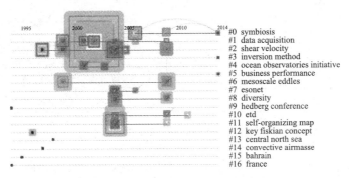

图 29-3　深海网络信息传输与管理技术研究热点沿时间轴分布

表 29-4 给出了高被引论文简表,论文被引次数都在 80 次以上,其中 2 篇在 200 次以上。值得注意的是日本地质调查局发表在《自然》杂志上的论文被引次数最高。

表 29-4　深海网络信息传输与管理技术高被引论文简表

作者	题目	来源	机构	被引次数
Heki K.、Miyazaki S.、Tsuji H.	*Silent fault slip following an interplate thrust earthquake at the Japan Trench*	*Nature*	日本地质调查局	237
W. M. X. Zimmer、M. P. Johnson、P. T. Madsen 等	*Echolocation clicks of free-ranging Cuvier's beaked whales*（*Ziphius cavirostris*）	*Journal of The Acoustical Society of America*	北约-海底研究中心	87

3　专利产出分析

基于 Thomson Innovation（TI）数据库,截止时间至 2014 年 7 月,采用专家辅助、主题词检索的方式共检索同族专利 32 项。专利分析主要采用专利族数量统计以及 PCT 专利数量统计,其中 PCT 专利是指《专利合作条约》（*Patent Cooperation Treaty*）的英文缩写,是有关专利的国际条约。

3.1　主要国家、机构与发明人

表 29-5 给出了主要国家专利产出情况简表,由表 29-5 可见,中国专利数量排名第一位,且占世界专利总数的 56.25%,PCT 专利数为 0。法国、美国、西班牙与英国分别排名第二、三、四、五位,其中 PCT 专利全部都在法国。

表 29-6 给出了主要机构专利族数量、专利布局、主要发明人、专利申请持续时间，以及近 3 年来专利申请所占比重，由表 29-6 可见，排名在前两位的机构都在中国，浙江大学在 2003 年开始申请发明专利，现在也在持续研究。宁波大学科学技术学院是近 2 年才开始研究。其余机构专利数量都是 1，没有太大的可比性。

表 29-5　深海网络信息传输与管理技术专利优先权国专利产出情况对比

优先权国	专利数量世界排名	专利族数量（项）	专利数量占世界比重（%）	PCT 专利数量（项）	PCT 专利数量占世界比重（%）
中国	1	18	56.25	0	0
法国	2	5	15.625	2	100
美国	3	4	12.5	0	0
西班牙	4	2	6.25	0	0
英国	5	1	3.125	0	0

表 29-6　深海网络信息传输与管理技术主要机构专利产出情况

主要机构	专利数量世界排名	专利族数量（项）	专利布局	主要发明人	专利申请持续时间	近三年申请专利占比
浙江大学	1	6	中国（6）	杨灿军（5）	2003～2013 年	50%
宁波大学科学技术学院	2	2	中国（2）	王先成（2）	2012～2013 年	100%

3.2　技术发展趋势分析

图 29-4 给出了专利年度变化趋势，从图中可以看出，深海网络传输与管理技术方面的专利比较少，年度产出少于 7 项。

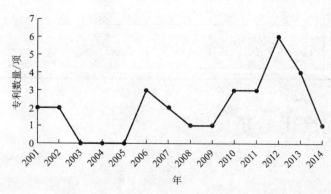

图 29-4　深海网络信息传输与管理技术专利数量年度变化趋势图

深海网络信息传输与管理技术的专利数量较少，并且大部分专利都集中在中国，所以在这里没有列出重要专利。

4　主要国家发展阶段

根据评价指标体系计算得到国家的文献评估指数,表 29-7 给出了主要国家的文献情况。中国的专利数量排名世界第一,但是论文被引频次、PCT 专利以及技术所处的发展阶段均落后于美国、法国等国家。

表 29-7　深海网络信息传输与管理技术主要国家文献评估指数

主要国家	论文数量占世界的比重(%)	被引次数占世界的比重(%)	专利数量占世界的比重(%)	PCT 专利数量占世界的比重(%)
法国	7.4	17.2	15.6	100
中国	10	2.1	56.25	0
美国	24.3	12.8	12.5	0

深海网络信息传输与管理技术,目前世界发展的速度比较缓慢,即使是在发达国家,这个技术的发展状况也不是很好。

欧盟委员会在 2007 年 10 月 10 日,发布了关于欧洲联盟综合海洋政策的远景文件,在报告中提出建立欧洲海洋观测与数据网络(European Marine Observation and Data Network,EMODNET),EMODNET 的建立和财力支持是管理海洋现行关系的必要条件。

美国于 1998 年就正式启动了著名的 NEPTUNE——"海王星"海底观测网络计划,目标是将长约 3 000 km 的光缆和电缆布置到在太平洋东北部 500 km×1 000 km 的海域上,把上千个海底观测设备联网,将 30 个海底实验室连接起来,建成后可能成为目前世界上规模最庞大、技术最先进的海底观测科学和实验平台,可以进行水层、海底和地壳连续 25 年的实时观测。

日本于 2003 年提出了 ARENA 新型实时海底监测网络计划,目标是沿着日本海海沟建造跨越板块边界的光缆连接观测站网络,实现建立在基于海洋作业船、深潜器(Rov、Auv)等多种水下、海底作业技术基础上的跨世纪深海观测系统的梦想。

我国"863"计划在海洋技术领域分别设置了海洋检测技术、海洋生物技术和海洋探查与资源开发技术三个主题,以期为我国的海洋开发、海洋利用和海洋保护提供先进的技术和手段。

5　结论

(1)深海网络信息传输与管理技术比较成熟的国家都集中在欧美地区以及日本等发达国家,他们对深海研究比较早,技术比较成熟。

(2)中国在深海网络信息传输与管理方面,起步较晚,论文数量位于世界第三位,专利数量位于世界第一位,但是没有 PCT 专利,论文篇均被引频次也低于法国、美国等发达国家。

(3)深海网络信息传输与管理技术起源于美国,M. D. COLLINS 教授是当时的主要代表人物,工作于美国国家研究实验室。

　　(4)目前,世界上对深海网络信息传输与管理的主要研究机构是加拿大维多利亚大学、法国海洋开发研究院、美国伍兹霍尔海洋研究所、中国科学院和意大利海洋研究所。

第三十章 水下小型核反应堆供电技术

1 技术概述

随着世界能源短缺和气候危机日益严重,相对节约和清洁的核电越来越受到人们的重视。截至 2010 年 8 月,全世界正在运行的核电机组有 440 台,装机容量 3.76 亿 kW,分布在 30 个国家和地区;在建核电机组 59 台,容量 6 260 万 kW。为保证发电效率,传统核电站的装机容量较大,其设计形式很难有较大的突破。相对而言小型反应堆可以采用完全不同于传统压水堆的设计方法,采用模块化布置将反应堆主要部件都安装在压力容器内部。采用一体化结构设计的小型反应堆具有体积小、重量轻、固有安全性好、自然循环能力高、系统简单、布置紧凑等特点,特别适合于中小型核电厂和船用核动力装置。小型反应堆可以用于多种能源供给,如电力供应、船用核动力、海水淡化以及供热等。越来越多的国家开展了关于反应堆一体化方面的研究,提出小型反应堆的设计方案,如IRIS、SMART、CAREM、IMR、ABV-6M 等,具体技术分解见表 13-1。

表 30-1 水下小型核反应堆供电技术技术分解表

	一级分类	二级分类	三级分类	
水下小型核反应堆供电技术	一体化反应堆概念设计	板状燃料元件堆芯	窄缝通道的强化换热特性	微液膜蒸发机理
				气泡滑移的湍动机制
			板状燃料组件设计	
			热工物理耦合特性	耦合方法研究
				中子通量计算
		直流蒸汽发生器	并联通道的流动不稳定性	
			直流蒸汽发生器设计	
	反应堆功率控制系统	反应堆负荷跟踪控制系统	双恒定运行方案	
			直流蒸汽发生器分组运行方案	
			强迫循环 - 自然循环转换特性	
		反应堆启停特性	核加热启动方法	

	一级分类	二级分类	三级分类
水下小型核反应堆供电技术	反应堆安全特性	非能动安全系统	非能动余热排出系统
			非能动安全注射系统
		运行事故研究	小破口失水事故
			主泵断电引起的失流事故
			主给水丧失事故
			燃料元件流道阻塞事故

2 论文产出分析

基于汤姆森路透科技集团的 Web of Science 科学引文索引扩展版 SCIE 论文数据库（1994～2014 年），截止时间至 2014 年 12 月，采用专家辅助、主题词检索的方式共检索论文 1 454 篇。

2.1 主要国家、机构与作者

表 30-2 给出了主要国家论文产出情况简表。由表 30-2 可见，美国相关论文 316 篇，排名世界第一位；篇均被引频次为 7.7 次，排名世界第二，仅次于法国 13.7 次的篇均被引频次。日本相关论文 216 篇，排名世界第二位，篇均被引频次为 5.6 次。中国相关论文 72 篇，篇均被引频次为 2.3 次。美国、日本、德国 3 国的论文总数占据世界论文总数的 44.6%，接近一半，是主要的论文发表国。法国、韩国等国家也发表了相当数量的论文，且保持了较高的篇均被引频次。

表 30-2　水下小型核反应堆供电技术主要国家论文产出情况简表

国家	论文数量世界排名（位）	论文数量（篇）	论文数量占世界的比重（%）	篇均被引频次（次）	被引次数占世界的比重（%）
美国	1	316	21.7	7.7	28.7
日本	2	216	14.9	5.6	14.3
德国	3	117	8	6.0	8.3
法国	4	104	7.2	13.7	16.8
韩国	5	84	5.8	1.9	1.9
中国	6	72	5	2.3	1.9

根据论文产出情况，针对主要机构和主要科学家，给出了创新资源分布情况。表 30-3 为论文数量世界排名前 5 位的主要机构列表，分别为韩国原子能研究所、日本东京工业大学、瑞士保罗谢尔研究所、美国橡树岭国家实验室以及美国加利福尼亚大学伯克利分校。美国的研究机构占了两席，美国对水下小型核反应堆的研究比较集中。值得注意的是在篇均被引频次方面，美国橡树岭国家实验室为 8.8 次，处于领先地位。

表30-3 水下小型核反应堆供电技术主要机构论文产出情况简表

主要机构	论文数量世界排名	论文数量（篇）	论文数量占界的比重（%）	篇均被引频次（次）
韩国原子能研究所	1	37	2.5	3.7
日本东京工业大学	2	25	1.7	3.1
瑞士保罗谢尔研究所	3	13	0.9	4.5
美国橡树岭国家实验室	4	12	0.8	8.8
美国加利福尼亚大学伯克利分校	5	12	0.8	5.4

表30-4给出了论文数量排名前3位的主要科学家论文产出情况简表。

表30-4 水下小型核反应堆供电技术主要科学家论文产出情况简表

主要科学家	论文数量世界排名	论文数量（篇）	论文数量占世界的比重（%）	篇均被引频次（次）
R. Coppola	1	11	0.8	5.5
H. Sekimoto	2	10	0.7	5.0
J. H. Zaidi	3	10	0.7	4.4

2.2 发文趋势

如图30-1所示,水下小型核反应堆供电技术论文发表呈现波动增长态势。从中国和美国历年论文发表数量看,美国一直保持领先优势,2011年以来,中国的论文发表数量才趋于稳定增长。

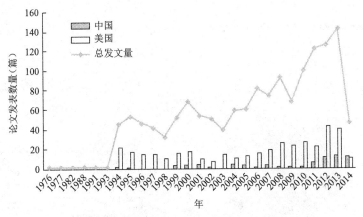

图30-1 水下小型核反应堆供电技术论文发表趋势

2.3 研究起源

图30-2为水下小型核反应堆供电技术高被引论文发展趋势。圆圈的大小代表被引用次数。其中,对被引频次大于10的论文进行了标引。由图30-2可以看出,

Shibata K.（2002）发表的论文是被引次数最高的论文,被引次数为21次。其次是 J. J. Duderstadt（1976）论文,被引次数为17次,也是最早的一篇高被引论文。

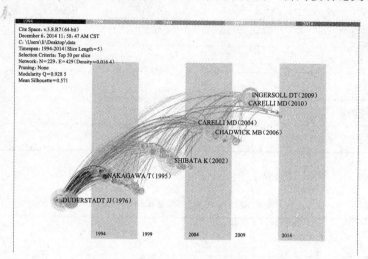

图 30-2　水下小型核反应堆供电技术高被引论文发展趋势

2.4　研究热点

借助 CiteSpace 软件,对论文的总体趋势进行了分析。图 30-3 为水下小型反应堆供电技术研究热点时间轴分布。时间的分布选择为 1994～2014 年,每 5 年设置一个时间段;研究热点是每个时间段出现频次排名前 50 位最高的词组。图 30-3 中,方块的大小代表被引用次数,右侧文字为经聚类分析结果。从图 30-3 中可以看出,近期活跃的研究热点为聚类 #0,相位;聚类 #3,微观结构;聚类 #7,模拟真实应力;聚类 #9,大直径管。

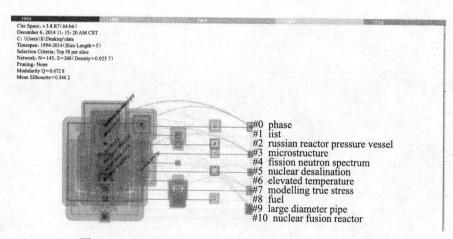

图 30-3　水下小型核反应堆供电技术研发热点时间轴分布

表 30-5 给出了高被引论文简表,被引频次均在 50 次以上。

表 30-5　水下小型核反应堆供电技术高被引论文简表

作者	题目	来源	机构	被引次数
M. Apollonio、A. Baldini、C. Bemporad 等	*Limits on Neutrino Oscillations from the CHOOZ Experiment*	*Physics Letters B*, 1999, 466(2)	美国德雷塞尔大学、意大利国家核物理研究院、意大利比萨大学等	687
C. H. Rycroft、G. S. Grest、J. W. Landry 等	*Analysis of Granular Flow in a Pebble-Bed Nuclear Reactor*	*Physical Review E: Statistical, Nonlinear and Soft Matter Physics*, 2006, 74(2 Pt1)	美国麻省理工学院、美国桑迪亚国家实验室	75
Tsumune D.、Tsubono T.、Aoyama M. 等	*Distribution Dceanic ^{137}Cs from the Fukushima Dai-ichi Nuclear Power Plant Simulated Numerically by a Regional Dcean Model*	*Journal of Environmental Radioactivity*, 2012, 111	日本电力中央研究所、日本气象研究所、日本上智大学	69

3　专利产出分析

基于 Thomson Innovation(TI)数据库,截止时间至 2014 年 12 月,采用专家辅助、主题词检索的方式共检索同族专利 2 039 项。专利分析主要采用专利族数量统计以及 PCT 专利数量统计。其中,PCT 专利是指《专利合作条约》(*Patent Cooperation Treaty*)的英文缩写,是有关专利的国际条约。

3.1　主要国家、机构与发明人

表 30-6 给出了主要国家专利产出情况简表。由表 30-6 可见,日本的专利数量排名世界第一位,且占世界专利总数的 45.3%,PCT 专利数为 6。美国、德国、法国与中国分别排名第二、三、四、五位。其中,美国 PCT 专利数为 55 项,占世界比重的 42.0%。

表 30-6　专利优先权国专利产出情况对比

优先权国	专利数量世界排名	专利族数量(项)	专利数量占世界比重(%)	PCT 专利数量(项)	PCT 专利数量占世界比重(%)
日本	1	924	45.3	6	4.6
美国	2	372	18.2	55	42.0
德国	4	214	10.5	18	13.7
法国	3	198	9.7	11	8.4
中国	5	61	3.0	1	0.8

表 30-7 给出了主要机构专利族数量、专利布局、主要发明人、专利申请持续时间,以及近 3 年来专利申请所占比重。

表 30-7　主要机构专利产出情况

主要机构	专利数量世界排名	专利族数量（项）	专利布局	主要发明人	专利申请持续时间
日本株式会社东芝	1	174	日本（174）	Tsuboi Yasushi（7） Wakamatsu Mitsuo（5） Nishimura Satoshi（5） Koga Tomonari（5） Kinoshita Izumi（5）	1976～2014 年
日本株式会社日立制作所	2	120	日本（118） 美国（2）	Tada Nobuo（4） Aoyama Tadao（4） Moriya Kimiaki（4）	1976～2008 年
美国西屋电气公司	3	88	美国（80） 瑞典（7）	Sture Helmersson（4） Alexander W. Harkness（4） Leif Larsson（3） William Edward Cummins（3） Olov Nylund（3）	1970～2014 年

3.2　技术发展趋势分析

图 30-4 给出了水下小型核反应堆供电技术专利申请态势,世界水下小型核反应堆供电技术在 1976～1977 年和 1984～1985 年出现两次急剧增长后,在其后的近十年间专利申请量在逐渐下降,在 1997 年达到波谷后,专利年均申请量在 20～40 项间波动。中国在 2005 年以后才出现稳定的专利申请,2011 年以来专利申请量与美国申请量基本持平。

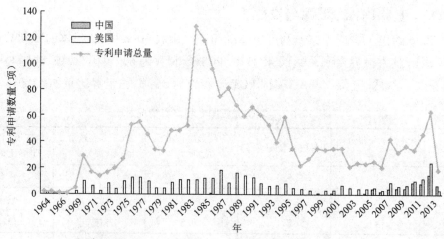

图 30-4　水下小型核反应堆供电技术专利申请态势

3.3　重要专利

依据 Innography 专利系统中的专利强度指标,选择专利强度较高的专利作为重要专利,详见表 30-8。其中,专利强度指标参考了 10 余个与专利价值相关的指标,包括专利权利要求数量、引用先前技术文献数量、专利被引用次数、专利及专利申请案的家族、专利申请时程、专利年龄、专利诉讼等。

表 30-8　天然气水合物储运与封存技术部分重要专利详细信息

公开号 US20130308740A1	
专利基本信息	标题：*Pressurizer Surge-Line Separator For Integral Pressurized Water Reactors* 公开（公告）号： 公开（公告）日：2013-12-05 申请号：US13476191A 申请日：2012-05-21 申请人：美国 Westinghouse Electric Comjany Luc. 发明（设计）人：Aydogan Fatih、Alexander W. Harkness 摘要：An integral pressurized light water reactor having most of the components of a primary side of a pressurized water reactor nuclear steam supply system housed in a single pressure vessel with a pressurizer separated from the remaining reactor system by a surge separator having multiple layers of separated steel plates with a number of concentric baffles extending there between. A circuitous flow path is provided through and between the plates and concentric baffles and a relatively stagnant pool of coolant is maintained within an innermost zone between the plates to provide thermal isolation. 权利要求数：17

4　主要国家发展阶段

在水下小型核反应堆供电技术方面，美国、日本、德国、法国等国家走在世界前列。目前，各国均开展了对中、小型核反应堆的研究，希望中小型反应堆能更好地适应工业国家的电力负荷需求，以及满足那些电网不能承受大容量机组并入的发展中国家的电力需求。

4.1　美国

美国西屋公司开发的 IRIS 是一种三代半的先进反应堆，比 AP1000 晚了 3 年。IRIS-50 是一个 50 MWe 带一体化一回路冷却水系统和对流循环的模块化压水堆。一个更大尺寸的 335 MWe 商用型 IRIS 也正在开发之中，铀燃料浓缩度如果采用 10%，则换料周期可以达到 8 年，目标燃耗值达到 80 000 MWd/tU。模块化简化型沸水堆（MSBWR）正在由美国的通用电气公司和普渡大学联合开发，有 200 MWe 和 50 MWe 2 个等级，以通用电气公司的简化沸水反应堆（SBWR）为基础。反应堆利用了冷却剂中的对流，采用 5% 浓缩度的沸水堆燃料，换料周期为 10 年，可能在 10 年内推广。

4.2　日本

日本原子能研究所开发的 30 MWt 的高温试验堆（HTTR）在 1998 年年底启动，已成功地在 850 ℃下运行。2004 年，冷却剂出口温度还达到了 900 ℃。它的燃料设计在"棱柱"内，该反应堆的主要目的是开发从水中制氢的热化学方法。在高温试验堆的基础上，日本原子能研究所还正在开发氦气轮机高温气冷堆（GT-HTR），每个模块可达到 600 MW 的热功率。它使用改进的高温试验堆燃料元件，采用 14% 浓缩度的铀，燃耗达到 112 GWd/tU。

4.3　法国

法国的原子能技术公司开发了 NP-300 型压水堆,用于供热和海水淡化的出口市场。可以建成 100～300 MWe 的电厂或产量达到 50 000 m^3/d 的海水淡化的工厂。

4.4　中国

中国的 NHR-200 是一个简单而耐用的 200 MWt 一体化压水堆,用于地区供热或海水淡化。它可以在低于上述其他设计的温度下运行,乏燃料储存在压力容器里的堆芯周围。中国的 HTR-10 是一种高温球床气冷堆,于 2000 年启动,2003 年达到满功率,堆芯中有 27 000 个球状燃料元件,浓缩度达到 17%,用于广泛的研究目的,最终可以连接到一台氦气透平上用于发电。

5　结论

（1）美国、日本、德国与法国是领先国家,掌握核心技术。目前,各国正在积极研究中、小型核反应堆,希望这些中小型反应堆能更好地适应工业国家的电力负荷需求,以及满足那些电网不能承受大容量机组并入的发展中国家的电力需求。

（2）中国水下小型核反应堆供电技术在论文数量、专利数量、论文篇均被引频次、PCT 数量等方面,与发达国家有一定的差距。但中国正在稳步发展研究过程中,努力缩小与发达国家的差距。

（3）水下小型核反应堆供电技术创新资源主要集中在韩国原子能研究所、日本东京工业大学、瑞士保罗谢尔研究所、美国橡树岭国家实验室以及美国加利福尼亚大学伯克利分校。

综上所述,目前领先国家为美国。如果美国的技术水平为 100 分的话,中国的技术水平为 18.0 分,与国际领先水平差距较大,且差距未见有缩小的趋势。

第三十一章　压裂船设计制造技术

1　技术概述

海洋油气压裂作业系统是海洋油气增产作业的关键设备,集合了各种先进技术,海洋石油增产作业多数集中在一艘船上完成。这类专门为压裂或其他流体处理而设计的增产作业船具有现场质量控制、混合能力、储存能力、泵送能力和动力定位能力,能够提供包括酸化、压裂和防砂在内的一系列增产作业服务。压裂船主要分为两种模式:一种是压裂液舱、酸液舱设在船底层,高压设备(泵橇组)有的布置在船甲板上,顶部通过立柱支撑另一层甲板,放置较轻的设备;另一种为高压设备布置在全封闭结构舱室内的结构,但高压设备全部布置在吃水线以上,没有把高压设备布置在水线以下的情况。压裂船设计制造技术技术分解如表31-1所示。

表 31-1　压裂船设计制造技术技术分解表

	一级分类	二级分类	三级分类	四级分类
压裂作业系统	陆地压裂作业系统	泵车	重载底盘 高压往复式柱塞泵 高压管汇 大功率发动机 液力变矩器 混合搅拌系统 仪表系统 液体添加剂系统	压裂泵车的振动机理研究 高压往复泵的疲劳机理与泵头体自增强技术研究 高精度混配系统研究 高压泵故障诊断系统
		混砂车		
		管汇车		
		仪表车		
	海洋压裂作业系统	增压泵橇	船舶系统 高压柔性管 高压往复式柱塞泵 高压管汇 大功率发动机 液力变矩器 混合搅拌系统 仪表系统 液体添加剂系统	船舶动力定位系统研究 整船振动控制技术研究 海水淡化系统研究 其他同上
		混砂橇		
		酸罐		
		支撑剂舱		
		柔性管系统		
		船舶系统		

2 论文产出分析

基于汤姆森路透科技集团的 Web of Science 科学引文索引扩展版 SCIE 论文数据库（1994～2014 年），截止时间至 2014 年 7 月，采用专家辅助、主题词检索的方式共检索论文 401 篇。

2.1 主要国家、机构与科学家

表 31-2 给出了主要国家论文产出情况简表。由表 31-2 可见，美国相关论文 92 篇，篇均被引频次为 14.4 次，排名世界第一位。中国相关论文 56 篇，排名第二位，篇均被引频次为 2.9 次，低于英国、德国和日本。美国、中国、英国 3 国的论文总数占据世界论文总数的 45.9%，接近一半，是主要的论文发表国。德国和日本等国也发表了相当数量的论文，且保持了较高的篇均被引频次。

表 31-2 压裂船设计制造技术主要国家论文产出情况简表

国家	论文数量世界排名（位）	论文数量（篇）	论文数量占世界的比重（%）	篇均被引频次（次）	被引次数占世界的比重（%）
美国	1	92	22.9	14.4	39.2
中国	2	56	14.0	2.9	4.9
英国	3	36	9.0	12.0	12.8
德国	4	31	7.7	8.0	7.3
日本	5	25	6.2	12.1	9.0

根据论文产出情况，针对主要机构和主要科学家，给出了创新资源分布情况。表 31-3 为论文数量世界排名前 5 位的主要机构列表，分别为美国加州理工学院、中国矿业大学、中国石油大学、美国橡树岭国家实验室和得克萨斯 A&M 大学。美国的机构各占 3 席，研究比较集中，中国机构占据两席。值得注意的是在篇均被引频次方面，橡树岭国家实验室为 31.5 次，保持绝对领先。

表 31-3 压裂船设计制造技术主要机构论文产出情况简表

主要机构	论文数量世界排名	论文数量（篇）	论文数量占世界的比重（%）	篇均被引频次（次）
美国加州理工学院	1	6	1.5	15.8
中国矿业大学	2	6	1.5	0.3
中国石油大学	4	5	1.2	0.0
美国橡树岭国家实验室	5	4	1	31.5
美国得克萨斯 A&M 大学	5	4	1	2.8

表 31-4 给出了论文数量排名前 3 位的主要科学家论文产出情况简表。Zhang X. 工作于麻省理工学院，A. J. Rosakis 工作于美国加州理工学院，王方田为中国矿业大学矿业工程学院讲师，主要科学家与主要机构存在较好的对应关系。

表 31-4　压裂船设计制造技术主要科学家论文产出情况简表

主要科学家	论文数量世界排名	论文数量（篇）	论文数量占世界的比重（%）	篇均被引频次（次）
Zhang X.	1	3	0.7	42.7
A. J. Rosakis	2	3	0.7	26.7
王方田	3	3	0.7	0.7

2.2　发文趋势

压裂船设计制造技术发文趋势及中美两国论文发表情况对比见图 31-1,可见 2007年后论文发表数量快速增长,近年又有所下降。2010 年后,中国发表论文数量超过美国,虽有所波动,但数量差距不大。

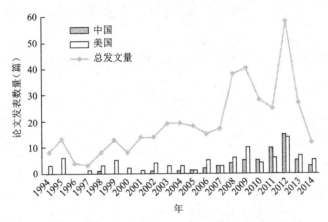

图 31-1　压裂船设计制造技术发文趋势

2.3　研究起源

图 31-2 为压裂船设计制造技术高被引论文引用时间轴。圆圈的大小代表被引用次数。其中,对被引频次大于 4 的论文进行了标引。由图 31-2 可以看出,L. B. Freund(1990)发表的论文是最早的一篇高被引论文,可以认为压裂船设计制造技术起源为美国。

2.4　研究热点

借助 CiteSpace 软件,对论文的总体趋势进行了分析。图 31-3 为压裂船设计制造技术研究热点时间轴分布。时间的分布选择为 1994～2014 年,每 5 年设置一个时间段;研究热点是每个时间段出现频次排名前 50 位最高的词组。图 31-3 中,方块的大小代表被引用次数,右侧文字为经聚类分析结果。从图 31-3 可以看出,近期活跃的研究热点为聚类 #4,压裂船用于天然气、页岩气及非常规石油的压裂增产。

表 31-5 给出了高被引论文简表,论文被引次数都在 100 次以上。值得注意的是,S. Crampin 发表在 *Geophysical Journal International* 上的论文被引次数最高。

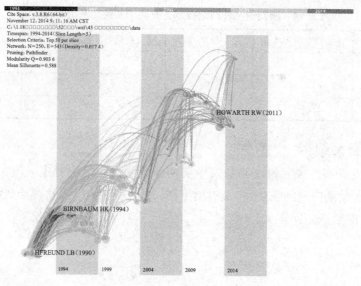

图 31-2　压裂船设计制造技术高被引论文引用时间轴

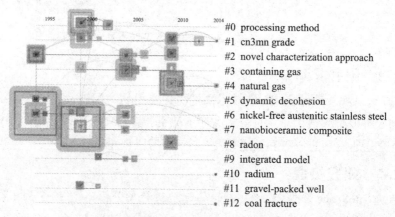

图 31-3　压裂船设计制造技术研发热点时间轴分布

表 31-5　压裂船设计制造技术高被引论文简表

作者	题目	来源	机构	被引次数
S. Crampin	*The Fracture Criticality of Crustal Rocks*	*Geophysical Journal International*, 1994, 118（2）	英国爱丁堡大学	188
Chen K. S.、A. A. Ayon、Zhang X. 等	*Effect of Process Parameters on the Surface Morphology and Mechanical Performance of Silicon Structures After Deep Reactive Ion Etching（DRIE）*	*Journal of Microelectromechanical Systems*, 2002, 11（3）	中国台湾成功大学、索尼（美国）半导体公司、美国麻省理工学院	100

3 专利产出分析

基于 Thomson Innovation（TI）数据库，截止时间至 2014 年 7 月，采用专家辅助、主题词检索的方式共检索同族专利 2 020 项。专利分析主要采用专利族数量统计以及 PCT 专利数量统计。其中，PCT 专利是指《专利合作条约》（*Patent Cooperation Treaty*）的英文缩写，是有关专利的国际条约。

3.1 主要国家、机构与发明人

表 31-6 给出了主要国家专利产出情况简表。由表 31-6 可见，中国专利数量排名第一位，且占世界专利总数的 35.7%，PCT 专利数为 1。美国、日本、俄罗斯与韩国分别排名第二、三、四、五位。其中，美国 PCT 专利数 166 项，占世界比重的 31.8%。

表 31-6 压裂船设计制造技术专利优先权国专利产出情况对比

优先权国	专利数量世界排名	专利族数量（项）	专利数量占世界比重（%）	PCT 专利数量（项）	PCT 专利数量占世界比重（%）
中国	1	722	35.7	1	0.2
美国	2	674	33.4	166	31.8
日本	3	201	9.9	18	3.5
俄罗斯	4	83	4.1	2	0.4
韩国	5	79	3.9	2	0.4

表 31-7 给出了主要机构专利族数量、专利布局、主要发明人、专利申请持续时间，以及近 3 年来专利申请所占比重。由表 31-7 可见，美国斯伦贝谢科技有限公司相关专利 76 项，排名第一位，且申请了 PCT 专利，近 3 年来仍保持了研究的热度，持续申请专利。排名第二位的美国哈里伯顿能源服务公司申请专利较早，近 3 年来仍保持了研究的热度。中国石油天然气股份有限公司从 2010 年开始申请专利，专利数量增长较快，发展迅速。

表 31-7 压裂船设计制造技术主要机构专利产出情况

主要机构	专利数量世界排名	专利族数量（项）	专利申请持续时间	近 3 年申请专利占比
美国斯伦贝谢科技有限公司	1	76	1998～2014 年	30.0%
美国哈里伯顿能源服务公司	2	68	1986～2014 年	36.8%
中国石油天然气股份有限公司	3	56	2010～2014 年	83.4%

3.2 技术发展趋势分析

图 31-4 给出了压裂船设计制造技术相关领域的专利申请数量年度变化趋势及中美两国专利申请数量情况对比。由图 31-4 可见，2006 年后全球专利申请量快速增长。其中，中国专利增长速度远超美国，已超越美国成为该领域专利第一大国。

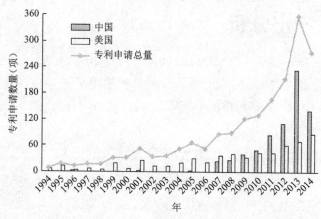

图 31-4　压裂船设计制造技术专利年度变化趋势

3.3　重要专利

依据 Innography 专利系统中的专利强度指标,选择专利强度较高的专利作为重要专利,详见表 31-8。其中,专利强度指标参考了 10 余个与专利价值相关的指标,包括专利权利要求数量、引用先前技术文献数量、专利被引用次数、专利及专利申请案的家族、专利申请时程、专利年龄、专利诉讼等。

表 31-8　压裂船设计制造技术部分重要专利详细信息

公开号 WO2014092854A1	
专利基本信息	标题:*Mechanically Assisted Fracture Initiation* 公开(公告)号:WO2014092854A1 公开(公告)日:2014-06-19 申请号:WO2013US64557A 申请日:2013-10-11 申请人:加拿大斯伦贝谢有限公司、美国斯伦伦贝谢科技有限公司 发明(设计)人:M. Badri、S. Dyer、R. Taherian 　摘　要:L' invention concerne des systèmes et des procédés permettant de contrôler l' emplacement de déclenchement d' une fracture et la direction de la fracture au niveau du point de déclenchement. Un dispositif mécanique est positionné dans un puits de forage principal ou est positionné partiellement ou totalement dans un trou latéral à l' écart du puits de forage principal. Le dispositif mécanique est activé de façon à venir en contact avec les parois de la formation et à induire une contrainte dans la formation. Selon certains modes de mise en œuvre, des fractures sont également déclenchées à l' aide du dispositif mécanique. Un processus de fracturation hydraulique est ensuite réalisé pour fracturer et/ou propager des fractures dans des emplacements et/ou dans des directions conformément à l' actionnement du dispositif mécanique. 权利要求数:34
公开号 WO2012097425A1 (US2011433441P)	
专利基本信息	标题:*Fracturing System and Method for an Underground Formation* 公开(公告)号:CN103619700A 公开(公告)日:2012-07-26 申请号:WO2011CA1113A 申请日:2011-10-3 申请人:加拿大 Enfrac 股份有限公司 发明(设计)人:Grant W. Nevison

专利基本信息	公开号 WO2012097425A1 （US2011433441P）
	摘要：A method for fracturing a downhole formation, includes: preparing an energized fracturing fluid including mixing gaseous natural gas and a fracturing base fluid in a mixer; injecting the energized fracturing fluid through a wellhead and into a well; and continuing to inject the energized fracturing fluid until the formation is fractured. An apparatus for generating an energized fracturing fluid for use to fracture a downhole formation, the apparatus includes: a fracturing base fluid source; a natural gas source; and a mixer for accepting natural gas from the natural gas source and fracturing base fluid from the fracturing base fluid source and mixing the natural gas and the fracturing base fluid to generate the energized fracturing fluid. 权利要求数：20

4　主要国家发展阶段

根据 *Offshore* 杂志统计，截至 2012 年 12 月，全球共有压裂作业船 32 艘，隶属于 4 家公司。其中，美国贝克休斯公司 9 艘、美国哈里伯顿能源服务公司 12 艘、美国斯伦贝谢科技有限公司 10 艘和美国 Superior Energy Services 公司 1 艘。在压裂船设计制造技术方面，美国、日本等走在了世界前列。

4.1　美国

美国式压裂船技术领先的国家，拥有和使用压裂船的 4 家油田服务公司全部为美国公司，船舶的设计、建造检验和压裂撬装设备也集中在美国的设计公司、船厂、船级社和设备承包商。如贝克休斯公司在 2011 新造的 Blue Tarpon 压裂船是由在休斯敦的 Elliott Bay Design Group（EBDG）设计，由北美造船公司位于路易斯安那州的拉罗斯船厂建造，由 ABS 船级社进行检验，压裂撬装设备由美国双 S 公司（Stewart&Stevenson）提供。可见，美国已进入压裂船设计制造的产业化阶段。

4.2　中国

目前，国内渤海湾处于增产作业高峰，有 4 家公司开展增产作业服务：中海油田服务股份有限公司增产中心、中国石油化工集团胜利油田井下作业公司、中国石油天然气集团大港井下作业公司和中国石油海洋工程有限公司，增产作业采用在常规工作船或驳船上放置撬装设备方式开展，尚没有装备专用压裂船。2012 年，山东烟台的杰瑞石油服务集团有限公司成为国内首家为北美页岩气压裂作业提供全套压裂车组的油田设备制造商。2013 年，中国石油化工集团研制的世界首台 3 000 型压裂车。2013 年 5 月，黄埔造船成功中标一艘中海油田服务股份有限公司招标的 8 000 马力油田增产作业支持船。这些说明我国压裂船设计制造已进入产业化阶段。

5　结论

（1）美国、中国、日本为领先国家，掌握核心技术，实现了压裂船的设计制造。

（2）中国压裂船设计制造技术处于高速发展时期，2006 年之后，与世界先进国家的差距在不断缩小。目前，中国在专利数量方面排名第一，论文数量也逐步提高，但在论文篇均被引频次和 PCT 专利方面，较为滞后。

（3）美国为压裂船设计制造技术的起源国家，代表人物为 L. B. Freund。

（4）压裂船设计制造技术创新资源主要集中在美国斯伦贝谢科技有限公司、美国哈里伯顿能源服务公司、中国石油天然气股份有限公司、美国加州理工学院等机构。国内的其他创新资源还集中在中国矿业大学、中国石油大学等机构。

综上所述，目前领先国家为美国。如果美国技术水平为 100 分的话，中国技术水平为 53.1 分，与国际领先水平差距较大，但差距在不断缩小。目前，中国大致相当于美国 1997 年水平。

第三十二章　耐压舱焊接技术

1　技术概述

为确保在海底工作的生产设施安全性,在其投入使用前需要采用耐压舱模拟深海环境进行大量实验研究和检测评价工作。实验过程中,耐压舱要承受巨大的压力,而焊接质量的可靠性将成为耐压舱能否稳定工作的重要因素。目前,日本海洋科学技术中心生产的耐压舱压力最高可达 147 MPa,而我国中船重工设计的 90 MPa 耐压舱尚在计划之中。随着深水油气资源的开发,钛合金因其具有高强度、耐腐蚀、重量轻等优势决定了其广阔的应用前景。但由于钛合金的导热性较差,采用高能束(电子束、激光等)进行焊接已成为当今的研究热点。由于水下结构复杂,逐步开展海洋结构物整体模型实验技术的研究势在必行。因此,进一步提高焊接水平,以提升耐压舱的体积和承压能力,成为未来发展的趋势。

2　论文产出分析

基于汤姆森路透科技集团的 Web of Science 科学引文索引扩展版 SCIE 论文数据库(1994～2014 年),截止时间至 2014 年 12 月,采用专家辅助、主题词检索的方式共检索论文 491 篇。

2.1　主要国家、机构与科学家

表 32-1 给出了主要国家论文产出情况简表。由表 32-1 可见,中国相关论文 145 篇,排名世界第一位,篇均被引频次为 3.4 次,低于美国、日本、德国以及英国。美国相关论文 58 篇,排名世界第二位,篇均被引频次为 8.5 次,排名世界第一。中国、美国及日本 3 国的论文总数占据世界论文总数的 52.1%,占一半以上,是主要的论文发表国。欧洲国家德国和英国等国也发表了相当数量的论文,且保持了较高的篇均被引频次。

表 32-1　耐压舱焊接技术主要国家论文产出情况简表

国家	论文数量世界排名(位)	论文数量(篇)	论文数量占世界的比重(%)	篇均被引频次(次)	被引次数占世界的比重(%)
中国	1	145	29.5	3.4	15
美国	2	58	11.8	8.5	15
日本	3	53	10.8	7.6	12.2
德国	4	34	6.9	7.9	8.2
英国	5	24	4.9	6.8	4.9

　　根据论文产出情况,针对主要机构和主要科学家,给出了创新资源分布情况。表 32-2 为论文数量世界排名前 5 位的主要机构列表,分别为哈尔滨工业大学、北京航空制造工程研究所、西安交通大学、北京科技大学以及台湾海洋大学。这 5 个机构全部位于中国,可见中国对耐压舱焊接技术的研究比较集中。值得注意的是,在篇均被引频次方面,台湾海洋大学为 6.7 次,处于较为领先的地位。

表 32-2　耐压舱焊接技术主要机构论文产出情况简表

主要机构	论文数量世界排名	论文数量(篇)	论文数量占世界的比重(%)	篇均被引频次(次)
哈尔滨工业大学	1	34	6.9	4.8
北京航空制造工程研究所	2	23	4.7	1.7
西安交通大学	3	16	3.3	1.9
北京科技大学	4	15	3.1	2.5
台湾海洋大学	5	15	3.1	6.7

　　表 32-3 给出了论文数量排名前 3 位的主要科学家论文产出情况简表,冯吉才工作于哈尔滨工业大学(威海),张建勋工作于西安交通大学,李晓岩工作于北京航空制造工程研究所,主要科学家与主要机构存在很好的对应关系。

表 32-3　耐压舱焊接技术主要科学家论文产出情况简表

主要科学家	论文数量世界排名	论文数量(篇)	论文数量占世界的比重(%)	篇均被引频次(次)
冯吉才	1	20	4.1	3.1
张建勋	2	16	3.3	3
李晓岩	3	15	3.1	2.7

　　张建勋现任西安交通大学青岛研究院常务副院长,西安焊接技术学会理事长,中国工程建设焊接协会常务理事,中国焊接学会理事,焊接力学与结构设计制造专业委员会委员,现代焊接生产技术国家重点实验室学术委员会委员等职务。主要研究方向有高强钢的热处理及焊接工艺,大型焊接结构残余应力、变形数值计算及模拟,飞机构件及旋转焊接结构失效分析,焊接缺陷检测及评价,轻合金高能束焊接,焊接结构自动化焊接、数字化焊接及质量评价系统研究等相关领域。

2.2 发文趋势

为进一步分析中国与日本论文产出情况的对比,图 32-1 给出了中国与日本论文数量(篇)年度变化对比以及全球论文发表年度变化。从图 32-1 可以看出,耐压舱焊接技术论文发表趋势呈现增长态势,虽然中国论文发表起步比日本晚,但从 2005 年起,中国的论文发表数量赶超了日本,并且差距在一直增大。

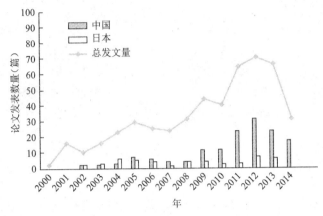

图 32-1 耐压舱焊接技术中国与日本论文数量(篇)年度变化对比

2.3 研究起源

图 32-2 为耐压舱焊接技术高被引论文发展趋势。圆圈的大小代表被引用次数。其中,对被引频次大于 30 的论文进行了标引。由图 32-2 可以看出,被引次数最高的是 R. R. Boyer(1996)的论文,被引次数高达 35 次;其次是 Liu J.(2002)的论文,被引次数达到 34 次;G. Sjogren(1988)的论文是较早的一篇高被引论文,被引次数达到 32 次。G. Sjogren 是美国科学家,因此认为耐压舱焊接技术起源于美国。

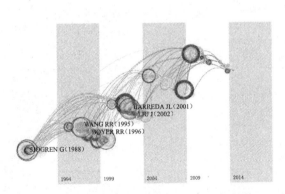

图 32-2 耐压舱焊接技术高被引论文发展趋势

2.4 研究热点

借助 CiteSpace 软件,对论文的总体趋势进行了分析。图 32-3 为耐压舱焊接技术研究热点时间轴分布。时间的分布选择为 1994～2014 年,每 5 年设置一个时间段;研究热点是每个时间段出现频次排名前 50 位最高的词组。图 32-3 中,方块的大小代表被引用次数,右侧文字为经聚类分析结果。从图 32-3 中可以看出,近期活跃的研究热点为聚类 #5,锆基块体非晶合金在耐压舱焊接方面的应用;聚类 #7,耐压舱焊接各惯量系数研究。

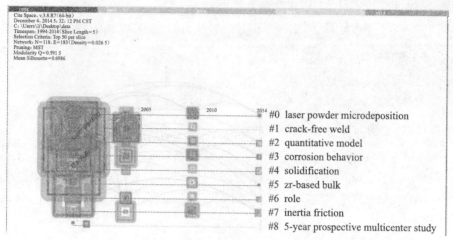

图 32-3　耐压舱焊接技术研发热点时间轴分布

表 32-4 给出了高被引论文简表,论文被引次数都在 50 次以上。

表 32-4　耐压舱焊接技术高被引论文简表

作者	题目	来源	机构	被引次数
U. Schulz、M. Peters、Fr. -W. Bach 等	*Graded Coatings for Thermal, Wear and Corrosion Barriers*	*Materials Science and Engineering A: Structural Materials Properties Microstructure and Processing*, 2003, 362	德国航天太空中心、德国汉诺威大学、德国多特蒙德大学	93
J. L. Barreda、F. Santamaria、X. Azpiroz 等	*Electron Bearn Welded High Thickness Ti6Al4V Plates Using Filler Metal of Similar and Different Composition to the Base Plate*	*Vacuum*, 2001, 62(2)	西班牙 Fundación Inasme、西班牙坎塔布里亚大学	57
M. B. Henderson、D. Arrell、R. Larsson 等	*Nickel Based Superalloy Welding Practices for Industrial Gas Turbineapplications*	*Science and Technology of Welding and Joining*, 2004, 9(1)	英国阿尔斯通电网技术中心、阿尔斯通电网瑞典 AB 公司、阿尔斯通电网(英国)有限公司、瑞士阿尔斯通电网技术中心	51

3　专利产出分析

基于 Thomson Innovation(TI)数据库,截止时间至 2014 年 7 月,采用专家辅助、主题词检索的方式共检索同族专利 281 项。专利分析主要采用专利族数量统计以及 PCT 专利数量统计。其中，PCT 专利是指《专利合作条约》（*Patent Cooperation Treaty*）的英文缩写，是有关专利的国际条约。

3.1 主要国家、机构与发明人

表 32-5 给出了主要国家专利产出情况简表。由表 32-5 可见，日本的专利数量以及 PCT 专利数量均排名世界第一，专利数量占世界专利总数的比例为 36.3%，PCT 专利数为 5。法国、美国、中国与德国分别排名第二、三、四、五位。其中，美国的 PCT 专利数 4 项，占世界比重的 21.1%。

表 32-5 耐压舱焊接技术专利优先权国专利产出情况对比

优先权国	专利数量世界排名	专利族数量（项）	专利数量占世界比重(%)	PCT 专利数量（项）	PCT 专利数量占世界比重(%)
日本	1	102	36.3	5	26.3
法国	2	37	13.2	2	10.5
美国	3	35	12.5	4	21.1
中国	4	31	11.0	0	0
德国	5	31	11.0	2	10.5

表 32-6 给出了主要机构专利族数量、专利布局、主要发明人、专利申请持续时间，以及近 3 年来专利申请所占比重。由表 32-6 可见，中国哈尔滨工业大学相关专利 7 项，排名第一位，近 4 年来仍保持了研究的热度，持续申请专利。排名并列第二位的是日本株式会社神户制钢所，相关专利 6 项，近年来仍保持了研究的热度。日本东洋制罐株式会社相关专利 6 项，排名并列第二位。该机构申请专利较早，但近期已不再从事该项技术的研发。

表 32-6 耐压舱焊接技术主要机构专利产出情况

主要机构	专利数量世界排名	专利族数量（项）	专利布局	主要发明人	专利申请持续时间	近 3 年申请专利占比
中国哈尔滨工业大学	1	7	中国(7)	张秉刚(5) 冯吉才(5) 陈国庆(5)	2010～2013 年	14%
日本株式会社神户制钢所	2	6	日本(6)	Kobayashi Kazunori(3) Matsumoto Takeshi(3) Hino Mitsuo(2)	1988～2012 年	33%
日本东洋制罐株式会社	2	6	日本(6)	Kobayashi Seishichi(6) Mihashi Minoru(5) Matsuno Kenji(2) Matsubayashi Hiroshi(2) Sato Nobuyuki(2) Ishibashi Kazuhisa(2)	1988～1993 年	0%

3.2 技术发展趋势分析

图 32-4 给出了专利年度变化趋势。专利数量年度申请数量不多于 20 件。中国专

利申请在 2009 年以后呈现增长的态势;同期,日本专利申请数量与中国相差不大。

3.3 重要专利

依据 Innography 专利系统中的专利强度指标,选择专利强度较高的专利作为重要专利,详见表 32-7。其中,专利强度指标参考了 10 余个与专利价值相关的指标,包括专利权利要求数量、引用先前技术文献数量、专利被引用次数、专利及专利申请案的家族、专利申请时程、专利年龄、专利诉讼等。

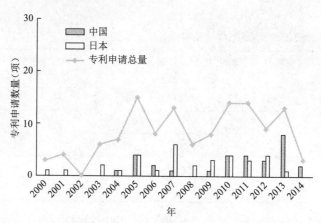

图 32-4   耐压舱焊接技术相关专利年度变化趋势

表 32-7   耐压舱焊接技术部分重要专利详细信息

公开号 TW200911561A	
专利基本信息	标题:*Laser-Sensitive Coating Composition* 公开(公告)号: 公开(公告)日:2009-03-16 申请号:TW2008131663A 申请日:2008-08-20 申请人:Ciba Corporation 发明(设计)人:Jonathan Campbell、Marc Mamak、Clifford John Coles 摘要:The present invention provides a laser-sensitive coating composition comprising titanium dioxide in the anatase form or polymeric particles comprising a polymeric matrix comprising one or more water-insoluble polymers and titanium dioxide in the anatase form encapsulated in the polymeric matrix, and a polymeric binder. The present invention also provides a process for the preparation of the compositions, processes for preparing substrates coated with the coating compositions, substrates coated with the compositions, processes for marking the substrates coated with the compositions, and marked substrates obtainable by the latter processes.

4   主要国家发展阶段

在耐压舱焊接技术方面,美国、日本、中国、英国等国家走在了世界前列。钛合金在船舶耐压舱的制造方面具有广阔的前景,目前,国内外大都青睐于采用高束能的焊接方法。

4.1   美国

美国电子束焊机普遍采用微机控制,并向计算机闭环控制和自适应控制发展。目前,电子束焊接已进入盘类零件先进集成制造系统、各类齿轮的柔性制造系统和未来工厂中。美国 GenCorp 公司的航空喷气公司采用电子束焊连接 F-22 的钛合金主结构件,设计工作全部在计算机上完成,整个焊接过程均编入程序,焊接时不断变化的电子束的速度、角度,焊枪与工件的距离等参数均由计算机控制,这是 CNC 电子束焊机首次用于焊接大型飞机结构件。

4.2　日本

日本大阪大学接合科学研究所在 20 世纪 90 年代研制成功了 500 kV、500 kW 的 11 级加速式电子枪,可一次穿透焊接 0.2 m 超厚度不锈钢材,完成了大厚度金属高质量精密焊接。日本川崎重工业株式会社 2003 年开发出一套高度自动化的用于水下潜器核体焊接的系统。该系统包括一系列用于各种结构焊接的机器人,针对水下潜器耐压壳体,采用强度重量比高、韧性良好的钢材,具有良好的焊接控制能力。

4.3　英国

英国 JK Lasers 公司研制成的 300 W 的 YAG 激光焊机,其激光束由 3 条光学纤维传导同时照射到工件上进行焊接,不但提高了焊接速度,工作效率也有所提高。英国焊接研究所制造的 100 kW 电子束焊机几乎能对所有金属及合金(厚度 200 mm 以内)进行高精度的焊接,采用计算机控制射束偏转系统和工艺过程内装组建程序,成本低,焊接质量高,目前已用于大型压力容器焊接。

4.4　中国

中国的耐压舱焊接技术经过多年的调整与发展,连续不断地开发了二氧化碳气体保护半自动焊接电源、逆变式便携型电弧焊机、气体保护自动角焊机、双丝气体保护自动角焊机等自动焊接新工艺、新设备,实现了自动化与机械化焊接。

5　结论

(1)美国、日本、德国等为领先国家,掌握核心技术,电子束焊机普遍采用微机控制,并向计算机闭环控制和自适应控制发展。

(2)中国耐压舱焊接技术出于不断创新新技术、稳步上升的阶段,与世界先进国家的差距在不断缩小。目前,中国在论文数量与被引频次所占世界比例方面排名第一,但在专利数量与 PCT 专利方面较为滞后。

(3)耐压舱焊接技术创新资源主要集中在中国哈尔滨工业大学、北京航空制造工程研究所、西安交通大学、北京科技大学、台湾海洋大学以及日本大阪大学等机构。

综上所述,目前领先国家为日本,如果日本的技术水平为 100 分的话,美国的技术水平为 86.3 分,中国的技术水平为 62.8 分。中国的技术水平与国际领先水平有一定的差距,但差距在不断缩小。目前,中国大致相当于日本 2000 年的水平。

第三十三章　深海微生物高压培养技术

1　技术概述

深海环境的主要特征就是高压低温，而在深海热泉附近则有极度的高温存在。深海微生物具有特殊的适应性使得他们能够在这种极端环境下生存和生长。近年来，关于深海嗜压菌的生理及分子生物学方面的研究确定了与调节压力相关的操纵子，并显示了微生物的生长是受深海环境下压力与温度之间的关系所影响的。在高压恒化器中的连续培养，可以用来研究深海微生物种群的生长反应，发现深海微生物可以对生存基质的微小变化做出反应；同时，嗜压微生物从碳源浓度较高的区域分离出来，证实了嗜压菌也喜欢营养丰富的环境，对不同环境的适应性很强，它们能够在低碳的贫营养深海环境中正常生存。

2　论文产出分析

基于汤姆森路透科技集团的 Web of Science 科学引文索引扩展版 SCIE 论文数据库（1994～2014 年），截止时间至 2014 年 7 月，采用专家辅助、主题词检索的方式共检索论文 252 篇。

2.1　主要国家、机构与科学家

表 33-1 给出了主要国家论文产出情况简表。由表 33-1 可见，美国相关论文 48 篇，篇均被引频次为 26.2 次，排名均位于世界第一位。德国和日本论文数量都是 28 篇，论文被引次数分别是 17.1 和 13.3，都是很高的被引次数。排名第四位和第五位的法国和意大利，也都保持了比较高的被引次数。排名前 5 位的国家论文数量占世界论文总数的 57.4%，超过世界的一半。

根据论文产出情况，针对主要机构和主要科学家，给出了创新资源分布情况。表 33-2 为论文数量世界排名前 5 位的主要机构列表，分别为比利时天主教鲁汶大学、德国慕尼黑理工大学、韩国高丽大学、美国俄亥俄州立大学以及中国中船重工。深海微生物高压培养技术的研究主要都集中在发达国家,各个机构论文数量产出并不是很多,但是篇均被引频次都很高,中国的中船重工的篇均被引频次也达到了 38.4 次。

表 33-1　深海微生物高压培养技术主要国家论文产出简表

国家	论文数量世界排名(位)	论文数量(篇)	论文数量占世界的比重(%)	篇均被引频次(次)	被引次数占世界的比重(%)
美国	1	48	19.0	26.3	26.2
德国	2	28	11.1	29.3	17.1
日本	3	28	11.1	22.8	13.3
法国	4	23	9.1	19.3	9.2
意大利	5	18	7.1	31.2	11.7

表 33-2　深海微生物高压培养技术主要机构论文产出情况简表

主要机构	论文数量世界排名	论文数量(篇)	论文数量占世界的比重(%)	篇均被引频次(次)
比利时天主教鲁汶大学	1	10	4.0	41.8
德国慕尼黑理工大学	2	9	3.6	27.3
韩国高丽大学	3	6	2.4	8.7
美国俄亥俄州立大学	4	6	2.4	33.3
中国中船重工	5	5	2.0	38.4

表 33-3 给出了论文数量排名前 4 位的主要科学家论文产出情况简表。Kato C. 工作于日本海洋科学技术中心,M. Federighi 在法国国立高等农业与食品工业学校微生物工业实验室工作,C. W. Michiels 工作于比利时天主教鲁汶大学,R. F. Vogel 工作于德国慕尼黑大学。

表 33-3　深海微生物高压培养技术主要机构论文产出情况简表

主要科学家	论文数量世界排名	论文数量(篇)	论文数量占世界的比重(%)	篇均被引频次(次)
Kato C.	1	8	3.2	24.3
M. Federighi	2	6	2.4	22.0
C. W. Michiels	2	6	2.4	40.2
R. F. Vogel	2	6	2.4	30.7

2.2　发文趋势

为进一步分析中国与美国论文产出情况的对比,图 33-1 给出了中国与美国论文数量(篇)年度趋势对比以及总发文量年度变化趋势。从总体情况及趋势上看,深海微生物高压培养技术仍处在发展期。由图 33-1 中可以看出,中国在 2005 年才开始有论文产出,此前在该技术领域处于空白状态。

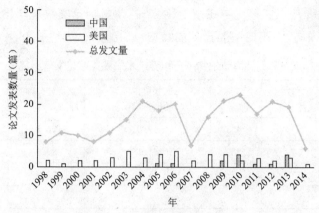

图 33-1　深海微生物高压培养技术中国与美国论文年度趋势图

2.3　研究起源

图 33-2 为深海微生物高压培养技术高被引论文发展趋势。圆圈的大小代表被引用次数。其中对被引频次大于 30 的论文进行了标引。由图 33-2 可以看出，D. G. Hoover（1989）发表的论文是最早的一篇高被引论文，主要是关于高静水压力对食品微生物的生物学效应的研究，被引频次达到 414 次。D. G. Hoover 美国特拉华大学的教授，所以认为深海微生物高压培养技术起源于美国。

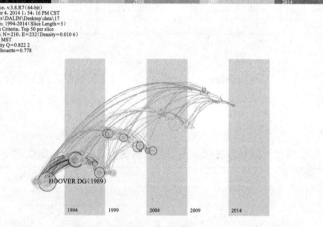

图 33-2　深海微生物高压培养技术高被引论文发展趋势

2.4　研究热点

借助 CiteSpace 软件，对论文的总体趋势进行了分析。图 33-3 为深海微生物高压培养技术研究热点时间轴分布。时间的分布选择为 1994～2014 年，每 5 年设置一个时间段；研究热点是每个时间段出现频次排名前 50 位最高的词组。图 33-3 中，方块的大小代表被引用次数，右侧文字为经聚类分析结果。从图 33-3 可以看出，近期活跃的研究热点为聚类 #0，白色乳状液（植物硅胶）；聚类 #5，微生物培养的新型氨丙基转移酶；聚类 #9，微生物高压培养的替代方法。

表 33-4 给出了高被引论文简表，论文被引次数都在 150 次以上。其中，F. Niehaus、C. Bertoldo、M. Kahler 等发表在 *Applied Microbiology and Biotechnology* 上的论文被引次数最高。

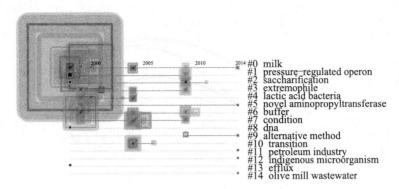

图 33-3　深海微生物高压培养技术研究热点沿时间轴分布图

表 33-4　深海微生物高压培养技术高被引论文

作者	题目	来源	机构	被引次数
F. Niehaus、C. Bertoldo、M. Kahler 等	*Extremophiles as a Source of Novel Enzymes for Industrial Application*	*Applied Microbiology and Biotechnology*，1999,51(6)	德国汉堡-哈尔堡工业大学	249
R. Margesin、F. Schinner	*Biodegradation and Bioremediation of Hydrocarbons in Extreme Environments*	*Applied Microbiology and Biotechnology*，2001,56(5)	奥地利因斯布鲁克大学	173
D. H. Bartlett	*Pressure Effects on in Vivo Microbial Processes*	*Biochimica et Biophysica Acta*	美国加利福尼亚大学圣迭戈分校	166

3　专利产出分析

基于 orbit 专利数据库检索，截止时间至 2014 年 7 月，采用专家辅助、主题词检索的方式共检索。深海微生物高压培养技术领域专利较少，专利家族数一共 25 项，主要的申请国为韩国，申请机构为韩国海洋研究与发展研究院，表 33-5 是深海微生物高压培养技术重要专利。

表 33-5　深海微生物高压培养技术重要专利详细信息

公开号：KR2010069073A	
专利基本信息	标题：*Microorganism Producing Staurosporine and Manufacturing Method for Staurosporine Using the Microorganism* 公开(公告)号：KR2010069073A 公开(公告)日：2010-06-24 申请号：KR2008127642A 申请日：2008-12-16 申请人：Korea Ocean Res. Dev. Inst.

	公开号：KR2010069073A
专利基本信息	发明（设计）人：Shin Hee Jae、Lee Hyi Seung、Jeong Hyun Sun 等 摘要：Purpose：A microorganism producing staurosporine and a method for producing staurosporine using the same are provided to massively and stably produce staurosporine. Constitution：A Streptomyces sp. microorganism is obtained by culturing deep sea deposit and produces staurosporine. The deposit number of Streptomyces sp. microorganism is KFCC11407P. A method for producing the staurosporine comprises：a step of culturing deep sea deposit to obtain Streptomyces sp. microorganism and culturing Streptomyces sp. microorganism in Bennett's ager solid media；a step of extracting medium and strain with methanol；a step of fractioning the methanol extract by gradually increasing methanol concentration；and a step of isolating the fraction of 80% methanol by reversed-phase HPLC. 权利要求数：0

4 主要国家发展阶段

表33-6 给出了主要国家的文献和专利情况。目前，发达国家在深海微生物高压培养技术方面理论研究基础都比较好，但是在专利发明方面做得还不多。中国在论文研究与专利研究方面都远远落后于发达国家。

表 33-6　深海微生物高压培养技术主要国家文献情况

主要国家	论文数量比重（%）	被引次数比重（%）	专利数量比重（%）	PCT 专利数量比重（%）
美国	19.0	26.2	0	0
德国	11.1	17.1	0	0
日本	11.1	13.3	0	0

深海微生物高压培养技术是一项新兴技术，核心技术主要掌握在美国、德国、法国等发达国家。

4.1　美国

美国加利福尼亚大学圣迭戈分校斯克里普斯海洋研究所 Yayanos 教授设计、改进高压培养罐并于 1979 年首先分离出深海嗜压菌。1989 年，Bartlett 首先分离出压力调控的外膜蛋白（OmpH）。美国南加利福尼亚大学（University of south California）的暗能量生物圈调查中心（the Center for Dark Energy Biosphere Investigations, C-DEBI）是美国国家科学基金会（National Science Foundation, NSF）于 2010 年斥资 2 亿美元建立的研究中心，主要研究方向：① 深部生物圈的活力（Activity in the Deep Subseafloor Biosphere），主要研究全球深部生物圈的生物地球化学过程的功能和速率；② 生物圈范围（Extent of life），包括生物群系和相关程度（生物地理学及扩散迁徙）；③ 生命的极限（Limits of life），研究生物的生存极限能力；④ 生物的进化和生存（Evolution and survival），包括生物的适应机制、修复方式和存活能力。

4.2 德国

德国马普海洋微生物研究所(Max Planck Institute for Marine Microbiology),成立于1992年,主要分为4个方向:海洋微生物、海洋生物地球化学、分子生态学、共生生物学,海洋化学检测、微生物多样性、微生物基因组分析、单细胞分析、海洋微生物系统发育分析、微生物培养等方面都是其重要的研究内容。

4.3 日本

船载设备较为齐全,尤其是日本海洋科学技术中心"地球"号探测船上,可直接提取钻探样品的DNA、RNA,并可实时测序。同时,注重对生物样品污染的监测、控制,并可实现样品的液氮保存。在实验室中,还拥有深海环境模拟系统(Deep-Bath)用于培养深海嗜压/耐压生物,深海大型动物培养装置(Deep-Aquarium)用于培养大型生物。1990年,日本三菱重工业株式会社和三洋电机株式会社开始为日本海洋科学技术中心研制深海微生物高温/高压培养系统,1994年才完成,耗资7亿5 000万日元。

4.4 法国

法国极端微生物实验室(UMR6197, Laboratoire de Microbiologie des Environnements Extrêmes),隶属于法国欧洲海洋大学(IUEM)。其整合了法国海洋开发研究院(IFRE-MER)、法国国家科学研究院(CNRS)和西布列塔尼大学(UBO)的优秀海洋微生物学家的力量,其主要的研究领域为海洋微生物多样性(包括细菌、古菌、病毒)及其与环境的相互关系、极端微生物(特别是嗜热古菌和嗜压微生物)的分离及其适应性机制。该实验室在热液区嗜热菌和嗜压菌的分离、培养、保藏等方面都具有优势,对古菌分子机制研究也处于国际领先。同时,该实验室具备海洋好氧/厌氧高通量菌株培养平台(High-throughput cultivation plateform)。该平台可用于高通量,大规模的筛选海洋难培养微生物。

5 结论

(1)美国、法国、德国等国家掌握深海微生物高压培养的关键技术。现在,微生物培养技术除了适应深海的极端环境之外,已经开始通过分子层面来实现微生物培养的研究。

(2)中国在深海微生物高压培养方面起步晚,现在发展现状与发达国家之间的差距比较大。中国论文数量排名世界第八位,论文引用数133,单从论文上与发达国家之间的差距也是可以看出来的。

(3)深海微生物高压培养技术的研究机构主要是比利时天主教鲁汶大学、德国慕尼黑理工大学、韩国高丽大学、美国俄亥俄州立大学以及中国中船重工。

(4)深海微生物高压培养技术起源于美国,代表人物是D. G. Hoover教授,工作于美国特拉华大学。

综上所述,中国在深海设备的支持下,真正意义的深海微生物研究得以开展。到目前为止,基础研究主要开展了深海微生物在物质循环中的作用,极端微生物分离、培养,微生物遗传、代谢研究,深海极端环境下微生物适应性机理的研究等;但是,具体的生产实践还没有大的突破。

参考文献

[1] 孙宝江,张振楠. 南海深水钻井完井主要挑战与对策 [J]. 石油钻探术,2015,43(4): 1-7.

[2] 汪海阁,王灵碧,纪国栋,等. 国内外钻完井技术新进展 [J]. 石油钻采工艺,2013, 35(5):1-12.

[3] 陶维祥,丁放,何仕斌,等. 国外深水油气勘探述评及中国深水油气勘探前景 [J]. 地质科技情报,2006,25(6):59-66.

[4] 赵纪东,郑军卫. 深水油气科技发展现状与趋势 [J]. 天然气地球科学,2013,24(4): 741-746.

[5] 孙宝江,曹式敬,李昊,等. 深水钻井技术装备现状及发展趋势 [J]. 石油钻探技术, 2011,39(2):8-15.

[6] 杨立平. 海洋石油完井技术现状及发展趋势 [J]. 石油钻采工艺,2008,30(1):1-6.

[7] 吕福亮,贺训云,武金云,等. 世界深水油气勘探形势分析及对我国深水油气勘探的启示 [J]. 海洋石油,2007,27(3):41-45.

[8] 金业权,孙泽秋,方传新,等. 精细控压钻井技术的研究进展与应用分析 [J]. 中国石油和化工标准与质量,2012,32(2):49-50.

[9] 周英操,崔猛,查永进. 控压钻井技术探讨与展望 [J]. 石油钻探技术,2008, 36(4):1-4.

[10] 罗华,孟英峰,李永杰,等. 自动化精细控压钻井技术研究 [J]. 吐哈石油,2012 , 17(2):172-174.

[11] 苏义脑. 地质导向钻井技术概况及其在我国的研究进展 [J]. 石油勘探与开发, 2005 ,32(1):92-95.

[12] 刘伟,王瑛,郭庆丰,等. 精细控压钻井技术创新与实践 [J]. 石油科技论坛,2016, 35(4):32-37.

[13] 于水杰,张保康. 精细控压钻井技术在深水钻井中的应用 [J]. 西部探矿工程, 2015,27(3):65-67.

[14] 王德建. 浅谈海洋钻井平台技术现状与发展 [J]. 中国机械,2013(9):132-133.

[15] 王定亚,朱安达. 海洋石油装备现状分析与国产化发展方向 [J]. 石油机械,2014, 42(3):33-37.

[16] 张大为. 浅谈海上石油工程装备现状 [J]. 中国化工贸易,2014,6(27):193.

[17] 吕建中,郭晓霞,杨金华. 深水油气勘探开发技术发展现状与趋势 [J]. 石油钻采工艺,2015,37(1):13-18.

[18] 何继强. 南海深水油气勘探开发装备 [J]. 中国船检,2012(8):66-69.

[19] 佚名. 863 计划海洋技术领域深水油气勘探开发装备研制取得重要进展 [J]. 中国科技信息,2012(21):10.

[20] 科技部. 863 计划海洋技术领域"南海深水油气勘探开发关键技术及装备"重大项目通过验 [EB/OL]. (2012-10-10)[2014-06-07]. http://www.most.gov.cn/kjbgz/201210/t20121009_97154.htm.

[21] 王琳,刘曙光. 海洋钻机自动升沉补偿系统的研究 [C]// 中国自动化学会控制理论专业委员会,中国系统工程学. 第三十一届中国控制会议论文集:D 卷. 合肥:第三十一届中国控制会议:7619-7622.

[22] 任克忍,沈大春,王定亚,等. 海洋钻井升沉补偿系统技术分析 [J]. 石油机械, 2009,37(9):125-128.

[23] 栾苏,于兴军. 深水平台钻机技术现状与思考 [J]. 石油机械,2008,36(9):135-139.

[24] 朱洪前,桂卫华,王随平,等. 深海多金属结核开采技术研究 [J]. 金属矿山, 2005(S2):197-198.

[25] 肖林京,方湄,张文明. 大洋多金属结核开采研究进展与现状 [J]. 金属矿山, 2000(8):11-14.

[26] 刘同有. 国际采矿技术发展的趋势 [J]. 中国矿山工程,2005,34(1):35-40.

[27] 李伟,陈晨. 海洋矿产开采技术 [J]. 中国矿业,2003,12(1):44-46.

[28] 肖业祥,杨凌波,曹蕾,等. 海洋矿产资源分布及深海扬矿研究进展 [J]. 排灌机械工程学报,2014,32(4):319-326.

[29] 于婷婷,张斌. 浅议海洋矿产资源的可持续发展 [J]. 海洋信息,2009(2):21-24.

[30] DUNBAR J, TAKALA S, BARNS M S, et al. Levels of Bacterial Community Diversity in Four Arid Soils Compared by Cultivation and 16S rRNA Gene Cloning [J]. Applied and Environmental Microbiology,1999,65(4):1662-1669.

[31] 柳承璋,宋林生,吴青. 分子生物学技术在海洋微生物多样性研究中的应用 [J]. 海洋科学,2002,26(8):27-30.

[32] 洪义国,孙谧,张云波,等. 16S rRNA 在海洋微生物系统分子分类鉴定及分子检测中的应用 [J]. 海洋水产研究,2002,23(1):58-63.

[33] 王震,陈船英,赵林. 全球深水油气资源勘探开发现状及面临的挑战 [J]. 中外能

源,2010,15(1):46-49.

[34] 牛华伟,郑军,曾广东.深水油气勘探开发——进展及启示[J].海洋石油,2012 32(4):1-6.

[35] 江怀友,赵文智,裴怿楠,等.世界海洋油气资源现状和勘探特点及方法[J].中国 石油勘探,2008,13(3):27-34.

[36] 索孝东,石东阳.油气地球化学勘探技术发展现状与方向[J].天然气地球科学, 2008,19(2):286-292.

[37] 李武,朱怀平.钻井中油气地球化学勘探技术及其应用[J].海洋地质与第四纪地 质,2012,32(1):159-166.

[38] 蒋兴伟,刘建强,邹斌,等.浒苔灾害卫星遥感应急监视监测系统及其应用[J].海 洋学报,2009,31(1):52-64.

[39] 徐兆礼,叶属峰,徐韧.2008年中国浒苔灾害成因条件和过程推测[J].水产学报, 2009,33(3):430-437.

[40] 李三妹,李亚君,董海鹰,等.浅析卫星遥感在黄海浒苔监测中的应用[J].应用气 象学报,2010,21(1):76-82.

[41] 叶娜,贾建军,田静,苏红波,雒伟民,张峰,肖康.浒苔遥感监测方法的研究进 展[J].国土资源遥感,2013,01:7-12.

[42] 顾行发,陈兴峰,尹球,等.黄海浒苔灾害遥感立体监测[J].光谱学与光谱分析, 2011,31(6):1627-1632.

[43] 林文庭.浅论浒苔的开发与利用[J].中国食物与营养,2007(9):23-25.

[44] 梁宗英,林祥志,马牧,等.浒苔漂流聚集绿潮现象的初步分析[J].中国海洋大学 学报(自然科学版),2008,38(4):601-604.

[45] 王辉,刘桂梅,万莉颖.数据同化在海洋生态模型中的应用和研究进展[J].地球科 学进展,2007,22(10):989-996.

[46] 张秀英,江洪,韩英.陆面数据同化系统及其在全球变化研究中的应用[J].遥感信 息,2010(4):135-143.

[47] 高秀敏,魏泽勋,吕咸青,等.伴随同化方法在中国近海海洋数值模拟中的应 用[J].海洋科学进展,2010,28):545-553.

[48] 李晓燕,王春晖,吕咸青.海洋生态模型中参数时空分布的反演研究[J].中国海洋 大学学报(自然科学版),2014,44(6):1-9.

[49] 刘伯羽,李少红,王刚.盐差能发电技术的研究进展[J].可再生能源,2010, 28(2):141-144.

[50] 纪娟,胡以怀,贾婧.海水盐差发电技术的研究进展[J].能源技术,2007,28(6): 336-338,342.

[51] 赵丽丽.浅谈水声数字通信技术的发展[J].数字技术与应用,2010(11):11,13.

[52] 王勇,孟军.现代水声通信技术发展探讨[J].信息通信,2014(8):168-169.

[53] 王飞. 蛟龙入海通天地 听涛观洋竞风流——"蛟龙"号声学团队研制试验高速数字水声通信系统纪实 [N]. 科技日报,2013-01-19(14).

[54] 陈超美. CiteSpace Ⅱ:科学文献中新趋势与新动态的识别与可视化 [J]. 陈悦,侯剑华,梁永霞,译. 情报学报,2009,28(3):401-421.

[55] 陈悦,陈超美,刘则渊. CiteSpace 知识图谱的方法论功能 [J]. 科学学研究,2015,33(2):242-253.

[56] 魏惠梅. 水声通信系统关键技术研究 [D]. 大连:大连海事大学,2009.

[57] 奚小明. 蓝绿激光对潜通信综述 [J]. 中国科技信息,2007(22):326,329.

[58] 李哲,邓甲昊,周卫平. 水下激光探测技术及其进展 [J]. 舰船电子工程,2008,28(12):,8-11,48.

[59] 丁琨,黄有为,金伟其,等. 水下蓝绿激光传输的衰减系数与水体浊度关系的实验研究 [J]. 红外技术,2013,35(8):467-471.

[60] 刘志铭,丁亮波. 世界小型核电反应堆现状及发展概况 [J]. 国际电力,2005,9(6):27-31.

[61] 佚名. 安全小型核反应堆并网发电 [J]. 汽轮机技术,2004,46(3):209.

[62] 佚名. 中小型核电反应堆的市场前景 [J]. 郭志峰,编译;王海丹,审校. 国外核新闻,2011(5):18-19.

[63] 刘志铭,丁亮波,许祖国. 小型核电反应堆的现状及未来发展 [J]. 2005(4):2-7.

[64] 薄玉宝. 海上油气田工程压裂作业船及装备配置技术探讨 [J]. 海洋石油,2014,34(1):98-102.

[65] 江怀友,李治平,卢颖,等. 世界海洋油气酸化压裂技术现状与展望 [J]. 油气勘探与开发,2009,14(11):45-49.

[66] 郭少儒,张晓丹,薛大伟,等. 海上低渗油气藏平台压裂工艺研究与应用 [J]. 中国海上油气,2013,25(2):64-67.

[67] 宁波,关利永,王显庄,等. 海洋油气增产作业船现状分析 [J]. 石油机械,2011,39(S1):121-123.

[68] 郭太现,苏彦春. 渤海油田稠油油藏开发现状和技术发展方向 [J]. 中国海上油气,2013,25(4):26-30.

[69] 孙晓飞,张艳玉,石彦,等. 深层水敏性稠油油藏开发方式评价 [J]. 油气地质与采收率,2013,20(1):81-84.

[70] 贾学军. 高黏度稠油开采方法的现状与研究进展 [J]. 石油天然气学报,2008,30(2):529-531.

[71] 栗清振. 海洋油气勘探开发的新特点 [J]. 国外测井技术,2008,23(4):76.

[72] 胡文瑞,鲍敬伟,胡滨. 全球油气勘探进展与趋势 [J]. 石油勘探与开发,2013,40(4):409-413.

[73] 萧亮. 我国近海油气勘探开发成套技术初步形成 [N]. 中国石化报,2006-03-

07(7).

[74] 斯伦贝谢. 斯伦贝谢在中国[EB/OL]. [时间不详]. http://www.cn.slb.com/html/about/slbinchina.

[75] 江怀友,李治平,钟太贤,等. 世界低渗透油气田开发技术现状与展望[J]. 特种油气藏,2009,16(4):13-17.

[76] 郑军卫,张志强. 提高原油采收率:从源头节约石油资源的有效途径——国内外高含水油田、低渗透油田以及稠油开采技术发展趋势[J]. 科学新闻,2007,(2):34-36.

[77] 张贤松,郑伟,唐恩高,等. 海上稠油油藏早期注聚压力与注聚时机研究[J]. 油气地质与采收率,2013,20(5):68-71.

[78] 陈民锋,张贤松,余振亭,等. 海上油田普通稠油聚合物驱效果分级评价研究[J]. 复杂油气藏,2012,5(4):43-46.

[79] 杨帅,戴彩丽,张健,等. 海上油田聚合物驱后残留聚合物性质对再利用效果的影响[J]. 油气地质与采收率,2012,19(5):65-68.

[80] 梁杰. 低渗透油气藏特征及开发对策[C]. CNPC油气储层重点实验室,中国地质协会沉积地质专业委员会. 2002低渗透油气储层研讨会论文摘要集. 北京:CNPC油气储层重点实验室,中国地质协会沉积地质专业委员会,2002.

[81] 李代立,余晓琴. MS低渗透油藏开发特征及稳产对策研究[J]. 特种油气藏,2004,11(3):44-45.

[82] 王彩凤,王连进,邵先杰,等. 苏北盆地湖相碳酸盐岩油藏油井生产特征及开发技术对策[J]. 油气地质与采收率,2013,20(1):100-103.

[83] 胡文瑞. 中国低渗透油气的现状与未来[J]. 中国工程科学,2009,11(8):29-37.

[84] 张志强,郑军卫. 低渗透油气资源勘探开发技术进展[J]. 地球科学进展,2009,24(8):854-864.

[85] 关振良,谢丛姣,董虎,等. 多孔介质微观孔隙结构三维成像技术[J]. 2009,28(2):115-121.

[86] 李春辉. 多孔介质微观孔隙结构三维成像技术[N]. 中国石油报纸,2014-05-06(6).

[87] 张向林,刘新茹,张瑞. 海洋测井技术的发展方向[J]. 国外测井技术,2008,23(4):7-10.

[88] 邓瑞,郭海敏,戴家才. 国外生产测井技术新进展[J]. 科技经济市场,2006(5):10.

[89] 张向林,陶果,刘新茹. 油气地球物理勘探技术进展[J]. 地球物理学进展,2006,6(1):143-151.

[90] 时鹏程. 随钻测井技术在我国石油勘探开发中的应用[J]. 测井技术,2002,26(6):441-445.

[91] 朱启东,姜登美,秦龙,等. 水平井测井新技术发展概况和展望[J]. 中国石油和化工标准与质量,2013(12):176.

[92] 金鼎,张辛耘,孙鹏,等. 测井技术发展回顾与展望[C]. 陕西省地球物理学会. 中国西部地球物理研究与实践:陕西省地球物理学会成立二十周年专辑,西安:陕西科学技术出版社,2007:29-35.